"十三五"国家重点出版物出版规划项目

SAFETY SCIENCE AND ENGINEERING

消防工程导论

◎主　编　陈长坤

◎副主编　杨　昀　史聪灵　朱　伟

◎参　编　（按姓氏笔画排序）

尤　飞　王秋红　李　智

赵红莉　赵金龙　徐艳英

袁焱华　黄　维　鲁　宁

◎主　审　徐志胜

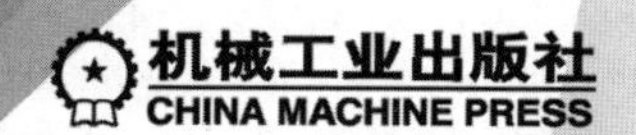

机械工业出版社

CHINA MACHINE PRESS

本书分3篇，共11章，系统地介绍了消防工程的学科特点以及涵盖的主要内容，具有较强的知识性、系统性和技术性。在内容方面，本书注重学科基础知识与实际应用相结合，介绍了消防工程学科发展概况、火灾科学基础、火灾探测基础、建筑消防、隧道及地下工程消防、工业消防、城市消防以及森林与草原消防等消防技术基础知识，也简明扼要地介绍了消防安全管理、消防科技与经济以及消防文化与教育等内容。

本书内容涵盖面广，知识介绍浅显易懂，主要作为高等院校消防工程、安全科学与工程类专业本科教材，也可作为相关专业的研究生和消防工程技术人员的学习参考书。

图书在版编目（CIP）数据

消防工程导论/陈长坤主编. —北京：机械工业出版社，2019.6（2025.1重印）
“十三五”国家重点出版物出版规划项目
ISBN 978-7-111-65007-2

Ⅰ.①消… Ⅱ.①陈… Ⅲ.①消防-工程-高等学校-教材 Ⅳ.①TU998.1

中国版本图书馆CIP数据核字（2020）第039869号

机械工业出版社（北京市百万庄大街22号 邮政编码100037）
策划编辑：冷 彬 责任编辑：冷 彬 舒 宜
责任校对：张玉静 封面设计：张 静
责任印制：单爱军
保定市中画美凯印刷有限公司印刷
2025年1月第1版第7次印刷
184mm×260mm · 15.5印张 · 378千字
标准书号：ISBN 978-7-111-65007-2
定价：42.00元

电话服务	网络服务
客服电话：010-88361066	机 工 官 网：www.cmpbook.com
010-88379833	机 工 官 博：weibo.com/cmp1952
010-68326294	金 书 网：www.golden-book.com
封底无防伪标均为盗版	机工教育服务网：www.cmpedu.com

前　言

消防工程高等教育始于20世纪50年代。1956年，美国马里兰大学率先开设消防工程专业并进行招生。在我国，1985年，中国人民武装警察部队学院（现更名为中国人民警察大学）开办了国内第一个消防工程本科专业。1998年7月，教育部颁布的《普通高等学校本科专业目录》，第一次将消防工程专业纳入消防工程学中的公安技术类专业，允许地方院校开设该专业并进行招生。截至2018年，国内相继有近20所高校开设消防工程专业，每所学校都具有各自的专业特色及办学特点。

消防工程专业本科招生20多载，却没有一本合适的教材对消防工程的专业背景、专业特色、教学内容以及消防就业、消防教育、消防文化等内容进行全面的介绍，加上现今的本科教学中专业课程大多安排在基础课程之后，导致消防工程专业的本科新生以及非消防工程专业的学生和社会人士对这个专业缺乏足够的、深入的了解，甚至存在误解。为此，编者受机械工业出版社委托，在中南大学、中国矿业大学（北京）、南京工业大学、西南林业大学、西安科技大学、华北水利水电大学、沈阳航空航天大学、重庆科技学院等院校的共同努力下，在应急管理部上海消防研究所、中国安全生产科学研究院、北京城市系统工程研究中心等研究机构的支持下，结合现有的授课教案以及编者多年的工作经验和教学实践编写了本书。

本书主要讲述消防工程专业背景、火灾基础、消防工程技术、消防管理等基本内容。全书共分为3篇，将消防安全基础、消防技术和消防管理分开介绍，由浅入深、由表及里，较系统地介绍了消防工程的学科特点、涵盖的主要内容以及消防工程专业的背景与发展。书中编入了典型的火灾案例，以加强读者对相关概念和理论知识的理解。全书力求简明扼要、通俗易懂，通过大量的分析图表，介绍了消防工程涉及的多个领域的专业知识，既体现了消防工程专业知识内容的基础性、理论性和系统性，又体现了消防工程综合性、交叉性的学科特点以及消防工程行业的专业性、技术性、应用性和拓展性。

本书由中南大学消防工程系陈长坤担任主编，编写大纲的拟定及全书的统稿工作都由陈长坤负责完成。本书的编写成员主要为高校消防工程专业的教师及国内消防研究机构的技术人员，具体的编写分工如下：第1章由陈长坤（中南大学）、杨昀（应急管理部上海消防研究所）共同编写；第2章、第3章由陈长坤编写；第4章由陈长坤、徐艳英（沈阳航空航天大学）、赵金龙（中国矿业大学（北京））共同编写；第5章由陈长坤、史聪灵（中国安全生产科学研究院）、赵红莉（华北水利水电大学）、袁焱华（应急管理部上海消防研究所）、赵金龙共同编写；第6章由尤飞（南京工业大学）、王秋红（西安科技大学）、陈长坤共同编写；第7章由朱伟（北京城市系统工程研究中心）、陈长坤、赵金龙共同编写；第8章由李智（西南林业大学）、赵金龙编写；第9章由杨昀、陈长坤、黄维、鲁宁（重庆科技学院）共同编写；第10章、第11章由陈长坤编写。

在本书的编写过程中，中南大学硕士研究生王楠楠、朱从祥、秦文龙、童蕴贺、刘瑛琦、肖煌、陈以琴、许丽丽、徐童、聂艳玲、王小勇、曹赛、焦伟冰、曾文琦，中南大学博士研究生雷鹏、张宇伦、刘顶立等也参与了资料收集及文字整理工作，在此特别表示感谢。

本书在编写过程中参考了许多相关教材和科研成果（见本书参考文献），在此向相关作者及相关人士表示感谢。

由于编者学识水平有限，书中难免存在不足之处，敬请广大读者和专家批评指正。

编　者

目　录

第1篇

消防安全基础

1

第 1 章 消防工程学科的发展与概况

1.1 消防工程简介

消防是一个古老而又新兴的学科。人类从学会用火，就开始了与火灾的斗争，需要考虑防火、灭火等问题，探索火灾的规律和防火灭火的方法。消防工程与技术也一直伴随着人类文明的发展在不断地进步，它是人类文明的一个重要的组成部分。在几千年甚至几万年的发展过程中，消防安全的目的是不变的，保障人的生命及财产安全的宗旨也始终不变。但是消防的对象、理念、技术却在不断的变化中，也是在这种动态变化的过程中，消防得到了不断的发展。在新的时代，随着科技和经济的不断发展，人们安全需求的不断提高，对消防提出了新的要求，也带来了新的挑战。目前，火灾形势依然严峻，消防形势更为复杂，而保障消防安全工作的需要，也必然促使消防工程作为一个行业、一个学科、一个专业的产生。这是时代的需要，也是经济与社会发展的必然产物。

作为一个行业，消防工程是一个综合的行业领域，它所涵盖的内容比较广泛，包括消防工程产品研发、生产、销售；消防工程设计、安装、检测、维护；消防工程咨询、评估、审核、管理、监督以及消防工程科研、教育、文化传播等。消防工程行业所涉及的对象非常广泛，既有高楼大厦，也有跨海隧道；既涉及平常百姓的生活，也涉及大型社会活动；既有建筑火灾，也有森林火灾、矿井火灾等。可以预见的是，未来消防工程行业的规模将继续扩大，随着经济的快速发展，城镇化率的不断提高，人民生活水平的不断改善，产业结构的不断更新与进步，社会大众的消防意识也显著提高，人们对高科技、高质量消防产品的需求增加，各级政府对消防行业也越来越重视，不断加大对消防行业体系建设的投入，这些都为消防工程行业的成长提供了重要的发展动力，使消防行业成为国民经济的重要组成部分。另一方面，随着航空、机械、化工、军工、核工业等一大批国家骨干企业涉足消防相关产品的生产，也使得消防产品的结构得到了丰富，档次得到了提高，这进一步促进了消防规模经济的形成。据统计，目前，全国消防产品生产企业有 5000 多家，年产值将近 300 亿元，产品涵盖 19 大类、900 多个品种及上千种规格。目前从事消防行业的人员超过 150 万人，但行业的人才缺口仍然非常大。

作为一个学科，消防工程是一个新兴的交叉学科，这个学科的主要任务与目的是探索火灾规律，研究火灾预防与控制理论和技术，降低火灾导致的人员伤亡与财产损失。消防工程不仅涉及数学、物理学、化学、建筑、电子、信息学等自然科学学科，还涉及法学、管理学、经济学、教育学等社会人文科学学科。它具有明确的目的，就是立足于防火灭火，保障生命安全和财产安全。作为一门新兴的学科，消防工程还不够成熟，在知识体系、人才培养等方面还需要不断完善；同时这个学科还需要不断吸收其他领域的先进理论与技术。随着社会对公共安全的重视，社会对消防工程人才也提出了更高的要求，培养高素质消防工程专业人才已成为消防工程专业的一个重要任务。

作为一个专业，消防工程的综合性较强，不仅要学习土木工程、安全工程和自动化等专业的基本理论和知识，而且要掌握各类消防标准和规范，具备进行消防设计与监督管理的能力。消防工程专业致力于培养专业性强、科学研究能力强和实际工作能力强的人才，使其熟知消防政策和法规，掌握各类消防技术和措施，具有消防监督管理、消防工程设计和灭火救援等的基本能力。通过大量的试验和实习将理论知识运用到实践中，提高学生的专业素质和创新思维能力。

消防工程是一项社会性与群众性很强的工作。消防安全渗透在人类生产的一切领域中，也关系着千家万户的生活，纵观以往的火灾，尽管致灾原因复杂，但往往只因为一人一事的疏漏失误导致，因此只有得到广大人民群众的关心、重视和支持，依靠全社会的力量，通过全社会成员的积极参与，才能有效地预防和控制火灾的发生。

1.2　消防工程发展史

1.2.1　消防的发展历程

消防的发展，基本与人类文明具有同样的进程，消防的发展历程是一个漫长的历史发展过程。火在人类文明发展史上有着重要的意义，伴随而来的火灾却对人类构成的巨大威胁，消防就是在人类抵御火灾的漫长经历中逐渐发展起来的。

与火灾进行的斗争贯穿着我国五千年历史，在长期的发展过程中，积累了大量消防经验，形成了独特的消防文化，也发展出了一套实用的消防科学与技术。

我国有文字史以来，关于火灾的最早记录是在《甲骨文合集》中，公元前商代，奴隶放火焚烧奴隶主的三座粮仓。自古我国的政治家、法家和思想家就非常重视火灾的防范和治理。春秋时期政治家管仲，视消防为关系国家贫富的大事，并提出“修火宪”的主张。春秋晚期孔子所作的《春秋》及经典史书《左传》记载火灾共计 23 次，数量之多，开创了国史记载火灾的先河。

战国时的思想家墨子所著的《墨子》一书，在防治火灾方面也提出了不少技术措施，既有在设计、建造方面的具体要求，又有明确的数字规定，可以认为，这是我国早期消防技术规范的萌芽。

消防是社会公共安全和国家防灾减灾体系中的一个重要组成部分，是一项事关全民安全的重要工作。消防安全一直以来也得到了历朝历代统治者的重视，而“御灾防患”也是各级地方长官的主要职责之一。汉武帝、明成祖等均曾因为火灾而下诏自我检讨，而清朝乾隆皇帝颁发的有关火灾的诏书，仅由《中国火灾大典》收录的就有 54 份。我国诸多地方官员，如汉代的廉范，唐代的杜预、柳宗元，宋代的陈希亮，明代的何歆以及清代的林则徐等，都因在地方治理中重视火灾防范，做出较为突出的成绩，得到了人们的称颂。

我国古代的消防管理一般与治安机构设置在一起，并没有独立的专门机构。西汉的长安、东汉的洛阳城内均按各街道设置了街亭；唐代的长安建有“武侯铺”的治安消防组织，这些都是城市基层的治安消防机构，其地位相当于今天的公安派出所或警亭，具有预防和扑灭火灾功能，在全城形成一个治安消防网络系统。北宋的开封则进一步继承和发展了这个制度，并由国家建立了城市消防队，该城市消防队，无论在组织形式还是职能方面，都与现代的城市消防队有很多相似之处。南宋年间，成立了救火会等民办或商办的消防组织，这些民间消防组织在清代有了较大的发展。

清代末期，一种新的消防组织形式创立形成，即消防警察。光绪二十八年，清政府在天津成立了我国第一支近代消防警察部队。1911 年，北洋政府设立了京师警察厅，厅内设消防处。但各地消防队伍的发展仍然缓慢，直到 1949 年新中国成立前，许多县仍未设立消防队，一些城市的消防队的数量也很少。

1949 年，新中国成立以后，党和人民政府十分重视消防事业的发展，把消防工作当作关系国计民生的一件大事。经过几十年的努力，消防组织有了巨大的发展。从新中国成立初期到现在，大体经历了 8 次变革：①接收改造，建立消防民警编制阶段（1949 年）；②中小队长以下人员实行义务兵役制（1965 年）；③消防民警改由军队代管（1969 年）；④恢复公安机关领导（1973 年）；⑤消防中队干部实行兵役制（1979 年）；⑥干部战士全部纳入中国武装警察部队编制序列（1983 年）；⑦公安部领导下的公安消防部队（1985 年）；⑧公安消防部队转制，整合至新组建的应急管理部（2018 年）。建国 70 年来，我国的消防法制轨道不断向前延伸，国务院、国务院各部委、各地人大、各级政府也都相继制定了消防法规、规章等，形成了较为完善的消防法律体系，这些法规、规章为消防事业的发展提供了重要的法律保障。

党的十一届三中全会以后，我国经济建设突飞猛进，为了适应客观形势的发展，更好地为改革开放和经济建设服务，将全国实行兵役制的武装、边防、消防三个警种，连同从解放军接收的内卫部队，统一组建成“中国人民武装警察部队”。这一重大体制改革，于 1983 年 1 月在全国实施。消防部队纳入武警序列后，部队建设得到全面加强，消防事业得到了蓬勃的发展。

随着经济、社会的发展，火灾数量日渐增加，消防治理、消防组织机构也与时俱进，不断发展。改革开放 40 年来，我国消防法治建设取得了显著的成绩，具有里程碑意义的是，《中华人民共和国消防法》于 1998 年颁布实施，而后又于 2009 年进行了修订，为 21 世纪消防工作的发展奠定了强有力的法律基础。同时，我国还制定了多部消防规章和消防工程国家标准与规范。这些都为消防工作提供了强有力的支撑。

2012 年，我国社会消防专业技术职业资格的注册消防工程师制度正式建立，进一步健全了消防体系，大力促进了消防行业的职业化、规范化与社会化，并引导了更多社会技术人员加入到注册消防工程师的队伍中来，促进了消防队伍的壮大与健康发展。

2018 年，国家机构进行了改革，消防部队转制划归应急管理部，将发挥应急救援主力军的作用。一系列消防相关的法律及规范的先后出台，不仅有利于调动各个部门和社会单位消防工作的积极性、主动性，而且强有力地推动和促进了新时代消防工作的发展和进步。

回顾我国消防的发展历程，消防事业成为我国发展最迅速的事业之一。特别是现代化的发展对消防提出越来越高的要求，为更好地保证社会安全和人民生命财产安全，消防事业必须与我国的现代化进程同步，可以预见21世纪将出现更多更新的消防设备和器材，使现代消防事业如虎添翼。

1.2.2　消防工程教育的发展

从19世纪开始，数学、物理学、流体力学、燃烧学等学科领域快速发展，为消防工程学科理论奠定了重要基础。特别是19世纪中叶火灾自动喷水灭火装置和自动报警装置的发明，以及20世纪中期各类性能先进的防火设备的大量开发与应用，使消防技术进入了高速发展阶段。同时，火灾试验手段的提升，也为火灾机理和规律的研究提供了有利条件。

19世纪，柏林、罗马的一些大学开设了防火工程等相关专业，而直到1956年，美国马里兰大学才设立了世界上第一个消防工程系，从那以后，消防工程作为一门独立的专业进入了高等学府。1973年英国爱丁堡大学建立消防工程系，并于同年开设了世界上第一个消防工程专业的硕士研究生课程。20世纪80年代后期，消防工程专业教育在国外得到很快的发展，许多国家都在大学开设消防工程专业，进行正规化的学历教育，并设立学士、硕士和博士学位，如美国的马里兰大学、伊利诺斯理工大学、俄克拉荷马大学、英国的爱丁堡大学以及波兰的中央消防学院等。

我国消防工程专业高等学历教育起步较晚。新中国成立初期，由于生产关系的变革和生产力的解放，国民经济得到了较快的发展，人口有所增加，人民安居乐业。但是，由于火灾因素相应地增多，人们对火灾的认识不足和抗御能力低，导致消防专业力量不能适应保障国民经济和社会发展的需要。改革开放后，党和国家对消防工作越来越重视，1983年，我国为了推动消防事业的发展，特遣人员到苏联学习消防工程和消防管理专业，以培养专业的消防人才。1985年，中国人民武装警察部队学院（现为中国人民警察大学）消防工程系开办了国内第一个本科消防工程类专业，开启了我国消防工程专业高等学历教育。1998年7月，教育部颁布了《普通高等学校本科专业目录和专业介绍》，将消防工程专业纳入工学大类，实行开放政策，允许非军事院校成立消防工程专业。截至2020年6月，已有中南大学、中国矿业大学、中国人民警察大学、中国矿业大学（北京）、西安科技大学、中国消防救援学院、沈阳航空航天大学、华北水利水电大学、南京工业大学、西南交通大学、西南林业大学、内蒙古农业大学、河南理工大学、重庆科技学院、中国民用航空飞行学院、常州大学、安徽理工大学、新疆工程学院、河北建筑工程学院等院校开设了消防工程本科专业。其中，中南大学、西南交通大学已获得消防工程硕士学位授权点，中南大学已获得消防工程博士学位授权点，而中国科学技术大学、中国矿业大学等也依托安全科学与工程博士点，培养消防工程方向的人才。

另外，随着我国注册消防工程师制度的建立，更多社会技术人员加入到注册消防工程师的队伍中来，而相关消防培训机构也承担着这部分社会化消防工程人才的教育与培养。

消防工程专业培养的不是单纯的灭火人员，而是适应当今消防工程发展的复合型人才。随着社会的不断发展，全世界对消防教育越来越重视，欧洲某些大学将消防专业教育同物理、化学、建筑、电气、管道工程教育结合起来，丰富了消防专业教育的内容。基础科学的不断发展也带动了消防领域的技术发展，更多国家越来越重视将高新技术运用于消防工程领域。美国、日本、新加坡等国的消防工程技术已走在世界前列，而且许多国家为推动发展、将消防纳入国家建设的已完整体系。

1.3 消防工程学科概况

1.3.1 消防工程学科的特点

从学科角度讲，消防工程是一门研究火灾发生与发展规律及火灾预防与扑救理论和技术的新兴的综合性、交叉性学科。它不仅涉及数学、物理学、化学、建筑、电子、信息学、灾害学等自然科学学科，还涉及法学、管理学、经济学、教育学、哲学等众多社会人文科学学科。消防工程学科是以数学、物理学、流体力学、燃烧学等为基础，借助计算机技术、土木工程技术、通信技术等手段，针对建筑火灾、工业火灾、森林与草原火灾等形成有效的科学防火与灭火的科学方法与工程技术，如图 1-1 所示。消防工程学科的根本目标是尽量减少直至消除火灾给人类带来的威胁，该学科的发展将有助于科学合理地防止火灾发生，保护人们的生命和财产安全，对社会及国家都具有十分重要的意义。

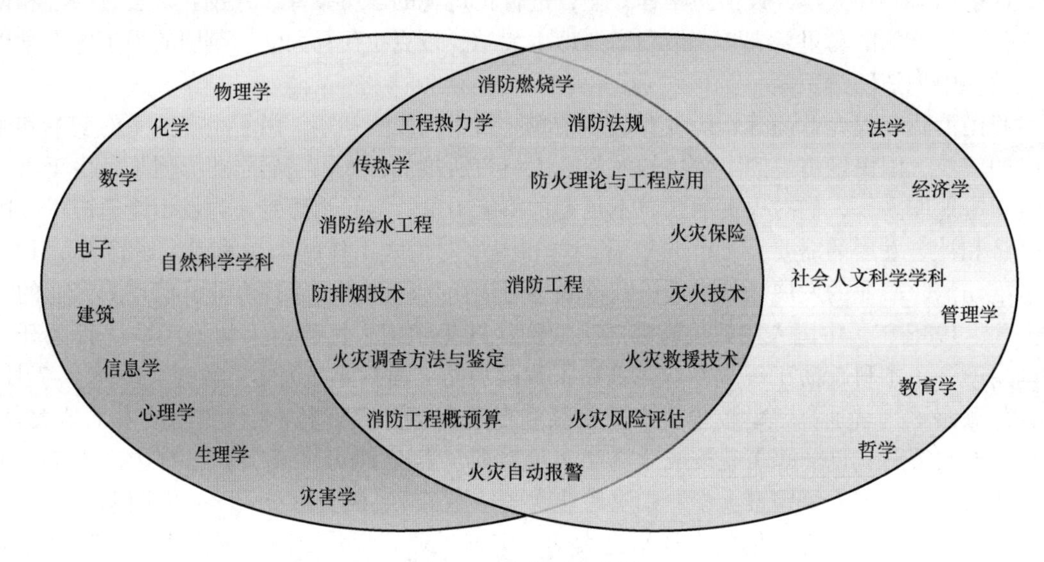

图 1-1　消防工程学科

消防工程学科的形成与发展是人类社会发展及经济建设的必然需求，随着科技进步和人们安全意识的提高，消防工程专业在整个科学技术体系里的地位也越来越重要，它为保障安全生产和生活提供了重要的理论基础、科技支撑以及专业人才。从本质上说，消防工程是以火灾科学为基础，立足于防火灭火安全，采用消防科学技术，服务于消防管理的一门学科，如图 1-2 所示。

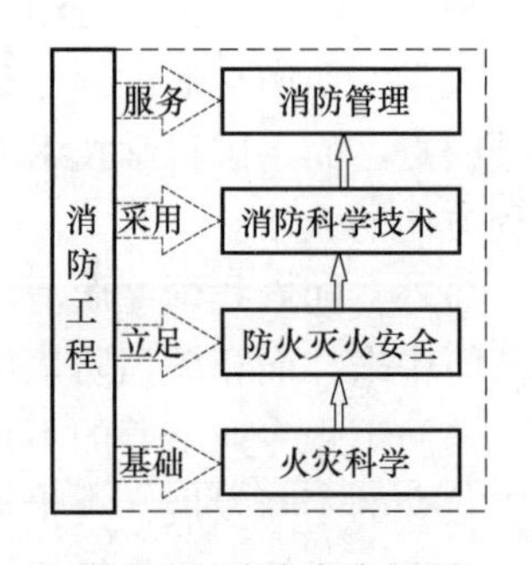

图 1-2　消防安全框图

消防的宗旨是“以防为主，防消结合”，这也衬托出消防工程学科在防火减灾方面的重要性。此外，当前的消防科研也是侧重于对火灾的防范和降低火灾发生频率和风险。消防工程学是当前消防科研中一个最前沿、最活跃、最具发展潜力的研究领域。据研究，消防工程学的发展促进了建筑防火设计观念的更新，从而建立一套比传统的“处方式”建筑防火设计法更加灵活、更加科学合理的方法体系，极大地促进建筑防火设计的科学化、合理化和成本效益的最优化，带来巨大的社会效益和经济效益。同时，消防工程学也将为已建成使用的建筑物提供科学的消防安全评估方法和技术，提高建筑物的消防安全管理水平。

历经几十年的发展，消防科学技术从基础研究到应用技术都取得了令人瞩目的成就。随着经济和社会的发展，人类将对消防安全提出越来越高的要求；现代新兴的科学技术和信息手段也为消防安全水平的提高提供更多的思路和方法。当前，一些国家大力推进消防科技领域的研究与开发，可以预见在不久的将来，这些领域将取得不可估量的研究成果和技术突破。

面对现阶段我国的火灾防治问题，火灾科学与消防工程方面的科学研究显得尤为重要。随着社会的发展，消防科学技术的社会功能日益突显，社会需求也日益增加。与此同时，同其他学科日新月异的发展一样，消防工程学科也得到了长足的发展，其研究领域正不断拓宽和深入。总体来说，消防工程学科具有如下特点：

1）立足防火灭火，保障生命安全和财产安全。消防工程学的目的在于利用工程和科学的原理，使人们和其生活的环境免受火灾的危害。它立足于防止火灾发生、抑制火灾蔓延、消灭各类火灾，以期保护人民生命安全，降低财产损失，内容为分析火灾的危险性，对建筑、材料、结构、设施等进行设计、建造、管理，以及火灾发生后的调查分析。

2）多学科交叉、融合。消防工程是一门新型交叉性学科，与诸多学科交叉与融合，涉及多个自然科学和社会人文科学学科。消防工程学科属于工学类，但它的学科基础较为薄弱，一般依托于安全科学与工程、土木工程和公安技术等一级学科建设发展。

3）具有工程属性的特点。消防工程学科具有鲜明的工程属性，消防工程学科是面向实际应用、为经济建设服务的，是一门应用科学。消防工程学科的工程技术原理立足于实际建筑防火设计和消防安全评估等行业需求，以实际工程问题为目标指向，将产出的量化的科研成果应用于实际工程建设中，体现消防工程学科的工程属性，服务于社会发展。

4）具有新兴学科的特点。消防工程学科是时代发展的产物，是随着科学技术的迅猛发展和社会的不断进步，由安全工程学科深化、发展、派生出来的。近几十年来，消防工程学科与其他学科之间不断渗透、融合，以新为特征，视新为生命，不断探索和创新，其内容日趋完善，学科呈现蓬勃发展的趋势。

1.3.2 消防工程的知识体系

作为一门以火灾规律、火灾预防与控制理论和技术为研究对象的综合性学科，消防工程与诸多学科相互渗透、融合。由于消防工程专业具有跨学科、跨行业的特点，其知识体系所涉及的一级学科领域超过 10 个，其所涵盖的知识，包括火灾科学基础知识、安全工程基础知识、电工技术基础知识、建筑及结构基础知识、工程设计基础知识等，也包括消防技术知识以及涉及各个行业的消防安全知识，如石油化工行业消防知识、地铁消防知识、建筑消防知识、森林与草原消防知识等。

从目前国际消防科学与技术的发展状况来看，消防工程的研究领域主要包括建筑防火设计、消防工程施工与维护、火灾风险分析与评价、城市消防规划、特殊工业建筑与设施的防火设计、消防自动化、消防规范的制定与实施、灭火系统与消防装备（包括灭火工具、器材与设备）的设计与施工、灭火预案的制定、消防部门的规划与管理、火灾调查等。从系统构成来看，消防工程主要包括消防水系统、气体灭火系统、泡沫灭火系统、火灾自动报警系统、防排烟系统、应急疏散系统、消防通信系统、消防广播系统、防火分隔设施（防火门、防火卷帘）等。消防工程的行业方向主要包括消防设计、消防施工、消防检测、消防审批、消防验收、消防监管等。这些研究领域、消防系统以及行业方向，所涉及的相关知识，也属于消防工程知识体系的范畴。

在分析和调研国内外消防工程专业现有本科课程体系和专业人才培养体系等特点的基础上，结合消防工程专业的师资特点、未来消防工程人才需求特点、学科专业发展规律和人才培养规律，可知消防工程专业的知识体系应能够涵盖消防工程的基础理论体系与专业技术体系，包括消防工程原理、核心知识、应用等模块，以及火灾机理、安全工程理论、火灾自动报警系统知识、防排烟系统知识、灭火系统知识五大方面，具有多学科交叉、知识涵盖面广、应用实践性强和逻辑关系紧密等特点。同时，消防工程是一门目的明确、应用性很强的学科，因此其他领域的新技术的革新也会对消防工程知识体系产生重要的影响，推动其不断发展与更新。

依据消防工程知识体系构架，国内各院校根据自身特点制定了相应的消防工程专业本科培养方案，形成了具有不同专业特长的知识体系。虽然各院校的培养方案有些不同，但总体来说，各院校的课程体系基本可以分为专业基础模块、专业核心模块、专业拓展模块三个部分。根据这些核心知识所必备的前期基础知识，确定课程体系的专业基础模块，包括建筑及结构基础、火灾科学机理、安全工程理论、电工技术基础等部分。其中，建筑及结构基础课程包含房屋建筑学、混凝土结构设计原理及其前期基础课程；火灾科学机理课程主要包括燃烧学及其前期基础课程；安全工程理论课程主要是安全系统工程；电工技术基础课程主要为电工技术。根据专业的核心知识确定课程体系的专业核心模块，包括建筑防火与疏散系统、防排烟系统、自动报警与控制系统以及灭火系统等部分。在专业核心模块中，建筑防火与疏散系统主要是建筑防火设计原理课程及课程设计；防排烟系统对应的是防排烟工程及课程设计；火灾自动报警与联动控制系统对应的是自动报警与控制设计原理及课程设计；灭火系统主要对应的是消防给水排水工程及课程设计、灭火设备与技术。在课程安排方面，应该将专业基础模块的课程设置在专业核心模块课程的前面。此外，专业拓展模块的课程主要涉及各个行业的消防安全知识与技术方面的内容，例如火灾保险、消防工程概预算、建筑防火、森林防火、电气防火等。在该部分，各院校可根据各自学校的行业背景特点增加1~3门课程，更充分地体现各个学校的行业学科优势。

以下结合中南大学消防工程专业的培养方案，在分模块分方向设置课程体系的基础上，通过综合协调，利用系统学的方法对消防工程学科知识及课程体系以及内在逻辑关系进行分析与介绍。图1-3~图1-8则分别给出了消防工程专业知识模块构成及各个模块的具体课程设置。

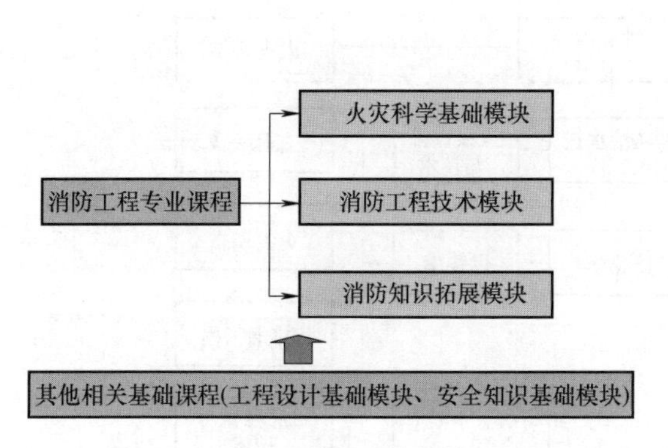

图 1-3 消防工程专业知识模块构成

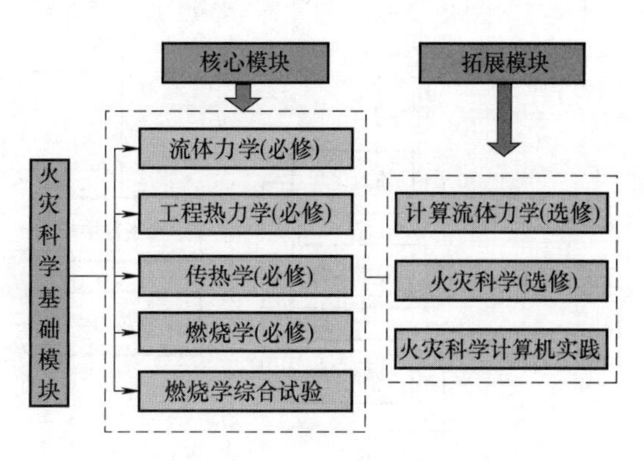

图 1-4 火灾科学基础模块课程

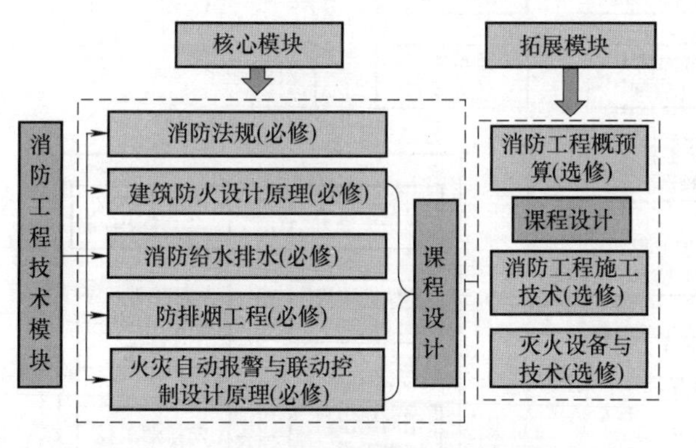

图 1-5 消防工程技术模块课程

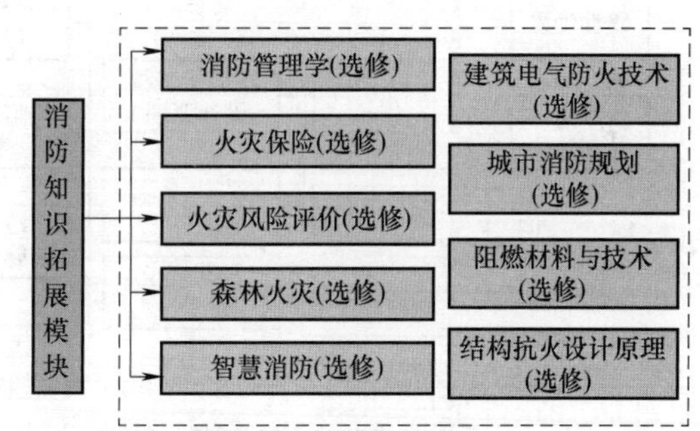

图 1-6 消防知识拓展模块课程

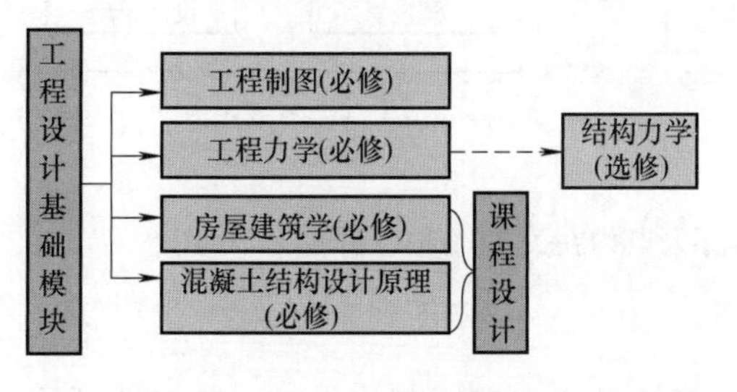

图 1-7 工程设计基础模块课程

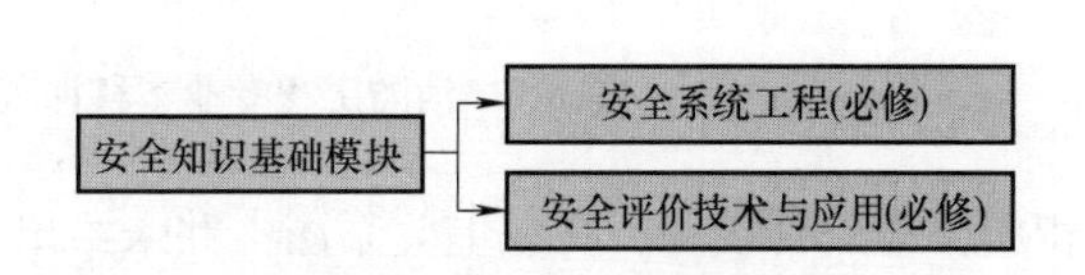

图 1-8 安全知识基础模块课程

本节依据消防工程的基础理论体系，利用系统学的观点与方法，分析了消防工程专业知识结构体系的内在关联性，对各门课程按知识的依赖区和影响区进行了划分，确定了专业知识的脉络关系与知识链，并提出了消防工程专业课程体系及其内在关系的链式结构图（图 1-9）。据此明确了各课程在整个知识体系中的作用和地位，形成既突出消防工程专业的行业特色又具有一定普适性的完整的课程体系结构。

需要说明的是，在以上课程中，建筑防火设计原理是消防给水排水工程、火灾自动报警与联动控制设计原理、防排烟工程的前期课程，而燃烧学是建筑防火设计原理课程的基础课程，工程制图则是其他主干课程设计的基础。课程体系中的其他实践环节部分，如燃烧学综合试验、建筑防火设计综合试验、建筑消防自动化技术试验、火灾科学计算机实践等，则随

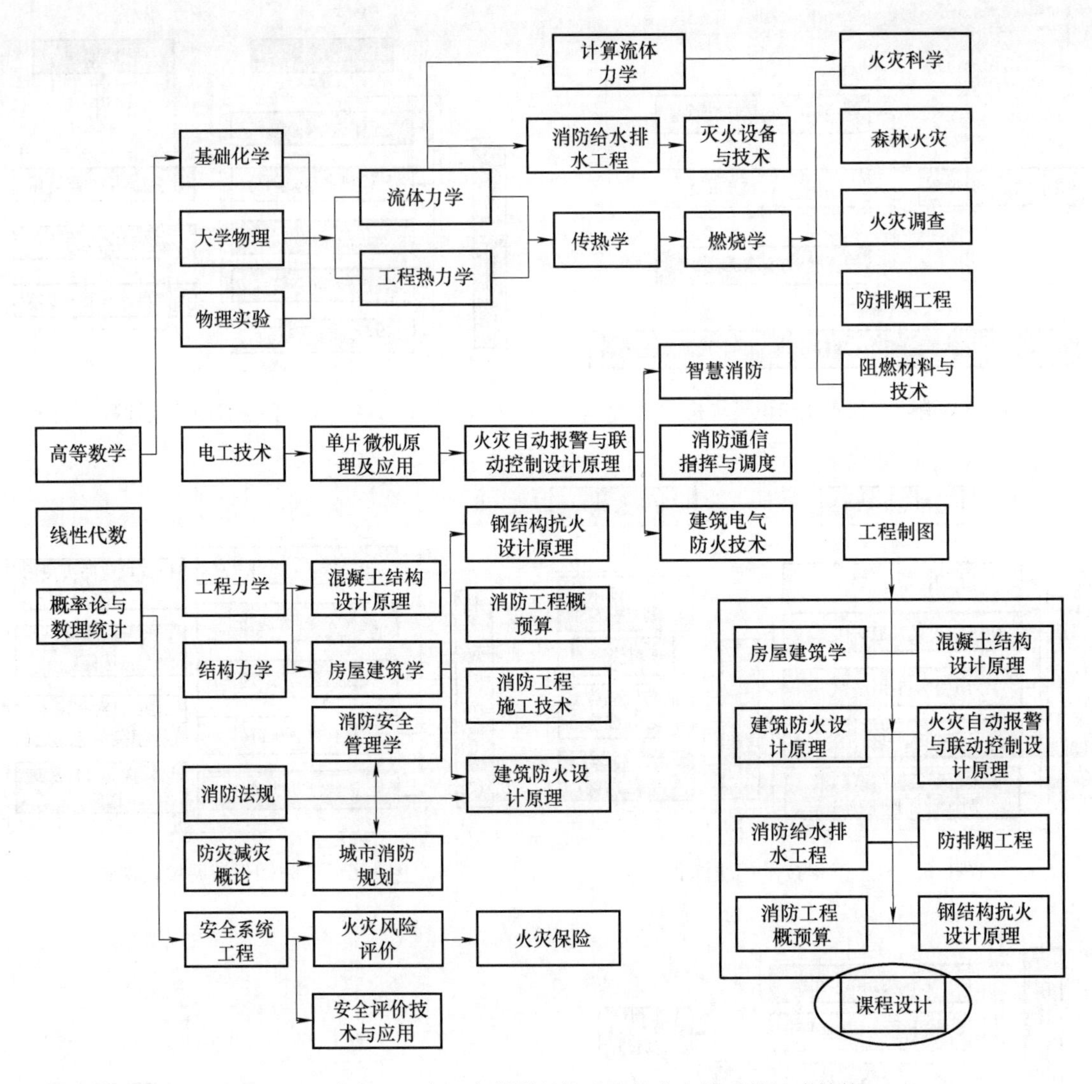

图 1-9　消防工程专业本科课程体系及其内在关系的链式结构

相应课程配套设置，在以上关系图中并未给出。

当然，作为一个新兴的专业，消防工程专业高等教育在我国起步较晚，其专业课程体系是一个复杂的大系统，还需要不断更新、优化和完善。因此，如何在消防工程专业的本科课程体系中全面反映其专业学科特点，已成为当前消防工程本科专业建设亟待解决的问题。为此，运用系统论的观点和方法，针对厚基础、广专业、多领域的专业特点，根据培养目标，从课程体系结构、教学内容以及课程教材等各个方面进行深入分析，对消防工程专业本科知识结构与核心课程体系进行研究，进而形成既突出消防工程的行业特色又具有一定普适性的完整的课程体系结构，使消防工程专业的课程设置能够全面反映跨学科、跨行业的学科特点，对于新兴消防工程学科的专业课程体系建设与人才培养具有重要的意义。应该需要说明的是，消防工程的知识体系将随着时代的发展和技术的革新，而不断地更新与完善。

1.3.3 消防工程人才需求分析

随着经济的飞速发展，作为防火减灾、保障安全的特殊行业，消防的重要性越发突出，行业的快速发展使得人才需求急剧增加。但另一方面，培养消防人才的高校还很少，目前来看，消防专业人才缺口巨大，总体呈现供不应求的情况。

消防工程专业的毕业生就业面相对比较广泛，遍及各个领域的不同行业，主要在消防监管部门，消防技术与工程研究和开发部门，消防检测机构，各级建筑设计院，地方消防行政管理部门，消防工程施工和建设部门，各企业单位消防事务管理部门，各种大型企业、机场、港口、重要物资的大型仓库等专职消防队，各类消防产品的生产企业。

改革开放以来，特别是《中华人民共和国消防法》颁布实施以来，我国的消防各项工作水平得到了显著提高，但重、特大火灾仍时有发生，暴露出我国消防工作社会化程度、管理水平与消防安全保障能力的不足。究其原因，一方面，是随着经济的高速发展，人民生活水平的不断提高，人们所从事的生产生活活动形式更为多样，使得消防工作更为复杂、任务更为艰巨；另一方面，是消防行业人才队伍的建设相对滞后，人才培养与职业制度还不够规范，社会缺乏对从业人员的正确认知与有效评价，这些均极大地制约了社会消防技术人才队伍的建设和发展。据有关部门统计，目前，我国从事消防专业技术的专职人员约有 20 万人。而长期缺乏有效的规范管理使得其职业素质良莠不齐。专业的社会化消防技术服务和人才缺乏，也影响了社会消防管理水平的提高，为弥补消防人才供给失衡的情况，我国 2013 年开始执行注册消防工程师制度，成为消防专业技术人员来源的一个重要途径。

随着社会经济的发展，消防机构也进行了根本性的改革，为了在全国范围内形成自上而下、由纵到横的消防安全网络，还需要大量的消防工程、管理与技术人才，这也要求消防专业人员的培养模式必须逐步走向系统化、专业化、现代化。总体来说，虽然我国的消防事业尚未成熟，但是随着国家与社会对消防人才重视，消防工程专业的就业前景十分广阔。

第2章 火灾科学基础

2.1 传热学基础

热量传递是自然界中普遍存在的一种传递过程，是由于温度差而使热量从高温区向低温区转移的过程，无隔热层的两物体间或同一物体的不同部位间，只要存在温差，就会发生热量传递，直到各处温度相同为止。在生产过程中普遍遇到的物料升温和冷却、换热或保温等操作过程，都涉及热量传递。火灾是一种失去控制的燃烧，具有强烈的传热、传质过程与化学反应过程，在火灾的不同阶段，传热的主要模式也有区别。

热量传递有三种基本方式，分别为热传导、热对流和热辐射。热传导依靠物质内部粒子的微观运动来传递热量。热对流只能在流体中存在，它依靠流体微团的宏观运动来传递热量。而热辐射则通过电磁波传递热量，因此不需要物质做媒介。

2.1.1 热传导

热传导是指物体各部分无相对位移，仅依靠物质微观粒子（分子、原子及自由电子等）的碰撞、转动和振动等热运动而引起热量从高温部分向低温部分传递的现象，属于接触传热。一般在固体内部，只能依靠热传导的方式传热；在流体中，尽管也有热传导现象发生，但通常被热对流运动所掩盖。

热传导用傅里叶定律来描述。傅里叶定律是传热学中的一个基本定律，即在热传导现象中，单位时间内通过给定截面的热量，正比例于垂直于该截面方向上的温度变化率和截面面积，而热量传递的方向则与温度升高的方向相反，其数学表达式如下：

$$q = -\lambda \frac{\mathrm{d}T}{\mathrm{d}x} \tag{2-1}$$

式中 T——温度（K）；

q——热流密度，即 x 方向上单位时间，经单位面积传递的热量，（W/m^2）；

x——导热面上的坐标（m）；

λ——热导率，表示物质的热传导能力，即单位温度梯度时的热通量［$W/(m \cdot K)$］，需要注意的是，λ 作为导热系数是表示材料导热性能的一个参数，λ 越大，表明该材料热传导越快。

2.1.2 热对流

热对流是指由于流体的宏观运动而引起的流体各部分之间发生相对位移（对流），冷、热流体相互掺混所引起的热量传递过程。热对流作为热传播中一种重要的热量传递方式，也是影响初期火灾发展走向最主要的因素。

热对流可分为自然热对流和强迫热对流两大类。自然热对流是指没有外界驱动力的条件下，流体由于内部温度或密度的不同，在重力作用下，高温低密度流体自下而上，低温高密度流体自上而下的流动。强迫热对流则是指流体在外界作用下产生的热流动。

运动着的流体与所接触的固体壁面间的热量传递过程称为对流换热。由于宏观相对运动，流体（液体或气体）流过固体壁面时，在黏性和壁面摩擦的共同影响下，靠近壁面的流体分层流动，尤其总有一层很薄的流体黏附于壁面与流体直接接触的几何面上，且该层流体处于静止状态，因此表面层的热流传递只能依靠热传导的方式。显然，由于流体中温度分布不均，流体在发生热对流时，也伴随热传导现象的产生。因此，对流换热实际上是热传导和热对流两者综合作用的过程。

热对流换热过程相对复杂，受诸多因素的影响，如流体的物理性质和流动状况，固体壁面的表面粗糙程度、形状和大小等。一般情况下，热对流换热 q_s 可用牛顿冷却公式计算，即：

$$q_s = \alpha(T_w - T_0) \tag{2-2}$$

式中 T_w——壁面的温度（K）；

T_0——风流的平均温度（K）；

α——壁面的对流换热系数 [$W/(m^2 \cdot K)$]。

2.1.3 热辐射

热辐射是由于物体自身温度或热运动而激发引起的表面发射可见和不可见的射线（电磁波）传递热量的现象。物体的辐射能力与温度有关，一切物体只要其温度大于 0K，都会不断向外发射热射线。物体间以热辐射方式进行的热量传递称为辐射换热。辐射能可以在真空中进行传播，所以，辐射换热是一种不需要依赖物体接触而进行的热量传递。在工程技术和日常生活中，辐射换热是一种常见的现象。例如，最为常见的辐射现象就是太阳对大地的照射，人们通过石英管电暖器取暖等。

实际物体辐射热流量的计算可以采用斯忒藩-玻尔兹曼定律（Stefan-Boltzmann Law）的经验修订公式，即：

$$\Phi = \varepsilon A \sigma T^4 \tag{2-3}$$

式中 ε——物体的辐射率，它是一个表征辐射物体表面性质的常数，定义为：一个物体的辐射能与同样温度下黑体的辐射能之比。所谓黑体，是指能吸收投入到其表面上的所有热辐射能量的物体；

Φ——物体自身向外辐射的热流量（W）；

A——物体的辐射表面积（m^2）；

σ——斯忒藩-玻尔兹曼常量 [$W/(m^2 \cdot K^4)$]，其值为 5.67×10^{-8}；

T——物体的热力学温度（K）。

2.2 燃烧学基础

2.2.1 燃烧的本质

燃烧是燃料和氧化剂两种组分在空间发生激烈的放热化学反应的过程，通常伴有火焰、发光和（或）发烟的现象。燃烧本质上是一种氧化还原反应，但具有放热、发光和（或）发烟的特征，而这些特征也是进行火灾早期探测的重要依据，比如利用感温探测器、感烟探测器以及红外、紫外感光探测器等探测初期火灾。燃烧是一种极其复杂的化学反应。多数情况下，可燃物质的氧化反应不是直接进行的，而是经过一系列复杂的中间反应，是一种游离基的链锁反应。游离基也称自由基或自由原子，是一种活性中间物的链载体，其化学活性非常强，当反应物产生少量的活化中心时，即可发生链锁反应。游离基容易自行结合成稳定分子或与其他物质的分子反应生成新的游离基。当游离基全部消失时，链锁反应就会终止。

2.2.2 燃烧的条件

发生燃烧所需要的必要条件有三个，即可燃物、助燃物（氧化剂）和点火源，如图 2-1 所示。

凡是能与氧气及其他氧化剂发生燃烧反应的物质，都称为可燃物。凡能帮助和支持燃烧的物质，即能与可燃物发生燃烧反应的物质，都称为助燃物（实质上是氧气或氧化剂）。点火源是指能引起可燃物与助燃物发生燃烧反应的热能。

燃烧的必要条件可以用图 2-2a 所示的着火三角形表示。同时，由于燃烧过程还需要存在未受抑制的游离基作为中间体，所以燃烧的必要条件也可以用如图 2-2b 所示的着火四面体表示。

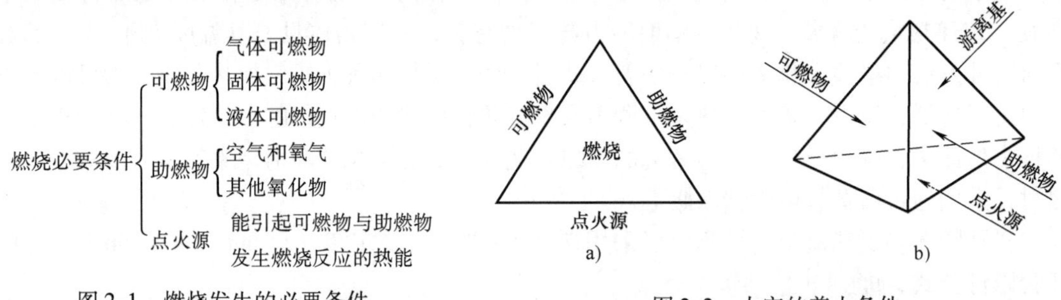

燃烧必要条件
- 可燃物
  - 气体可燃物
  - 固体可燃物
  - 液体可燃物
- 助燃物
  - 空气和氧气
  - 其他氧化物
- 点火源
  - 能引起可燃物与助燃物发生燃烧反应的热能

图 2-1　燃烧发生的必要条件

a)　　b)

图 2-2　火灾的着火条件

a）着火三角形　b）着火四面体

燃烧反应要进行，除了以上条件外，可燃物和助燃物都需要达到一定的浓度，引起可燃物燃烧的点火能量不管以何种形式出现，都必须达到一定的强度，同时三者还要相互作用，如图 2-3 所示。

表 2-1 列出了部分常见可燃物燃烧所需的最低含氧量，表 2-2 列出的是几种常见可燃物燃烧的着火温度。

燃烧充分条件：
- 一定浓度的可燃物
- 一定含量的氧气（助燃物）
- 一定强度的点火能量（点火能）
- 相互作用

图 2-3 燃烧发生的充分条件

表 2-1 部分常见物质燃烧所需最低含氧量

物质名称	含氧量（%）	物质名称	含氧量（%）
汽油	14.4	氢气	5.9
乙醇	15.0	橡胶屑	13.0
煤油	15.0	棉花	8.0

表 2-2 几种常见可燃物燃烧的着火温度

物质名称	燃点/℃	物质名称	燃点/℃
松木	250	照明煤油	86
蜡烛	190	松节油	53
纸张	130	橡胶	120
布匹	200	黄磷	34～60
棉花	210	麻	150

2.3 燃烧产物及其危害

2.3.1 火灾烟气

烟气是一种火灾中对人构成严重威胁的主要燃烧产物。统计资料表明，发生火灾时，大约有70%的人是由于吸入烟尘和有毒有害气体昏迷后死亡的，而并非被火直接烧死。可见，在火灾发生时，对于烟气和有毒有害气体的控制尤为重要。

烟或烟粒通常是由燃烧和热解作用产生的悬浮在气相中的固体微粒组成，而含有烟粒的气体则被称为烟气。烟的主要成分是一些极小的炭黑粒子，其直径一般为10^{-7}～10^{-4}cm，大直径的粒子容易由烟中落下来成为烟尘或炭黑。它主要由未燃烧或未完全燃烧的气态可燃物、固液相热解物、燃烧分解的产物和冷凝微小颗粒及空气组成。火灾燃烧状况，即明火燃烧、热解和阴燃等，对生成烟气的数量、成分和性质都有影响。火灾中的烟气的毒害性、减光性等会对人员的逃生造成影响。

1. 毒害性

火灾烟气能使受灾人员或扑救人员直接中毒死亡，或因缺氧或一氧化碳中毒晕倒后而被火烧死。烟气中的含氧量往往低于人们生理需要的正常数值。当空气中的氧含量低于15%时，人体肌肉的活动能力将受影响；当含氧浓度低于6%时，在短时间内人们将因缺氧而窒息死亡。在实际火灾环境中的最低氧浓度可达到3%，可见，人们若不能及时逃离火场是非常危险的。

另外，烟气中含有各种有毒有害气体，当这些气体的含量超过了人们正常生理过程所能承受的最低浓度时，就容易造成人的中毒死亡。尤其是现代建筑物室内装饰装修及外墙保温材料等，都使用了大量易燃、可燃材料，导致火灾发生时产生大量有毒有害气体，这些有毒有害气体的蔓延扩散对被困人员的安全构成了巨大的威胁。此外，火灾烟气的悬浮微粒经过呼吸进入体肺部时，能黏附并聚集在肺泡壁上，部分可随血液循环输送至全身，造成呼吸道疾病，增大患者的死亡率。

2. 减光性

烟粒子对可见光具有遮蔽作用，将导致其蔓延的区域可见光的强度大大减弱，能见度也随之降低，这就是烟气的减光性。同时，人的眼睛也会因烟气中部分气体（如 HCl、SO_2、Cl_2、NH_3 等）的进入而受到刺激，导致睁不开眼。烟气的减光性降低了逃生人员的能见距离或视程（称为能见度），严重妨碍了火场的人员疏散，从而增加了人员中毒或死亡的可能性，也给扑救过程造成了很大的阻碍。

此外，发生火灾时，特别是发生爆燃时，熊熊烈火连同浓浓的黑烟冲破门窗的场景还容易增加人们的恐怖感，使人产生恐慌情绪，导致疏散过程出现混乱，并可能造成人员挤压踩踏致死等严重后果。

2.3.2 燃烧生成的热量

燃烧是一种放热的反应。火场中，燃烧区的温度随着燃烧反应的进行而急剧升高，这对在场人员的生命安全和建筑的安全性能都造成很大的威胁。火灾温度对人的影响见表 2-3。人的生存极限的呼吸温度约为 131℃。当温度达到 120℃时，若人暴露的时间超过 1min 就会被烧伤。而一般室内火灾的温度可达到 900℃，高层建筑或地下建筑中的火灾最高温度还可能达到 1300℃，高温的持续作用还会导致建筑结构的破坏，甚至引起建筑物倒塌。

表 2-3 火灾温度对人的影响

温度/℃	对人的影响
95	出现头晕，可暴露 1min 以上
120	超过 1min 就会被烧伤
140	生理机能逐渐丧失
超过 180	呈现失能状态

2.3.3 燃烧生成的气体

可燃物燃烧产物主要有水、二氧化碳、一氧化碳、二氧化硫、二氧化氮、氰化氢、氯化氢等。这些产物中有的是完全燃烧的产物，有的是不完全燃烧产物，而且有毒物质占了很大一部分，如二氧化氮、二氧化硫、氨气、硫化氢、氰化氢等。其中，氰化氢毒性很强，能使人迅速窒息致死；其他毒物对人体有不同程度伤害。燃烧生成的气体对人的影响见表 2-4。

表 2-4 燃烧生成的气体对人的影响

气 体	对人的影响
一氧化碳	能与血液中的血红蛋白结合形成一氧化碳血红蛋白，当血液中 50% 的血红蛋白被结合，会导致脑和中枢神经严重缺氧甚至死亡
二氧化氮	二氧化氮和其他的氮化物能引起肺部的强烈刺激，立刻引起死亡和人体功能性损伤

（续）

气　体	对人的影响
二氧化硫等	能强烈刺激呼吸道
氯化氢	能强烈刺激呼吸道
氰化氢	能迅速使人窒息、致死
氨气	对人的口鼻有强烈的刺激作用

2.4 防灭火基础

“预防为主，防消结合”是我国消防安全工作的方针。掌握基本的防火灭火基础，对于火灾的预防以及扑救具有重要的意义。防火是在火灾未发生时，防止火灾条件的形成，而灭火则是在火灾发生之后，破坏、消除火灾形成的条件，达到灭火的目的。总体来说，防火所付出的代价要小得多。因此，防火是消防工作的基础，在消防工作中处于首要地位，需要通过制定和贯彻落实各项防火法律法规、技术标准和组织措施得以实现，进而切实有效地防止火灾发生。另外，在做好防火工作的同时，还要积极做好各项灭火的准备工作，以便在发生火灾时能及时有效地进行扑救，最大限度地减少火灾损失与人员伤亡。

2.4.1 基本术语

1. 火灾

在时间或空间上失去控制的燃烧所造成的灾害。

2. 着火

着火是燃烧反应重要的外部标志，是指在可燃物与空气共存的条件下，达到某一温度后，与点火源接触即能立刻发生燃烧，且点火源离开后仍能保持燃烧的现象。影响着火的因素有很多，主要涉及化学动力学和流体力学两个方面。

3. 着火条件

如果在一定的初始条件（闭口系统）或边界条件（开口系统）之下，系统将不能在整个时间区段内或空间区段内保持低温水平的缓慢反应态，而会出现一个剧烈加速的过渡过程，使整个系统在某个瞬间或空间某部分达到高温反应态（即燃烧态），实现这个过渡过程的初始条件或边界条件称为着火条件。着火条件不是一个简单的初温条件，而是化学动力参数和流体力学参数的综合函数。

4. 着火感应期（又称着火延迟期、诱导期）

可燃混合气系统已达着火条件的情况下，从初始温度升高到着火温度所需的时间。

5. 热自燃

在可燃混合物着火过程中，通过热量不断积累而自动升温，最终从缓慢反应态过渡到剧烈的反应状态的现象。

6. 链锁自燃

依靠链锁分支反应而不断积累游离基，而最终达到剧烈反应速度的自燃。

7. 强迫点火（又称点燃或引燃）

可燃物局部受高温热源加热而着火、燃烧，并依靠燃烧波传播到整个可燃混合物中。

8. 灭火

由于散热、做功等因素将自由基或能量从燃烧区域移走，使反应不能自持，系统由燃烧态过渡到低温缓慢氧化态，燃烧中断。

9. 灭火滞后现象

当系统着火后，要使系统灭火，必须使系统处于比着火更不利的条件下才能实现，它表明着火与灭火是不可逆过程。

10. 闪燃

易燃或可燃液体挥发出的蒸气与空气混合后，达到一定浓度时，遇引火源而产生的一闪即灭的现象。

11. 爆炸

在极短时间内，释放出大量能量与气体并产生高温，在周围介质中形成高压的化学反应或状态变化，其破坏性极强。

12. 爆炸极限

可燃气体、液体蒸气和粉尘与空气混合后，遇火源会发生爆炸的最高或最低的浓度范围。其中，能引起爆炸的最高浓度称为爆炸上限；能引起爆炸的最低浓度称为爆炸下限。

13. 闪点

在规定的试验条件下，能够发生闪燃时，液体的最低温度。

14. 着火点

在规定的试验条件下，在外部引火源作用下，物质表面发生起火，并形成持续燃烧时可燃物的最低温度。

15. 自燃点

在规定的条件下，能够产生自燃时，可燃物的最低温度。

2.4.2 火灾的分类及危险类别划分

按照《火灾分类》（GB/T 4968—2008）的规定，火灾可以分为六类，见表 2-5。

表 2-5 火灾分类

火灾类型	主要内容
A 类火灾	固体物质火灾
B 类火灾	液体或可熔化固体物质火灾
C 类火灾	气体火灾
D 类火灾	金属火灾
E 类火灾	带电火灾
F 类火灾	烹饪器具内的烹饪火灾

根据可燃物的特点，可将可燃物划分为不同级别的火险物质。一般划分如下：

1）对于气体可燃物，将爆炸下限 $<10\%$ 的气体归为甲类火险物质，爆炸下限 $\geq 10\%$ 的气体归为乙类火险物质。

2）对于液体可燃物，通常将闪点 $<28℃$ 的液体归为甲类火险物质，将 $28℃ \leq$ 闪点 $<60℃$ 的液体归为乙类火险物质，将闪点 60℃ 以上的液体归为丙类火险物质。

3）对于固体可燃物，燃烧物质可分为易燃固体和可燃固体。燃点≤300℃的固体称为易燃固体。燃点＞300℃的固体称为可燃固体，属于丙类火险物质。但燃点在300℃以下的天然纤维（如棉、麻纸张、谷草等）为丙类易燃固体。

2.4.3 常用的防火方法

防火原理及可采取的防火措施都是针对着火条件而建立的，根据“燃烧学”中提到的燃烧三要素理论，可以提出常用的防火措施，如图2-4所示。

防火方法：控制可燃物；隔绝空气；消除点火源；设置防火间距

图2-4 常用的防火措施

（1）控制可燃物　即破坏燃烧三要素中可燃物条件或缩小燃烧范围，使之缺少可燃物或可燃气体浓度达不到可发生燃烧的最低浓度。在实际应用中，可以选用难燃或不燃的材料代替可燃材料、在建筑材料表面涂刷防火、阻燃涂料，提高耐火性能、使用水泥替代木料建筑房屋，控制可燃气体及粉尘的浓度低于爆炸下限值等。

（2）隔绝空气　即破坏燃烧三要素中的助燃条件，使燃烧环境中缺少氧气。在实际工程应用中，可以把易燃易爆物品的生产过程放在密闭环境中进行，把危险性化学物品密封存放以隔绝氧气，如钠封存于煤油、镍封存于酒精、二硫化碳采用水封等。

（3）消除点火源　即破坏燃烧三要素中的点火能条件。在实际工程应用中，在有火灾危险的场所禁止吸烟及严禁用明火照明、在有易燃易爆危险的场所使用不产生静电的电气设备等。

（4）设置防火间距　即通过对建筑物的合理布局，将相邻建筑设置一定的安全距离，可以有效地阻止火灾向相邻建筑物蔓延，从而减小火灾建筑对周围释放热辐射和烟气的影响，同时也为人员安全疏散和消防员灭火救援提供相应的场地条件。

2.4.4 基本的灭火方法

着火四面体理论，即燃烧不可或缺四个条件，分别是可燃物、助燃物、点火源和自由基。该理论不仅描述了着火过程所必须的条件，还为灭火提供了理论基础。根据着火四面体理论，可以提出四种常用的灭火方法，即隔离法、冷却法、窒息法和抑制法，如图2-5所示。

灭火方法：隔离法：隔离可燃物；冷却法：降低燃烧温度；窒息法：降低空气氧含量；抑制法：减少游离基

图2-5 常用的灭火方法

（1）隔离法　把正在发生燃烧的可燃物与其周围可燃物隔离或移开，燃烧就会因缺少可燃物来保持燃烧状态而终止。在实际应用中，将靠近着火区域的可燃物品移走、拆除贴近火源的易燃建筑、关闭可燃气体液体管道阀门、减少和阻止可燃物质进入燃烧区域等，均是隔离法灭火的具体应用。

（2）冷却法　将灭火剂（水、二氧化碳等）直接喷射到已燃可燃物的表面，水等液体蒸发带走热量，使可燃物的温度降低到着火点以下，使燃烧不能自持而终止；或者将灭火剂喷射在着火区域附近的可燃物表面，使其不受火焰辐射热的作用，阻止着火区域的扩大及避免形成新的着火点，待已燃可燃物燃尽而燃烧终止。

（3）窒息法　阻止空气继续流入燃烧区域，或用不助燃的惰性气体或不助燃的气体稀释氧气浓度，使燃烧区域内的可燃物因得不到足够的氧气助燃而熄灭。例如，用二氧化碳、氮气、水蒸气等气体灌注充满容器设备，用石棉毯、湿麻袋、湿棉被、黄沙等不燃物或难燃物覆盖在燃烧物表面、封闭起火建筑或设备的门窗、孔洞等。

（4）抑制法　将有抑制自由基作用的灭火剂喷射到燃烧区域，使之参与燃烧反应中一起促进燃烧反应的自由基结合，从而使维持燃烧反应的自由基消失、形成稳定分子或低活性的自由基，使燃烧反应不能持续而终止。

扑灭火灾时，火灾类型、灭火器性能、起火场所等因素一般应符合下列规定：

1）扑救 A 类火灾可选用：水型灭火器、磷酸铵盐干粉灭火器、泡沫灭火器、卤代烷型灭火器。

2）扑救 B 类火灾可选用：干粉灭火器、泡沫灭火器、卤代烷灭火器、二氧化碳型灭火器（扑救极性溶剂 B 类火灾不得选用化学泡沫灭火器）。

3）扑救 C 类火灾可选用：干粉灭火器、卤代烷灭火器、二氧化碳灭火器。

4）扑救 D 类火灾的灭火器材选型应由设计单位和当地消防监督部门协商解决。

5）扑救带电火灾可选用卤代烷灭火器、二氧化碳灭火器、干粉型灭火器。

值得注意的是，对防止着火来讲，降低环境温度的作用大于降低氧浓度或可燃气浓度的作用；但降低氧浓度或可燃气浓度，对灭火来讲比降低环境温度作用更大。

第3章 火灾探测基础

3.1 火灾探测基本原理

火灾本质上是一种燃烧现象，而燃烧过程常常伴有向外界发光、发热、发烟、产生火焰等现象。火灾探测的理论就是在此基础上建立的，日常生活中常用的火灾探测器的基本原理就是将火灾过程产生的多种物理化学信号（如烟雾、温度、光、气体和辐射）等转换成电信号，进而向火灾报警控制器发出报警信号，从而达到火灾报警的目的。

火灾探测器是火灾自动报警系统中的重要组件之一，是专门用来探测温度、烟雾、气体、光和辐射强度信号的设备，当探测值超出探测元件的额定阈值时，火灾探测器将会发生动作，并向系统终端发出报警信号，继而联动其他消防系统进行灭火。

3.2 常用的火灾探测方法

常见的火灾探测方法如图3-1所示，这些方法主要是根据可燃物在燃烧过程中发生物质

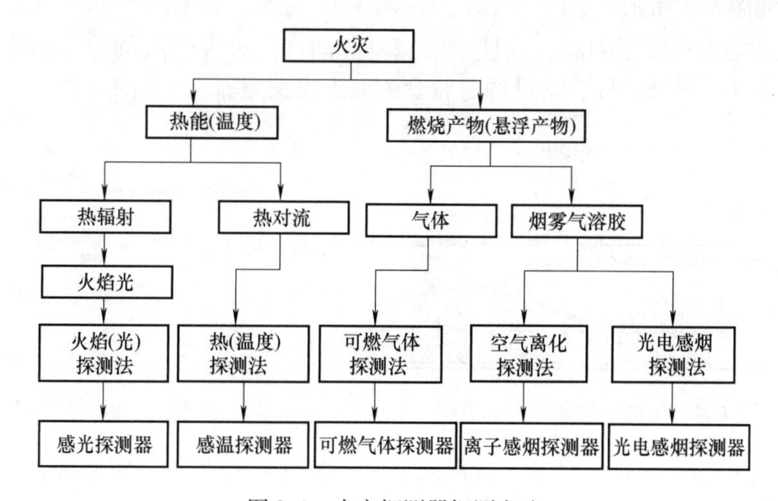

图3-1 火灾探测器探测方法

转换和能量转化所产生的不同的火灾信号而设计的。不同的火灾探测方法所针对的火灾特征信号不同，所适用的火灾类型和火灾场所也不相同，在实际使用中需根据火灾所处不同阶段的特点及火灾预警的需求进行选择。

3.2.1 火焰（光）探测法

火焰（光）探测法是针对可燃物在燃烧过程中产生的紫外光辐射或红外光辐射等，通过相应的紫外光敏元件或红外光敏元件来响应火焰的光照强度、光谱特性和火焰的闪烁频率等，用以确认火灾信号和及时报警。目前较为常用的火焰（光）火灾探测器有紫外感光探测器和红外感光探测器两种，前者对波长较短的光辐射敏感，响应紫外光线，后者则对于波长较长的光辐射敏感，响应红外光线，如图 3-2 所示。

图 3-2 防爆紫外感光火灾探测器（左）和防爆红外感光火灾探测器（右）

火焰（光）火灾探测器具有响应速度快，误报、漏报率低，性能稳定，不受环境气流的影响，探测方位准确等优点，适用于可能瞬间产生爆炸场所的早期火灾报警。

3.2.2 热（温度）探测法

热（温度）探测法是针对可燃物会在燃烧时释放热量而引起周围环境温度的变化，通过相应的热敏元件（如热电偶、热电阻、双金属片、膜盒等）来响应警戒范围中某一位置或某一线路监测范围内温度变化值超出设定的阈值，从而确认火灾信号和及时报警。根据监测温度参数方式的不同，感温火灾探测器可分为三种。

（1）定温式感温火灾探测器　在规定的探测时间内，火灾引起的温升超过某个设定的阈值时动作发出报警信号。它有线型和点型两种，其中点型定温式探测器利用双金属片、易熔金属热电偶、热敏半导体电阻等元件，在规定的温度下产生火灾报警信号。常见的双金属片定温探测器如图 3-3 所示。

（2）差温式感温火灾探测器　在规定的探测时间内，火灾引起的温升速率超过某个设定的阈值时动作发出报警信号。常见的有膜盒差温火灾探测器，如图 3-4 所示。

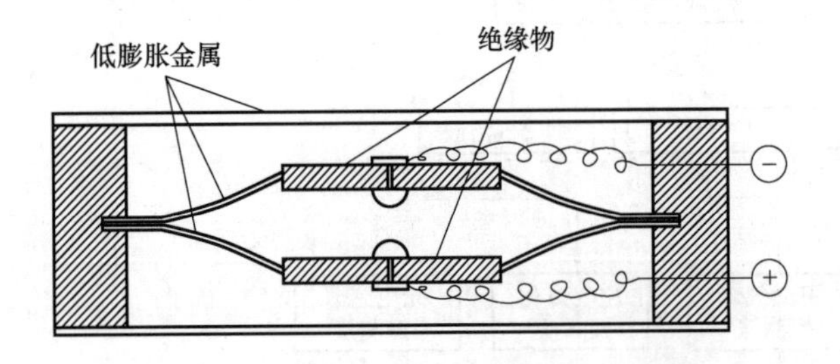

图 3-3 双金属片定温探测器结构示意图

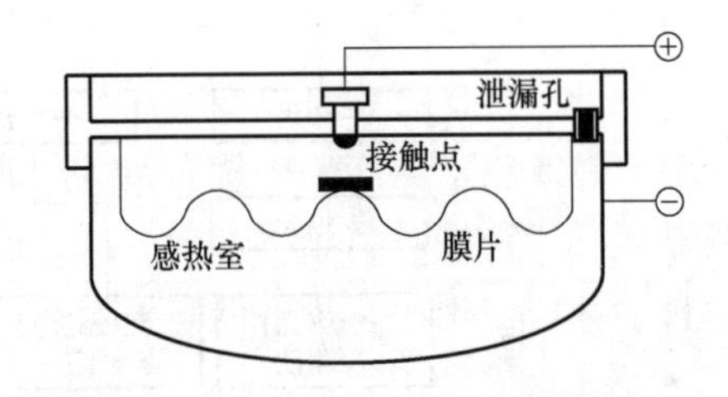

图 3-4 膜盒差温火灾探测器结构示意图

（3）差定温式感温火灾探测器　结合以上两种类型探测器的工作原理，将差温式和定温式火灾探测器结构进行组合，复合使用。

感温火灾探测器具有动作温度准确，灵敏度高，牢固可靠，误报、漏报率低等优点，适用于火灾发生过程中产生烟雾较小的场所，平时工作温度较高的场所则不宜安装感温式火灾探测器。

3.2.3 可燃气体探测法

可燃气体探测法主要针对可燃物在燃烧过程中产生的烟气或易燃易爆场所泄漏的易燃气体，通过各种气敏器件或利用电化学元件，探测监测场所内的火灾与爆炸信号。常见的可燃气体火灾探测器及其电路原理如图 3-5 所示。

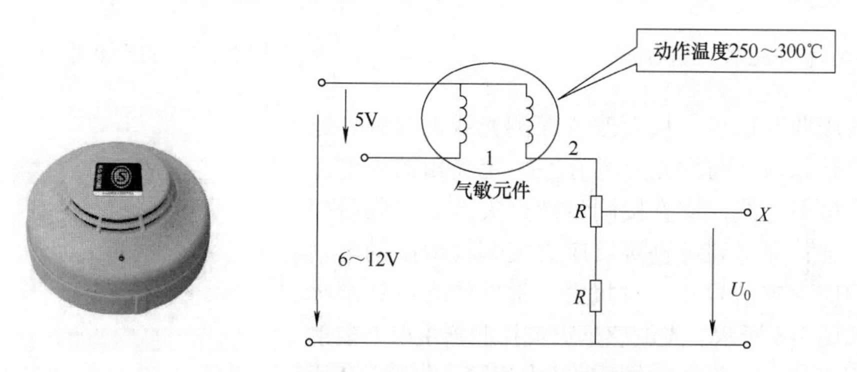

图 3-5 可燃气体火灾探测器及其电路原理

可燃气体火灾探测器的工作过程是：可燃气体发生泄漏扩散后，接触到探测器内的半导体气敏元件表面，产生无焰燃烧且释放热量，使体积小、热容量小的半导体气敏元件的温度快速上升，元件内金属氧化物中的电子能量增加，从而脱离原子层束缚参与导电，使元件的电阻值快速下降，进而使电路导通对火灾信号进行响应，探测器在初步确认火灾信号后发出警报。

3.2.4 空气离化探测法

空气离化探测法是针对火灾烟气对带电离子的吸附性，利用放射性同位素释放的 α 射线将电离室内的空气电离，产生导电性；当火灾烟气进入电离室后，烟气粒子吸附电离空气产生带电离子，产生离子电流变化；火灾烟气浓度越大，离子电流变化范围越大，利用电流变化值可以直接反应烟气浓度，并可被相应的离子火灾探测器检测，从而获得反应烟气浓度的电信号来响应火灾进行报警。常见的离子感烟火灾探测器及其探测原理如图 3-6、图 3-7 所示，它的工作过程是以空气离化法为理论基础，抽吸烟气粒子进入电离室后，火灾烟气粒子对原有的离子流产生干扰，产生电流变化，当电流值低于设定的阈值时，离子感烟火灾探测器会发出警报。离子感烟火灾探测器具有稳定性好，灵敏度高，误报、漏报率低，使用寿命长，空间占用小，价格低等优点，适用于火灾初期阶段的报警。

3.2.5 光电感烟探测法

光电感烟探测法是针对火灾烟气对光线的吸收和散射作用，在通气暗箱中利用发光元件发射特定波长的探测光线，抽吸火灾烟气进入探测暗箱后，火灾烟气粒子会对发光元件发射

图 3-6　离子感烟火灾探测器

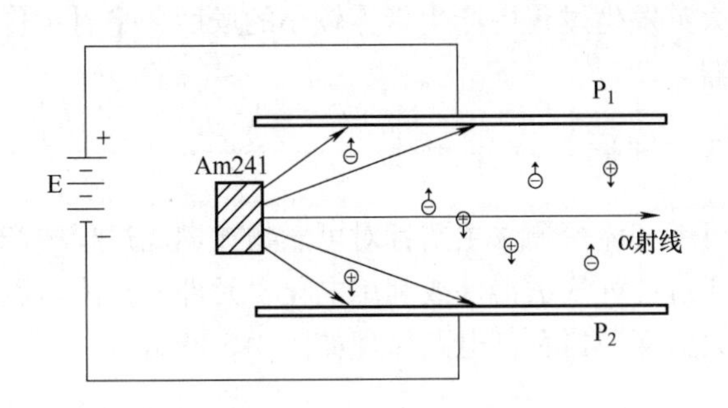

图 3-7　离子感烟火灾探测器探测原理

的探测光线吸收和散射，从而改变探测光线的光强。通过置于探测暗箱内并与发光元件存在一定夹角的光电接受元件接收散射光线，或直接测量被火灾烟气吸收后探测光线的光强，即得到可直接反应火灾烟气浓度的电信号，用以响应火灾信号和及时报警。常见的光电感烟火灾探测器如图 3-8 所示。光电感烟火灾探测器主要有散射型和遮光型两种，两者的工作原理基本相同，如图 3-9 所示。光电感烟火灾探测器主要适用于办公室书库、档案库、旅馆、饭店、教学楼、通信机房、计算机房等场所。

图 3-8　光电感烟火灾探测器

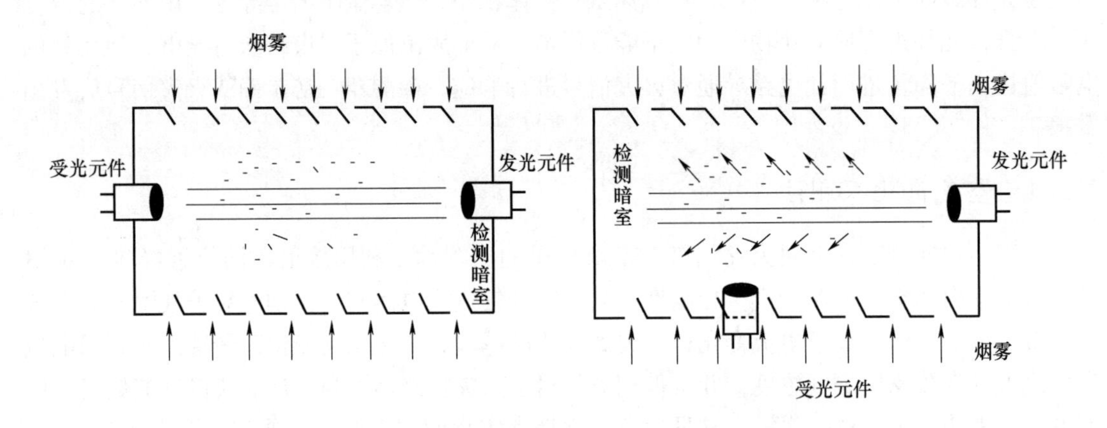

图 3-9　光电感烟火灾探测器的工作原理

3.3　火灾探测器的选用原则

火灾探测器的选择应充分考虑火灾的形成规律、不同场所对火灾预警的需求度以及经济成本等，并根据火灾探测区域内可能发生火灾的初期特点、建筑空间特点、环境条件、承受误报的能力及所有可能引起误报的因素等，综合确定合适的火灾探测器类型。在实际应用中通常有以下原则：

1）火灾初期伴随有阴燃阶段，产生大量的烟、少量的热，很少或没有火焰辐射，应选择感烟式火灾探测器，适用场所有旅馆、饭店、银行、计算机房、商场等，其感烟方式和灵敏度级别应根据实际情况确定。

2）当火灾发展迅猛，且伴有火焰辐射、只有少量的烟和热时，应选择火焰火灾探测器。火焰火灾探测器多为点型结构，采用紫外式或紫外与红外复合式，影响其探测效率的主要因素为：响应时间、安装位置、光学灵敏度和视锥角。

3）火灾形成阶段，产生较大的热量，对于同时产生大量的火灾烟气和火焰辐射的火灾，应选择火焰火灾探测器、感温火灾探测器、感烟火灾探测器，或将其组合使用。

4）火灾探测报警与灭火设备有指定的联动要求时，须把可靠性作为选择火灾探测器的首要条件，火灾探测器应在获得双报警信号，或再加上延时报警判断后，产生延时报警信号，尽可能减小误报发生的概率。

5）在散发可燃气体、易燃液体蒸气的场所或需要实时监测气体泄漏的场所，应选择可燃气体火灾探测器以实现早期的火灾报警。

6）对于火灾形成不可预料的场所，应先进行模拟试验，而后按模拟试验结果选择最佳的火灾探测器类型。

3.4 智慧消防

3.4.1 智慧消防定义

智慧消防是智慧城市战略的建设内容和工作项目之一。智慧消防是指运用物联网、大数据、云计算等技术手段，将消防设施、社会化消防监督管理、灭火救援等各种要素，通过物联网信息传感与通信等技术有机链接，以实现实时、动态、互动、融合的消防信息采集、传递和处理；促进与提高消防监督与管理水平，增强灭火救援的指挥、调度、决策和处置能力；做到“早预判、早发现、早除患、早扑救”；满足火灾防控“自动化”、灭火救援指挥“智能化”、日常执法工作“系统化”和部队管理“精细化”的实际需求。

3.4.2 智慧消防的原理和功能

智慧消防的原理是将 GPS（全球卫星定位系统）、GIS（地理信息系统）、GSM（无线移动通信系统）和计算机、网络等现代高新技术集于一体的智能消防无线报警网络服务系统。智慧消防基于此类原理具有解决电信、建筑、供电、交通等公共设施建设协调发展问题的能力；具有改变过去传统、落后和被动的报警、接警、处警方式的能力；具有实现报警自动化、接警智能化、处警预案化、管理网络化、服务专业化、科技现代化的能力；能做到方便、快捷、安全、可靠，使人民生命、财产的安全以及消防员的生命安全得到最大限度的保护。

智慧消防可实现报警、信息记录与重放、指挥和消防移动端等功能。

（1）报警功能　报警终端采用了当今最先进的传感技术，报警终端和报警接收机之间采用无线通信方式。当发生火灾时，只需按一下手动按钮，报警信号就会迅速传送到报警接收机，启动接收机的声光报警装置并通过转发器将信号传送到119指挥中心。当火灾现场没有人手动按下报警按钮时，各种智能传感器均能自动将报警信号传送到报警接收机，并最终将报警信号传送到119指挥中心，从而实现119指挥中心对火警的实时监测和发送，完成自动报警。

（2）信息记录与重放功能　接警中心按有关消防法律法规给每个用户制定灭火预案，并存储在中心数据库中。能自动、准确记录报警时间、地点、核警过程、处警程序及处警结果，录下指挥员的语音和现场情况，提供行车路线，重放行车轨迹及出警与灭火的全过程，不会出现误报、漏报。

（3）指挥功能　一旦有火灾报警，在接警中心的电子地图上就会立即自动显示出报警点的精确位置和到达火警点的最佳路线，还能对误报和恶意报警具有自动查询、检测、判断功能，对非法用户具有自动停机和拒绝服务的功能。火灾报警时，接警中心可随时调出全面、翔实反映本辖区消防系统的相关信息和资料。

（4）消防移动端功能　消防车上配有GPS卫星定位自主导航仪。接到报警时，车上配有的GPS卫星定位自主导航仪就能显示出报警的地点、路线、用户名称等，调出报警用户的灭火预案资料，接通GSM通话功能，实现与监控中心通话，形成消防各级单位和火灾现场多位一体的网络。

3.4.3　智慧消防的特点和内容

智慧消防是全新的理念，融合现代新兴技术，实时采集消防设施设备的运行数据并及时分析处理，实现城市消防的自动化预警、智能化应急救援和精细化部门管理。智慧消防基于传统消防但系统更具智能化，主要体现在以下几方面。

1. 全面的信息感知

智慧消防拥有的信息感知网络能实时收集消防设施设备的信息，广泛感知不同特性的城市消防信息，及时全面地掌握城市消防系统运行的各类数据，是实现数据深度研判的基础。

2. 广泛的数据共享

智慧消防在感知的基础上，在建筑内使信息和消防系统连接，利用互联网、宽带等扩大网络互通，最大限度地实现信息互联共享，使消防走出信息孤岛的局面，成为一个有效的数据资源共享体系。

3. 智能的信息处理

智慧消防拥有庞大的信息体系，其相关的云平台能对海量的信息进行智能计算、整合和分析，提炼增值的信息服务于各个部门或用户，进行智能管理及决策。

智慧消防是在原有消防的基础上，优化设施设备，加入无线传感技术、物联网和大数据等手段，以满足防控、救援、执法和管理一系列消防工作的开展实现智慧化。因此，从应用体系分析，智慧消防框架可由三个主要部分组成，如图3-10所示。

（1）信息感知层　信息感知层包括无线感温（感烟）探测器、水位（水压）采集器、用电安全探测器、RFID标签和网络视频摄像头等自动报警设备和感知终端，用来监测识别，收集信息，这些传感器之间进行组网，形成一个传感器网络。

（2）数据处理层　数据处理层是对有线和无线通信网络收集来的信息资源进行分析

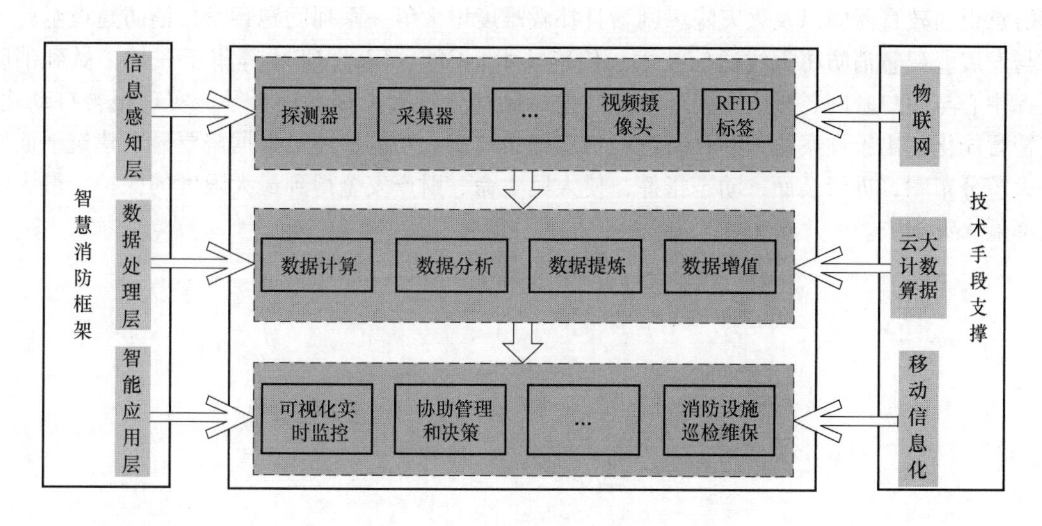

图 3-10 智慧消防框架

处理。

(3) 智能应用层 智能应用层完成数据的实时接收，及时处理、存储，并向用户提供各种消防服务，包括可视化实时监控、协助管理和决策、消防设施巡检维保等，用户通过 WEB 端和手机 APP 等形式即可访问平台享受服务。

3.4.4 智慧消防的建设对城市发展的影响

1. 智慧消防建设对管理层的影响

传统消防管理存在很大缺陷，首先管理部门政策很难落实到位，消防责任意识差；其次消防基础设施不完善，日常巡检和维保存在漏洞；还有就是在监督与灭火救援方面存在信息孤岛，难以及时掌握相关情况。智慧消防采用物联网、大数据、RFID 等技术手段，通过互联网、无线通信网等网络，对消防设施、器材和值班人员实时监控，获取现场消防设备运行状态的数据并对其进行挖掘处理和态势分析。可实现监管人员对消防设施和日常巡检情况全面、动态的监督管理，实时接收火警、故障等信息。智慧消防建设可实现管理层对城市消防运行的实时监管，全面掌握消防动态，随时查阅信息资源进行智能化指挥与决策。

2. 智慧消防建设对基层的影响

传统消防设施、设备巡检采用纸质记录表，由值班人员进行日常检查。存在巡检员专业素质不高、数据造假、监管缺失、无法及时发现隐患等弊端。智慧消防利用 RFID 技术和无线传感网络等建立消防设施与巡检终端之间的通信连接，对消防设施设备相关信息进行实时跟踪定位，值班人员巡检作业时使用手持终端，可拍照取证，上传数据库管理。智慧消防的建设可提高消防设施日常检查维保的智能化水平，实时掌握消防设施状态信息，及时发现隐患，可杜绝人为干预检查结果，实现消防巡检过程规范化、便捷化、透明化、真实化。

3. 智慧消防建设减少火灾伤害

城市快速发展面临的消防问题日渐突出，消防管理体系不完善、基础设施建设被忽视、消防意识和教育薄弱以及火灾隐患剧增且扑救难度增大等一系列问题频发，消防建设亟待革新与发展。智慧消防将无线通信技术、传感技术、GPS、GIS、GSM 等集于一体，做到消防指挥中心与用户联网，减少中间环节，数据库储存建筑灭火预案资料等。实现报警自动化、接警智能化、出警预案化，并具备过程信息记录与重放功能，还可根据需要显示建筑平面图与火警分布图，进行全面、动态指挥，使人民生命、财产安全得到最大限度的保护，最大限度降低火灾损失。

第2篇

消防技术

第4章 建筑消防

4.1 建筑火灾特性与危害

建筑火灾是指因建筑物内部设施或建筑物本身可燃起火而造成人员伤亡、财产损失以及环境污染的灾害。据统计，建筑火灾发生的次数和造成的损失位居各类灾害的首位。一方面，建筑物是人类赖以生存的物质基础，是人类生活、生产和活动的场所，并且建筑物中也存在着一定数量的可燃物和着火源；另一方面，随着经济的发展，大型公共建筑、高层建筑、综合体建筑和工业建筑不断增多，建筑的结构形式更为复杂，内部的空间布置更为多样化，建筑内的可燃物种类也不断增多，这些都使得火灾发生的概率不断增大。因此，必须对建筑火灾加以重视，必须了解建筑火灾的特点及危害，并进行合理的建筑防火设计、施工及验收。

4.1.1 建筑火灾的发展过程

建筑物通常由多个空间组成。建筑物内的某个空间着火后极易蔓延至相邻空间，最终蔓延整栋建筑。建筑火灾属于受限空间火灾，在不受外界干预的情况下，室内火灾温升曲线一般如图4-1所示，包括初期阶段、充分发展阶段与减弱阶段三个阶段。

1. 初期阶段

在初期阶段，由于点火源的作用可燃物发生热解，并逐渐产生燃烧现象，最初只是起火位置及周围可燃物先着火燃烧，在形成局部燃烧后，由于起火位置周围氧浓度及可燃物数量的不同可能会出现以下三种情况：

1）起火部位可燃物燃烧殆尽，但并未引燃其他可燃物。通常这种情况主要是可燃物不足或通风条件不好造成的，由于缺乏足够的可燃物或助燃物，初始燃烧并未最终发展为火灾，而是较早地自行熄灭。

2）起火点周围可燃物充足但通风供氧条件受限，会发生阴燃，即没有火焰的缓慢燃烧。

3）建筑物内可燃物充足，且通风条件良好，则初始的局部燃烧将逐渐扩大，并引燃室

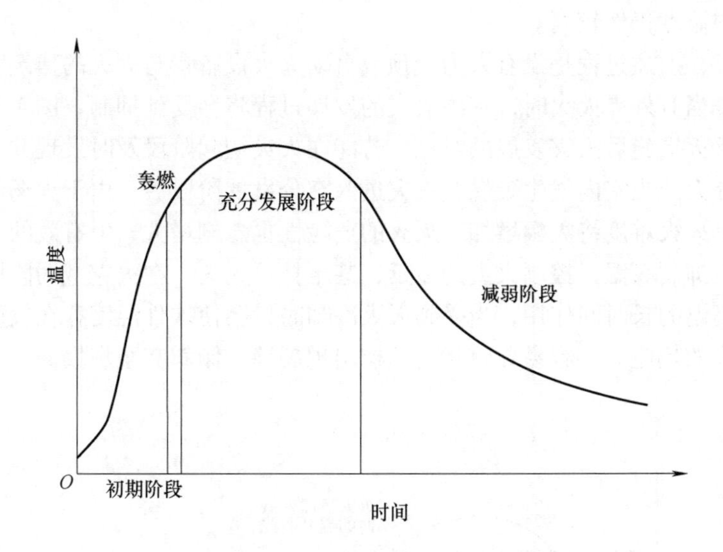

图 4-1 无干预室内火灾温升曲线

内其他可燃物，经过一段时间的燃烧，火灾将进入充分发展阶段。

火灾初期阶段的特点是：燃烧范围小，仅限于起火点附近，燃烧蔓延速度较慢，室内温度平均变化不大但分布较为不均匀，在燃烧区域及其附近温度较高，而其他部位温度较低。火灾的蔓延主要受点火源位置、室内通风条件、可燃物的燃烧性能以及空间分布等因素的影响。火灾初期阶段的火势小、温度低、容易扑灭，是灭火救援和人员疏散的最有利时机。

2. 充分发展阶段

初期阶段后的燃烧一般满足时间平方规律，即火灾热释放速率随时间的平方非线性发展，随着着火点周围的可燃物不断被引燃，火灾范围迅速扩大，室内温度将迅速上升，导致大部分固体可燃物发生热解，热解出的可燃气体接触到点火源会突然起火，火场温度则急剧增高，使得房间内可燃物基本被引燃，室内火灾也进入了充分发展阶段。这种室内可燃物突发性地全面燃烧的现象称为轰燃，它是建筑火灾由局部燃烧向全面燃烧转变的最主要特征之一。轰燃现象的发生与房间的开口大小、室内可燃物类型以及装修材料的燃烧性能、热解温度、热导率等诸多因素有关。

充分发展阶段是轰燃发生后建筑物室内进入全面燃烧的阶段。在这一阶段，参与燃烧的可燃物较多，据统计，充分发展阶段烧掉的可燃物质量约占整个火灾烧毁可燃物质量的 80% 以上。由于通风受限，室内火灾多属于通风控制型火灾，燃烧状态较为稳定，该阶段持续时间的长短与室内可燃物的类型、数量以及通风条件等相关。在这个阶段，热释放速率也将达到最大值，室内将维持较长时间的高温，最高温度可达 1100℃，这将给未疏散的人员带来致命的后果，也对建筑结构造成严重威胁，可能会导致建筑物局部或整体的坍塌破坏。

3. 减弱阶段

火灾充分发展阶段后期，室内可燃物数量逐渐减少，燃烧开始减弱，热释放速率变小，室内温度也逐渐降低，火灾进入了减弱阶段（一般认为室内平均温度下降到其峰值的 80% 左右时开始），直到最终火焰熄灭。但由于还有未完全燃烧形成的焦炭在继续燃烧，且燃烧速率缓慢，故室内温度仍然较高。

需要说明的是，上述过程是没有人为干预或自动灭火设备参与灭火的建筑室内火灾自然燃烧的发展过程。当有外界灭火时，室内火灾的发展过程将会受到抑制，图 4-2 给出了火灾自然发展与采取灭火措施后火灾发展的对比。若能在火灾初起阶段及时发现并进行干预，可较为容易地将其扑灭。当室内发生轰燃，火灾进入充分发展阶段后，由于火场温度高、蔓延的范围广的原因，灭火难度将大幅增加，灭火的危险性也急剧增大，但有效的灭火措施还是可以在一定程度上抑制高温，控制火灾的蔓延，甚至扑灭火灾。在火灾减弱阶段灭火时，建筑构件由于受到高温的长时间作用，当受到灭火冷却时，会使构件温度存在较严重的不均匀分布，并产生很大的热应力，容易导致建筑结构出现裂缝、倾斜甚至坍塌。

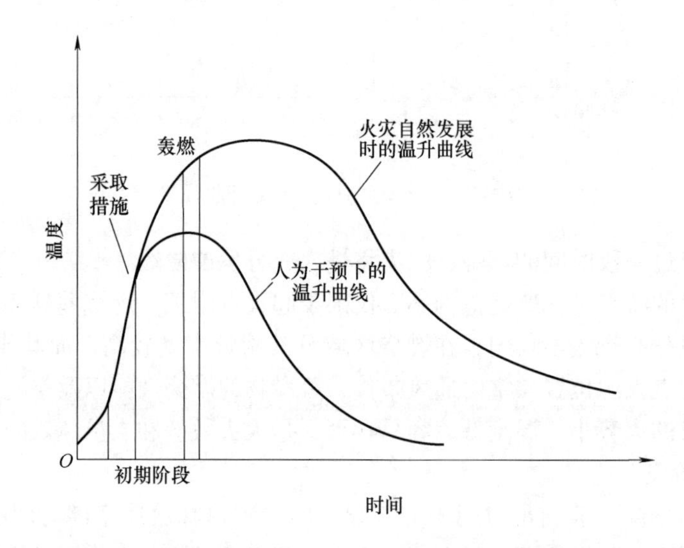

图 4-2　火灾自然发展与采取灭火措施后火灾的发展对比

4.1.2　建筑火灾的蔓延

1. 建筑物内火灾的蔓延方式

随着燃烧的蔓延，火灾将会不断扩大，建筑物内火灾主要通过热传导、热对流和热辐射的传热模式，不断地向邻近的其他未燃部分蔓延。火焰的蔓延速度主要取决于材料的燃烧性能、火焰的温度以及火焰传热的速度。

2. 建筑物内火灾的蔓延途径

建筑物内火势蔓延主要通过内墙门、外墙窗口、楼板上的孔洞、各种竖井以及隔墙等。

建筑物内火灾蔓延主要有三种途径：①如果内墙的门或洞口未能封堵，或封堵材料的耐火极限低，火焰烧穿内门，并经过走廊，通过相邻房间敞开的门进入相邻房间，通过热烟气的流动与扩散，可以蔓延到较远的房间；②如果房间隔墙的耐火性能差，高温将使隔墙失去隔火作用，使火焰由着火房间蔓延到相邻房间；③现代建筑物中一般设有许多竖向井道，如楼梯间、电梯井、排烟井和管道井等，这些竖井和开口部位通常会贯穿多个楼层甚至直达顶层，当建筑物发生火灾的楼层与竖井连通时，将会出现“烟囱效应”，致使火势迅速蔓延到其他楼层。

4.1.3 建筑火灾的危害

现代建筑内的火灾荷载增加，火灾危险性也随之增加，主要有以下几个原因：

1）可燃物的类型发生重大改变，除了单一的木材，更多的是人工合成的高分子聚合物材料，如橡胶、塑料、合成纤维等，这些材料具有更强的可燃性和更高的热值。

2）建筑规模和结构趋向于大、高和复杂，如地下建筑、超高层建筑、大空间建筑、综合体建筑、装配式建筑等，这类新式建筑与传统建筑的火灾特性及火灾预防措施差别很大。

3）由于现代能源结构转型，热力设施、电力设施、核设施等被广泛使用，更容易引发火灾。

建筑火灾后果的严重性是由火灾造成的人员伤亡、财产损失以及对环境的破坏程度而决定的，其往往取决于火场达到的最高温度和在最高温度下燃烧的持续时间。影响火灾严重性的因素主要有可燃物的燃烧性能、建筑物的火灾荷载、可燃物的分布情况、房间的开口构造、着火房间的构造以及着火房间的隔热性能六个方面。上述各个影响因素之间也存在着一定的关系，通过采取一些控制措施，可以在不同程度上预防火灾，降低火灾造成的后果。现代建筑火灾主要有以下几个特点：

1）火灾扑救困难。现代建筑物大多采用大面积、大空间或高楼层的建筑形式，这些设计特色给灭火救援带来困难。城市的灭火设施及救援力量都相对有限，现代灭火救援设施已难以满足大型建筑、超高层建筑的需要。

2）火势蔓延迅速。由于烟气流动和风力作用，建筑火灾蔓延迅速。这与火灾烟气温度、可燃物的燃烧性能及建筑物空间大小等相关。火灾烟气温度越高、可燃物越易燃烧、建筑物房间越高，火势蔓延得越快。此外，火灾的蔓延还与风向及风的大小相关，顺风火与逆风火也存在截然不同的特点。

3）易造成人员伤亡。一旦发生火灾会产生大量的烟气，烟气中的固体颗粒和有毒有害的气体对人体危害很大，还影响逃生人员的视线，妨碍人员的疏散。火场中因烟气而丧生的人数可达到死亡人数的70% ~80%。

4）经济损失严重。建筑火灾带来的既有直接的财产损失，还有因火灾停工、清理火场、建筑物重建等造成的间接损失。此外，一些燃烧产物还会对环境造成一定的污染。

随着现代社会的发展，城市的规模不断扩大，城市内建筑物的数量不断增加，建筑布局及功能日益复杂，这也使得建筑火灾的危险性和危害性大大增加。因此，在建筑中设置一些初期火灾时可进行自救的消防设施则尤为重要。这些设施是保证人员疏散安全和建筑物安全的重要设施，是现代建筑必不可少的组成部分。

4.2 建筑分类与消防特点

常见的建筑主要有建筑物和构筑物。建筑物是人们日常生产、生活、学习、工作、居住和各种文化活动、社会活动的场所。构筑物是间接为人们提供各类服务或工程技术构建的设施。根据不同的标准，可对建筑物进行不同的分类，例如，按使用性质可将建筑物分为工业建筑、民用建筑等；按结构形式可分为砖混结构建筑、钢结构建筑、钢筋混凝土结构建筑、木结构建筑等；按高度或层数可分为地下建筑、单层建筑、多层建筑、高层建筑、超高层建筑等；按火灾危险性大小可分为轻危险级建筑、中危险级建筑和严重危险级建筑。本章重点介绍单、多层建筑，高层建筑，大空间建筑，大型综合体建筑，古建筑，装配式建筑等。

4.2.1 单、多层建筑

建筑高度不大于27m的住宅建筑、大于24m的单层公共建筑和不大于24m的其他公共建筑统称为单、多层建筑，主要类型有较低的商场、学校、旅馆、剧院、医院等。

1. 单、多层建筑的火灾特点

单、多层建筑（图4-3）的火灾特点是由建筑的使用性质和种类决定的。单多层公共建筑的火灾特点与单、多层普通建筑不同，仓库、厂房建筑也与其他建筑的火灾特点不同。可从以下几个方面来探讨不同单、多层建筑的火灾特点：

图4-3 单层厂房（左）和多层建筑（右）

（1）厂房、仓库易发生泄漏和爆炸 厂房和仓库一般是用于生产、储存火灾危险性较大的物品的建筑。由于这些物品的化学性质不稳定，因此，在生产、储存的过程中易出现泄漏而引发火灾或爆炸。泄漏会造成可燃物大面积流淌、扩散，一旦出现点火源，火势会发生大范围蔓延，加重火灾的影响；爆炸会引起火灾，而且爆炸释放的巨大能量会造成厂房和仓库结构损坏，还会导致火焰四溅，点燃周边的可燃物，引发更大范围的火灾，严重影响人员的逃生和火灾的救援，造成大量的人员伤亡和财产损失。

（2）公共建筑人员密集、难以疏散 公共建筑是公众进行各类社会活动的场所，具有人员集中和人员流动量大的特点。一般来说，多数人员不熟悉疏散逃生的路径，因此，一旦发生火灾，极易引发人群恐慌，不利于人群疏散，且很容易造成踩踏等二次伤害。

（3）普通建筑火灾的人员疏散较为困难 普通建筑主要包括各类住宅建筑、办公建筑等。普通建筑内的人员相对复杂，包含不同年龄层次的人群，并且不同人员对安全疏散逃生知识的了解程度参差不齐，因此，普通建筑火灾的人员疏散较为困难。

（4）住宅建筑易燃物品多且杂乱 住宅建筑主要用于家庭的居住和使用。为满足家庭的生活需要，往往配备较多的电器设备而且包含较多可燃物，装修的耐火等级一般低于公共建筑，且住宅小区的消防疏散演习和培训都相对较少，因此，住宅建筑的火灾危险性往往比公共建筑要大。

2. 单、多层建筑防火措施

（1）严格执行建筑防火设计 新建单、多层建筑时，要遵守相关消防法规、规范的要求。根据使用过程中的各种需要，可能会出现建筑的使用性质改变或楼层增加等各种情况，因此，在改建或扩建这些单、多层建筑时，必须坚决执行相关的消防要求。而且在建筑进行改建和扩建时，必须要到消防部门进行报批，只有消防部门通过后才能进行施工，建筑改造完成后，相应的消防设施也须满足建筑防火和灭火的需求。

（2）严格控制和规范建筑内的可燃物数量　相比于高层建筑，单、多层建筑的消防要求相对较低。因此，单、多层建筑内的可燃物可能会多于高层建筑。家庭居住常需要明火或其他电器设备，也会存在大量的可燃物。装修时，对建筑中可燃物的使用数量和使用位置要严格遵守相关规定，使用的电气设备也应保障质量。对于仓库和厂房，应关注不同物质共存反应情况，确保能够反应的物质分开存放，消除事故隐患，严格控制易燃易爆物质的数量。

（3）提高人员消防安全与防灭火意识　小区人员组成结构相对复杂，小区管理人员的消防知识和消防能力也参差不齐。导致火灾发生时，相关人员可能因为没有及时采取正确的处置措施，可能会导致灾情扩大，带来较重的损失。厂房和仓库中可能会存放危险化学品，一旦发生火灾，需要采取特殊的方法来处理危险化学品，若灭火过程中未采取正确措施，可能会引发更大的危险。因此，需要提高全民的防灭火意识，特别是仓库和厂房管理人员。

（4）提高和加强人员疏散逃生的意识及训练　部分单、多层建筑的结构复杂，火灾发生时，会影响人员安全逃生路径的选择和正确的判断，也可能会引发人员的恐慌。因此，应定期举办建筑内人员的疏散逃生训练。对于厂房和仓库，也应加强内部人员的安全疏散逃生训练，确保所有人员熟悉厂区的平面布局，火灾发生时能迅速安全地疏散至安全区域。对于一般建筑，应提高各类人群的安全疏散逃生意识；对于特殊建筑，如幼儿建筑或老年人建筑，要配备特殊的安全疏散逃生设备，如疏散逃生滑梯等。

4.2.2 高层建筑

高层建筑是建筑高度大于 27m 的住宅建筑和建筑高度大于 24m 的非单层厂房、仓库和其他民用建筑。由于科技的进步，城市人口日趋密集、土地资源日益紧张，而高层建筑的建造可提高土地利用率、减缓城市人口压力。比较著名的高层建筑有哈利法塔（原名迪拜塔），它是当今世界第一高建筑，连同地下共有 169 层，总高度 828m；还有马来西亚的石油双塔（图 4-4）高 452m，共 88 层。20 世纪 80 年代以来，我国高层建筑如雨后春笋，数目迅速增多，高度日益增加，结构和功能日趋复杂和多样化。如，中国第一高楼上海中心大厦，总高度为 632m，共 118 层。

图 4-4　高层建筑（马来西亚石油双塔）

高层建筑成为现代化城市发展新趋势的同时，也带来了新的挑战，如施工难度大、人员疏散困难、救援困难、消防安全难以保证等。现今的消防技术装备难以满足高层建筑火灾扑救的需求，因此要加强对高层建筑的消防研究、扑救战术方法探索、相应的火灾防治新技术研发，提高火灾扑救效率。

1. 高层建筑火灾特点

高层建筑楼层多、内部房间多、使用人数多，一旦发生火灾，所造成的人员伤亡、火灾损失、社会影响远大于普通建筑，高层建筑火灾特点主要有以下几个方面：

（1）易燃材料多，起火种类多　为减轻建筑自重，修建高层建筑时往往会采用较轻的复合型材料，相比较重的不可燃材料，复合型材料大多是可燃的，不仅燃烧速度快，燃烧过程还有可能会产生大量有毒有害气体。另外，高层建筑功能较普通建筑复杂，起火种类较多，用电量也更大，难以进行有效的火灾预防。

（2）火灾蔓延途径多、速度快　火灾发生后火势会随着房间的开口向其他区域延伸，高层建筑内部空间多且相互关联，为火灾蔓延提供了途径。由于电线、通风等需求，高层建筑会设计大量竖井，发生火灾时易引发“烟囱效应”。另外，为提高高层建筑物的观赏性，常选用玻璃幕墙增加建筑美感，但幕墙在着火时会形成通风口，加剧火灾蔓延，加重火灾后果。

（3）人员疏散困难，易形成重大火灾　高层建筑楼层较多、空间结构复杂、功能多样，其内部人员也更为集中。发生火灾时，若人员被困，普通的云梯消防车很难达到，难以迅速安全地救援被困人员。因此，高层建筑火灾的人员伤亡更为惨烈，易发生群死群伤事件，产生较大的社会影响。

（4）一旦发生火灾，扑救困难　相对于普通建筑，高层建筑的占地面积更大，部分建筑中会存在中庭之类的大空间，容易导致火灾的蔓延。此外，现有的灭火救援设备难以满足高层建筑的灭火需求，这也造成了高层建筑的消防要求比普通建筑更高。

（5）高层建筑外界风速对火灾的发生和救援产生一定影响　一般来说，高层建筑为大于27m的住宅建筑或是大于24m的多层公共建筑。由于楼层的增加，建筑外界的风速也会逐渐增加，表明建筑越高，上层的新鲜空气就越多。因此，某些点火源虽不会引发普通建筑火灾，但可能造成高层建筑火灾。而且风速会影响火势蔓延的方向和速度，对火灾的扑救也会有一定影响。

2. 高层建筑防灭火措施

（1）做好主动防火设计　现行的《建筑设计防火规范》要求建筑防火工程与建筑主体工程要满足“三同时”，即同时设计、同时施工、同时投入生产和使用。这表示建设部门在进行建筑主体设计的时候要兼顾建筑的消防要求。建筑的防火设计主要有平面防火设计、防排烟设计、消防灭火设计、火灾自动报警设计等。平面防火设计包含相邻高层建筑与普通建筑防火间距、耐火要求等；消防灭火设计包含室内的自动喷水灭火系统设计等，具有某些特殊用途的房间还要设置雨淋系统等。

（2）做好被动防火设计　除了要保证建筑的主动防火设计外，还需做好建筑的被动防火设计，主要有防火分区的划分、防火墙的布置以及建筑材料的阻燃等。根据现行的《建筑设计防火规范》相关要求，高层建筑的防火分区，在成本等因素合理的情况下，面积应尽可能小。现行的规范规定了高层建筑的防火墙的耐火时间，设计时不应小于规范的要求。现行的规范要求所选取的建筑的结构材料应满足相应的耐火要求，而装修材料在满足规范要求时，有条件的宜使用阻燃材料。

（3）减少火灾荷载　火灾荷载是衡量建筑内部的可燃物的重要参数。因高层建筑的火灾后果更严重、影响更深远，因此应严格控制高层建筑中的可燃物数量。高层建筑的建筑材料、装修材料、家具等尽量选取阻燃材料。通过控制高层建筑的可燃物数量，达到减少火灾发生和蔓延的目的。

（4）严把消防施工、验收关　施工单位必须遵守执行相关设计要求，消防相关部门应严格执行现行的消防验收规范，对高层建筑进行验收。消防验收，是保证工程消防质量的重要手段。

（5）加强疏散演练，增强自救能力　高层建筑楼层高，火灾时需要疏散的人员多，疏散的路径少，且受到纵向蔓延的火灾的威胁，因此高层建筑的消防疏散要求应高于普通建筑。为保证火灾时更为有效地进行人员疏散，应该加强疏散演练，这不仅可以提高人员消防安全意识，还能增强人员的火灾自救能力。据统计，在实际火灾中，有相当数量的人员伤亡事件是人们不懂自救，盲目逃生所造成的。因此，高层建筑的管理人员应定期组织相关人员进行消防安全疏散教育，提高相关人员的火灾逃生能力和安全逃生意识。

4.2.3　大空间建筑

大空间建筑指内部无隔挡面积很大或是高度较大的建筑物，通常为重要的公共聚集场所或是仓库、厂房等，如剧院、展览馆、体育馆等。大空间建筑按照建筑物内部空间的特点分为以下三类：

第一类，内部无隔挡面积很大，但并不很高的大面积建筑。常见的有大型地上或地下商场，这类建筑内部无隔挡面积有的甚至能达到几万平方米，但建筑高度通常只有4~6m。

第二类，内部无隔挡面积很大，且具有一定高度的大体积型建筑。常见的有会场、音乐厅、剧院、高层仓库等，其面积通常仅几百平方米，但建筑高度可能超过20m。

第三类，内部无隔挡且面积小但相当高的细高型建筑。常见的有建筑中庭，这类建筑其平面面积通常仅有几十到几百平方米，而高度可高达几十米。

1. 大空间建筑火灾特点

大空间建筑具有两个显著特点：内部无隔挡面积大、高度较高。这为建筑物的平面防火设计造成一定困难，因其空间大，火灾极易向其他楼层蔓延，特别是部分高层建筑中庭。整体上，大空间建筑的火灾特点有以下几个方面：

（1）建筑内部防火设计困难　由于部分大空间建筑（图4-5）的面积超过了相关规范所要求的防火分区面积，所以对大空间建筑进行防火分隔设置相对困难，也不利于有效避免火灾的发生和控制火灾的蔓延。

图4-5　某机场大厅

（2）常用的火灾探测器很难有效发挥作用　目前火灾预防中常用的感烟和感温火灾探测器的最高探测距离分别约为12m和8m，但部分大空间建筑的高度高于12m，有的甚至高达几十米，因此，目前常用的普通探测器对大空间建筑火灾监控难以达到预期效果。特别是带有顶棚的大空间建筑在火灾发生时易产生“热障效应”，顶棚温度迅速升高影响烟气进入距离顶棚较近的区域，进一步影响火灾探测器的正常作用，而夏季高温环境下“热障效应”更为明显。

（3）普通的喷水灭火系统难以有效灭火　目前建筑中常用的普通喷水灭火系统的运作原理是，当火灾发生后，闭式喷头的玻璃泡破裂，喷头随即开始喷水灭火，但因喷头粒径小，喷水速率慢，导致喷水往往还未达到火源根部就已经完全汽化，因而无法实现快速有效地灭火。

（4）火灾危害大，人员疏散难　一般的大空间建筑除偏僻人少的仓库，就是人员集中的公共场所，如室内体育馆、展览馆、大剧院等。公共场所人员集中、流动性大且组成复杂，一旦发生火灾，因人员对建筑结构不熟悉，无法迅速找到最佳逃生出口，非常容易造成人群恐慌，也给消防人员进行安全疏散指导造成很大困难。因此大空间建筑火灾安全疏散逃生困难，人员伤亡严重，社会影响大。

2. 大空间建筑防灭火措施

（1）设置有效的防火与防烟分隔　大空间建筑的防火、防烟分隔设置更为困难，有必要通过设置有效的防火、防烟分隔来阻隔火灾的蔓延和烟气的传递，确保将火势和烟气控制在一定范围内。因大空间建筑的结构特点，一般不采用防火墙进行分割，而是选择防火卷帘和水幕。对于火灾危险性较大、发热功率较高的场所，可选择防火卷帘和雨淋降温的方式进行分隔。大空间的防烟分隔可采用挡烟垂壁等方式阻止烟气蔓延，如有必要，还可以通过自然排烟和机械排烟方式进行排烟，降低室内烟气对火灾蔓延、人员疏散的影响。

（2）使用有效的火灾探测技术　由于常用的感温、感烟火灾探测器对大空间建筑火灾的探测效果较弱，需引入有效的新型火灾探测器，如感光式探测器，它是根据光的特性来进行火灾识别，常见的有感光式紫外探测器、红外探测器和复合式探测器三种，其中复合式探测器能够识别两种及两种以上波长。图像式火灾探测器根据摄像原理进行火灾识别，也可有效监测大空间建筑火灾，能够结合相关的监控设备同时应用。

（3）采用合适的灭火技术　一些较高的高架仓库和高架生产厂房，其内部可能含有相当数量的可燃物质，当发生火灾时，普通的开式或闭式喷头难以满足灭火需求，因此，必须选用大水滴快速响应喷头。这种喷头响应快速，喷水的水滴较大，能够顺利穿透火焰到达火源根部，有效降低着火物表面的温度，实现对火灾的早期控制。

（4）加强疏散演练，提高火灾自救能力　根据大空间建筑的使用用途，部分建筑可能会存在大量的可燃物质或是人员密集。存在大量可燃物质的大空间建筑有高架仓库，其特点是内部结构复杂，管理人员相对少，可燃物质较多，如果发生火灾，会引发火势迅猛增大，造成严重后果；人员集中且流动量大的大空间建筑通常是大型商场、体育馆、展览馆、高层建筑的中庭等，其特点是可燃物不多，但人员集中且流动性很大。因此，应依据可燃物多和人员集中两种不同情况分别进行有针对性的消防疏散演习，此外，需要按照现行的《建筑设计防火规范》进行消防疏散指示标志以及消防照明等的设置，按照有关规定还必须保证消防疏散通道畅通，确保消防灭火设备的前方区域是可用的。

（5）使用火灾报警控制及联动系统　因大空间建筑的相关特点，可看出大空间建筑火灾的危险性远大于普通建筑，不仅火势难以控制，并且火灾后果严重。因此，无法通过某一种火灾探测技术或是灭火方法来实现有效控制，需要建立火灾控制系统，有效控制大空间建筑火灾，应包含火灾报警控制系统和消防联动系统。发生火灾时，火灾报警控制系统探测到火灾信号，启动火灾报警装置，随后传达给控制系统；接下来，消防联动系统启动消防水泵和灭火装置进行灭火。因此，构建一种集中的火灾控制系统，不仅能有效检测火灾信息，还能及时启动灭火装置，提醒人员进行安全疏散等。

4.2.4 大型综合体

通常将融合了多种功能的建筑群称为大型综合体，最为典型的是城市综合体，它有效地将商业零售、商务办公、公寓住宅、酒店餐饮、综合娱乐五大核心功能集中到一起（图 4-6）。大型综合体内部空间大且结构复杂，建筑内部极大可能同时有餐厅、超市、地下空间等不同功能区，也就是存在点火源或存在可燃物较多，或是人员密集、安全疏散困难。因此，和普通建筑相比，大型综合体火灾发生的概率更大、火灾后果更严重。

1. 大型综合体建筑火灾特点

大型综合体建筑（图 4-6）的火灾有以下几个方面特点：

（1）功能复杂，存在大空间结构　大型综合体建筑具有相当复杂的功能，中庭和地下室是非常常见的大空间建筑的一部分，中庭高度较高、面积不大；地下室面积较大、高度不高。两者的火灾危险性都很大，防火分区的划分较为困难，发生火灾时，容易向周围或是上部蔓延，易造成大面积立体燃烧，而且在这两个区域，普通的报警灭火装置很难发挥相应作用。

图 4-6　某城市综合体建筑

（2）可燃物种类多，数量大　大型综合体通常为建筑群，内部结构复杂，功能综合、齐全，一般包含有商场、宾馆等功能区。商场售卖的物品，可能由大量可燃易燃材料组成，如果发生火灾，会加重灾情。而宾馆装修材料多为可燃材料，大大增加了大型综合体建筑的火灾危险性。此外，为了美观而选用的装修材料，不仅易燃，还极有可能在燃烧中产生有毒烟气，对火灾受困人员的人身安全造成危害。

（3）点火源类型多　各类餐厅在大型综合体建筑中广泛存在，造成大型综合体建筑点火源众多。餐厅常采用木炭、天然气或液化石油气等作为燃料，火灾危险性较大。还有一些餐厅，如火锅餐厅，通常采用电磁炉进行加热，用电量大，电路复杂，电气开关多，易产生电火花和电弧。除餐厅外，复杂的电缆结构、炙热的聚光灯等也是大型综合体建筑常见的点火源。

（4）人员密集，且多对环境不熟悉　作为城市的商业中心，大型综合体建筑人员集中且流动量较大，如果发生火灾，多数人员对建筑内部的消防设施和消防疏散路径不熟悉，易造成人群恐慌，导致拥挤、踩踏等事件，不利于人员的安全疏散。

2. 大型综合体建筑灭火措施

由于大型综合体建筑具有功能复杂、人流密集、火灾荷载大、火灾危险性大等特点，应制定合理有效的防灭火的方案，进而控制可燃物的数量、减少点火源、降低火灾发生时助燃物浓度。具体措施有：

（1）严格依据规范进行消防设计、施工和验收　相比于普通建筑，大型综合体建筑的防火设计要求更高。大型综合体建筑内所有的公共娱乐空间都必须严格按照建筑防火设计相关规范的要求进行。只有经过相关专家评审并通过后，才能开始修建。在建造过程中也必须按规范要求施工，并严格遵守消防设施与建筑主体设施“三同时”的要求。建筑修建完毕后，还需消防监管部门审核，审核通过后才能投入使用，开业之后消防部门也需要对其进行定期消防检查，若不满足要求，则应整改。

（2）制定完整的消防应急预案　应急预案是在发生重大安全事件时，指导各部门活动，确保在其指导下，各部门能在危急时刻安全、合理、有序地开展应急救援活动。对于大型综合体建筑，制定相应的消防应急预案是非常必要的，按照制定的消防应急预案，可以定期组织相应的灭火救援行动的模拟和适应性训练，提高救援人员在火灾环境下的应急救援能力。

（3）加大消防宣传，加强员工培训　必须在大型综合体建筑内设置相应的消防控制室，而且消防控制室的工作人员和企业专职消防员必须持证上岗。建筑内的普通员工也必须在上岗之前接受相应的消防培训和消防知识测试，无法通过测试的人，不予录用。除此之外，所有员工都必须每年定期开展消防知识技能再培训。设置各类明显的火灾标识、播放应急逃生知识和注意事项也是非常必要的，通过加大消防知识的宣传力度，可有效提高人员的消防能力。

4.2.5　古建筑

通常将具有历史意义的新中国成立之前的公共建筑和民用建筑称为古建筑。我国多数古建筑属于木质结构，耐火性能非常低，且防火间距设置得较近，内部可能还使用蜡烛等明火。古建筑能抵抗住几百年的风吹雨打，却无法承受一场火灾，如2016年1月11日云南省迪庆藏族自治州香格里拉县的独克宗古城发生火灾。独克宗古城作为茶马古道千年重镇，其房屋多为木质结构老屋，火灾烧毁了100多栋房屋，损失惨重。古建筑蕴含深厚的文化，具有重要的历史价值，因此有效的古建筑消防设计与管理显得十分重要。

1. 古建筑火灾特点

古建筑多为木质结构建筑，耐火等级低且火灾荷载大，建筑内明火多，鉴于古建筑的文化价值、结构设置等因素，古建筑中不宜安装火灾探测器和灭火喷水装置，如寺庙等建筑内部长期有香火、烛火等，若安装火灾探测器等设施不仅会毁坏原有的建筑，还会破坏原有的文化氛围。相比于现代建筑物，古建筑的火灾特性有以下几个方面：

（1）地理位置偏远、建筑距离近　许多古建筑都远离城市，位于山间田野，不仅消防车很难到达，而且消防水源、灭火设施等均不充足，给消防灭火救援造成一定困难。如寺院、道观等规模较大的古建筑群，其地理位置较复杂，通常是通过山间小道与主干道相连接。此外具有原始建筑风格的古建筑群之间的防火间距较小，有些建筑甚至彼此相连，完全没有阻火设施，如果发生火灾，会引发“火烧连营”的严重后果。

（2）可燃物多、火灾荷载大　我国大多数古建筑为木质，建筑内可燃物数量大且种类多，特别是一些寺庙、道观等，木质的烛台及松香、蜡烛、纱帐等比比皆是。并且这些可燃物通常特别干燥，含水量极低，如果发生火灾，火势会迅速蔓延，加重火灾灾情，甚至导致整个建筑物全部损毁。

(3) 古建筑内明火多、火灾影响大　就我国目前的古建筑来说，以寺庙、道观居多，建筑中常会有大量的明火（如烛火、香火等），这些产生明火的设施多被放置在木质桌面上，可燃物与点火源之间的距离非常近，极易引发火灾。此外，过火后的古建筑普遍损毁严重，经济价值和历史文化价值损失巨大，造成较大的社会影响。

(4) 古建筑内部难以设置火灾探测及灭火设施　由于我国多数古建筑采用木质屋顶，本身承载极其有限，因此，顶棚难以承受火灾探测及灭火设施的重量。还有些古建筑的内部绘制了古代壁画，使用现代的防火涂料或水为主要灭火剂时，都会不同程度的破坏壁画原有的文化艺术价值。

2. 古建筑防灭火措施

根据古建筑可燃物种类多、火灾荷载大、不易安装探测、灭火装置的特点，可从以下几个方面来采取相应的防灭火措施：

(1) 控制建筑内部可燃物数量　在保证古建筑的美观、文化价值等要求的前提下，选取防火涂料等物质对木质结构进行防火处理，还可用阻燃或难燃材料所制成的纱帐来替换可燃纱帐。此外，严令禁止在古建筑中存放大量的可燃物，并对这些可燃物的堆放间距进行严格控制，同时禁用由可燃物质制成的烛台等。

(2) 控制建筑内的火源　古建筑火源种类众多，如熏香、蜡烛等明火，电器设备发热，电气线路可能造成的电火花和电弧，雷雨天气产生的雷电等。因此，在对古建筑进行消防管理时，必须严格控制各类火源，加强对香火、电器及电气线路的管理，还必须严格依据古建筑防雷规范的要求进行防雷设计，并定期检查。

(3) 选择合理有效的探测、灭火方法　要想有效进行古建筑的防火，必须选择合理的探测方法和适用的探测器，才能及时、准确、有效地对火灾具体情况进行探测。因木质的古建筑在火灾发生时会产生大量的烟气，所以可采用感烟型火灾探测器，但须避开香火区。可选取室外消火栓进行古建筑灭火，但须解决消防水源的问题，若古建筑离城市较近，可直接使用城市消火栓管网的供水；若古建筑离城市较远，可通过建造储水池或直接从周围的江河湖泊中引水。对于某些特殊或重要的古建筑，可安放二氧化碳等灭火器，以降低灭火器对原有设施的破坏。

(4) 制定合理的灭火救援方案　对于古建筑的管理部门，制定合理的灭火救援方案是必不可少的，常规建筑火灾救援的首要任务是保护火灾中人员的人身安全，而对于古建筑，需根据实际情况来制定相应的灭火救援方案，除了要保护人员的人身安全，还要重点确保火灾救援中能最大限度地保护具有文化价值的古建筑本身及其相关的文物。

4.2.6 装配式建筑

近年来我国城市化进程加速，建筑业发展迅速，传统的建筑及其建造方式存在施工周期长、资源重复利用率低、较难确保建筑质量等很多问题。装配式建筑是采用预制的构件（图4-7）在工地装配而成的建筑，具有可拆卸性强、重复利用率高等特点，近年来受到了极大的重视。2016 年 9 月，国务院办公厅颁布了《关于大力发展装配式建筑的指导意见》，该意见强调了装配式建筑的诸多优点，如减少能源浪费、节约资源、提升劳动生产率等，可通过装配式建筑积极促进建筑产业转型升级。目前装配式建筑的发展机制尚不完善，还未

图4-7 装配式建筑预制成品构件

被广泛应用。

1. 装配式建筑的消防问题

（1）建筑的消防标准规范有待健全　国家已出台了一系列与装配式建筑相关的法律法规，但相匹配的消防方面的标准规范相对匮乏。因此，在设计和修建装配式建筑后，缺乏权威、合理的消防方面的依据，无法进行有效评估。

（2）消防管理机制有待完善　因装配式建筑在当下还未被广泛推广，与装配式建筑相匹配的消防管理机制严重缺乏，现行建筑行业的管理机制仍无法满足装配式建筑的发展需要。

（3）消防技术不完善，行业发展能力不足　当下从事装配式建筑行业的研究人员和产业人员相对较少，针对装配式建筑的消防技术研究更为不足，这也造成了关于装配式建筑的消防设计和消防设备的产品研发与标准的制定严重滞后，无法满足装配式建筑的发展需求。

（4）特殊装配式建筑耐火性能不足　装配式建筑的材料多样，有木结构、钢结构等。对于木结构，通常多采用比较保守的防火措施，消防标准不完善，无法进行有效的消防管理；而对于钢结构，目前还无法有效解决其防火问题，以及墙体开裂、渗透等问题。

2. 装配式建筑防灭火措施

（1）编制装配式建筑消防规划　在进行装配式建筑消防发展规划时，应增大消防规划区域，加强装配式建筑的相关政策扶持。选用装配式建筑时，必须充分考虑是否具备装配式条件，在对棚户区进行改造时，可优先考虑装配式建筑，加强装配式建筑的消防发展规划的编制。

（2）研发装配式建筑防火关键技术　无论是选用木结构还是钢结构，装配式建筑的防火性能依然有待研究和提高，使用过程中的火灾隐患依然存在。因此，要想取得装配式建筑的良好的防火效果，必须加强对木结构和钢结构的防火关键技术研究。

（3）完善装配式建筑的消防管理　当前还没有一套完整的装配式建筑的消防管理体系。近年来，由于我国部分城市已修建了一些装配式建筑，在进行装配式建筑消防管理研究时，一方面可依据现有的装配式建筑的消防管理经验，另一方面也可参考国外装配式建筑的消防管理经验。

（4）推进装配式建筑消防设备研发　现今常用的消防设备通常比较笨重，但装配式建筑的建筑材料多为轻质材料，因此不适应当前装配式建筑的消防需求，因此，要想达到预期中的消防效果需要研发更轻便的消防设备。此外，装配式建筑在修建完成后很难再进行打孔和穿线，所采用的消防设备必须能解决这些问题。

4.3 建筑消防系统组成

建筑消防系统是在建筑物内设置的用于防范和扑救火灾的设备设施的总称，包括火灾自动报警系统、消防给水及消火栓系统、自动喷水灭火系统、防排烟系统等。当火灾发生时，火灾自动报警系统探测到火灾信号，将信息传给消防控制室处理，处理后的信息在显示屏上显示，并同时传递给消防控制联动系统，消防控制联动系统随即启动和关闭一系列相关的设施设备。其主要作用是利用消防设施控制初、中期火灾的蔓延和烟气的扩散，保障人员和财产安全。

根据防治对策可将建筑消防系统分为两类：一类是主动防治对策相关系统，主要用于直接限制火灾的发生和发展，如自动喷水灭火系统、火灾自动报警系统等；另一类是被动防治对策相关系统，主要用于增加建筑构件承受火灾破坏的能力，如防火卷帘、疏散照明系统等。特别的是，防排烟系统同时涉及主动防火对策和被动防火对策。现行的《建筑设计防火规范》（GB 50016）是进行建筑消防设计的主要依据。

本节将主要介绍火灾自动报警系统、消防给水及消火栓系统、自动喷水灭火系统、细水雾灭火系统、气体灭火系统、泡沫灭火系统、防排烟系统和消防疏散系统。

4.3.1　火灾自动报警系统

火灾自动报警系统是指能在火灾初期发现、识别火灾并发出报警信号的系统，它能将燃烧产生的火焰、烟气、温度等物理信号转化为电信号并传输到火灾报警控制器进行识别分析，确认火灾后发出报警，并记录火灾的相关信息，同时联动一系列的灭火设备，起到火灾早期预警和为人员的疏散逃生提供指示和帮助的作用。火灾自动报警系统能及时发现并警告火情，为扑灭火灾争取宝贵的时间，从而大大减少火灾中的人员伤亡和财产损失。同时，火灾自动报警系统与其他消防装置进行联动，可以实现火灾探测到灭火的自动化处置。现行的《火灾自动报警系统设计规范》（GB 50116）是进行火灾自动报警设置的主要依据。

1. 火灾自动报警系统的组成

火灾自动报警系统由五大部分组成：触发装置、火灾报警装置、火灾警报装置联动装置以及电源。火灾探测器主要作用是识别火灾中的物理化学信号并将其转变为电信号；而火灾报警装置是指用以接收、显示和传递火灾报警信号，并能发出控制信号和具有其他辅助功能的控制指示设备，它是信号接收、处理和输出的单元，主要作用是处理探测器传来的电信号，而后以电信号的形式控制声光报警装置以及其他联动灭火设备。

火灾探测器可以将接收到的温度、烟雾颗粒大小、烟雾黑度、光强等物理量转变成电信号并且输入火灾报警控制器，火灾报警控制器接收到信号后利用声光报警装置发出警报，同时记录火灾发生的时间，并在显示屏上指示火灾发生的部位。此外，火灾报警控制器还可直接联动建筑内的防火门、防火卷帘、室内消火栓系统、自动喷水灭火系统、防烟排烟系统、空调通风系统等防火、灭火设备。图4-8和图4-9是火灾自动报警系统图示及构成。

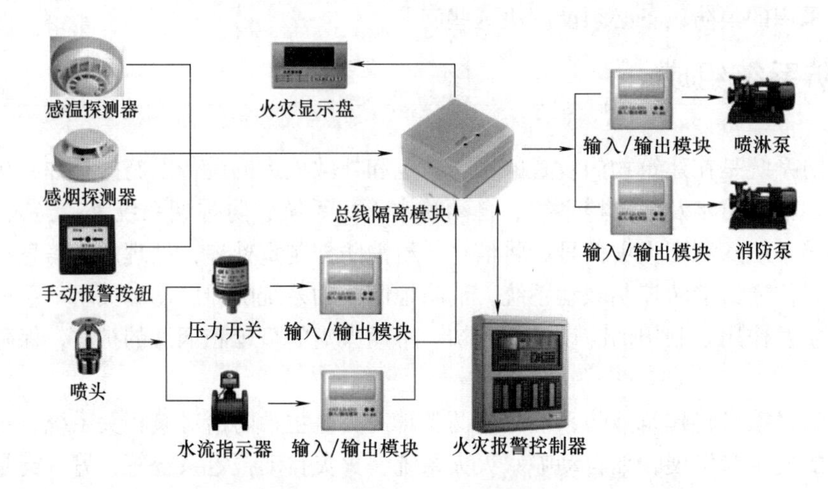

图4-8　火灾自动报警系统图示

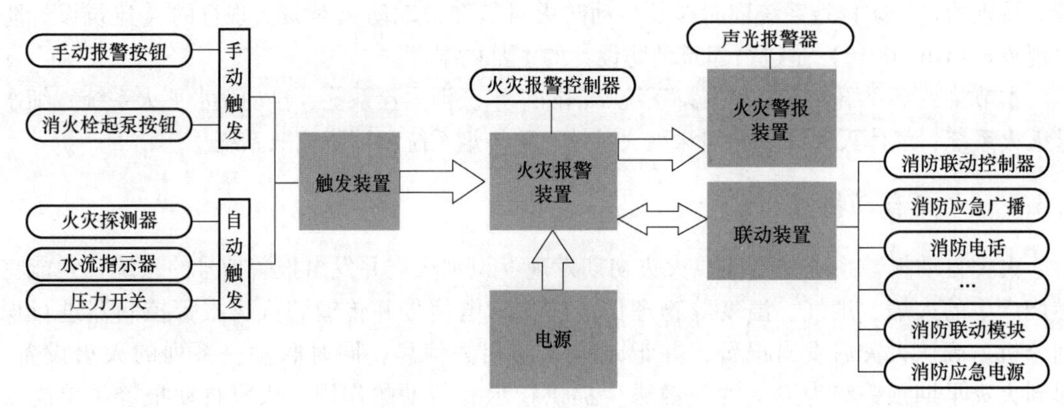

图4-9　火灾自动报警系统构成

2. 火灾自动报警系统的工作原理

（1）火灾探测报警系统的工作原理　火灾探测报警系统的工作原理如图4-10所示。火灾报警控制器接收到火灾探测器传输的信号，判断确认火灾后，显示火灾发生部位和时间并记录，同时启动声光报警装置及其他联动设备。启动方式有手动和自动两种。手动是指火场人员触发附近部位的手动火灾报警按钮进行；而自动是指安装在保护区域内的火灾探测器感知到火灾的物理特性后，将火灾信号转变为电信号并传递给火灾报警控制器。

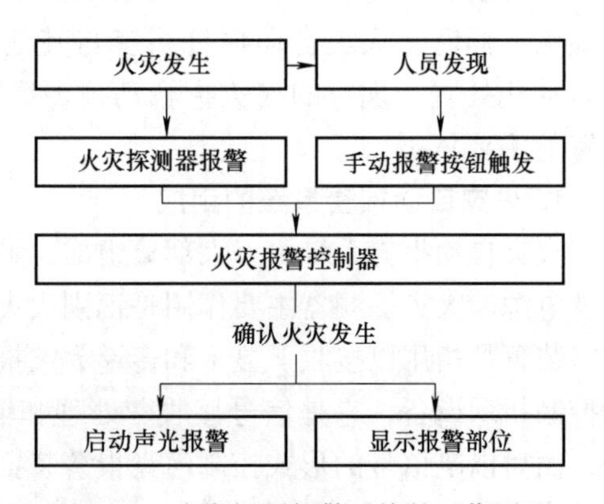

图4-10　火灾探测报警系统的工作原理

（2）消防联动控制系统　消防联动系统有火灾探测报警装置联动和手动两种启动方式。

当火灾发生时，火灾探测器的信号或手动报警装置的信号传递给消防联动控制器，控制器进行逻辑分析，进而联动其他消防设备；消防控制中心的工作人员也可直接启动消防联动控制系统。其联动的工作原理如图 4-11 所示。

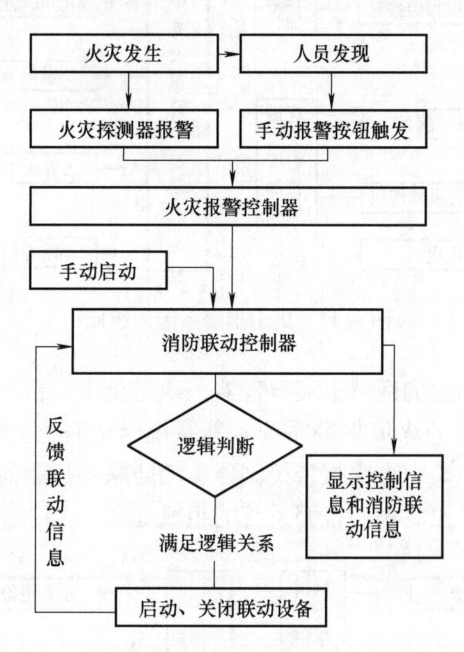

图 4-11 消防联动控制系统的工作原理图

3. 火灾自动报警系统的分类

火灾自动报警系统分为三类：区域报警系统、集中报警系统和控制中心报警系统。

（1）区域报警系统 区域报警系统是指设置在有专人值班的场所，不需要联动设备的火灾报警系统。该系统功能简单，其系统组成是火灾报警控制器、火灾声光报警器、手动火灾报警按钮、火灾探测器、应急广播等，区域报警系统的组成如图 4-12 所示。

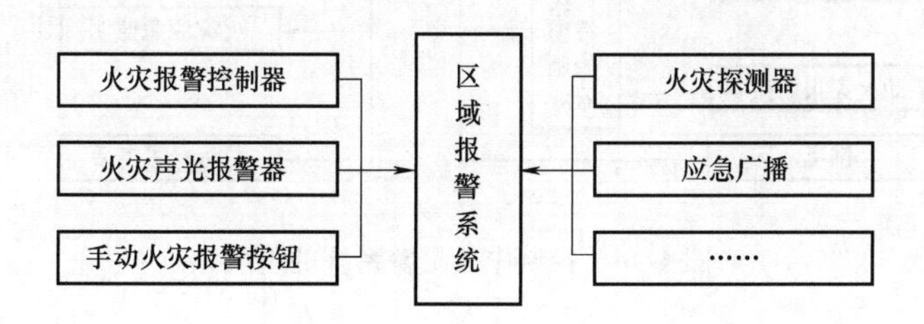

图 4-12 区域报警系统的组成

（2）集中报警系统 集中报警系统是只设置一台集中火灾报警控制器和两台以上的区域报警控制器，或设置一台火灾报警控制器和两台以上区域显示器的火灾报警系统，适用于较大范围多个区域的保护。其系统组成是火灾探测器、手动火灾报警按钮、区域火灾报警控制器、集中火灾报警控制器、消防联动控制器、火灾应急照明等。集中报警系统的组成如图 4-13 所示。

（3）控制中心报警系统 控制中心报警系统是指至少设置有一台集中报警器、一台专

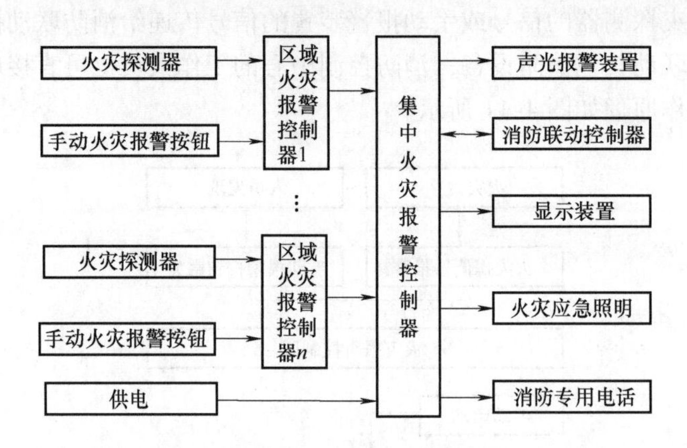

图 4-13　集中报警系统的组成

用消防联动设备和两台及以上的区域火灾报警器，或是至少一台火灾报警控制器、一台联动设备和两台以上区域显示器的火灾报警系统。其系统组成有火灾探测器、手动火灾报警按钮、区域火灾报警控制器、集中火灾报警控制器、消防联动控制器、火灾应急照明、消防专用电话、消防应急广播等。控制中心报警系统的组成如图 4-14 所示。

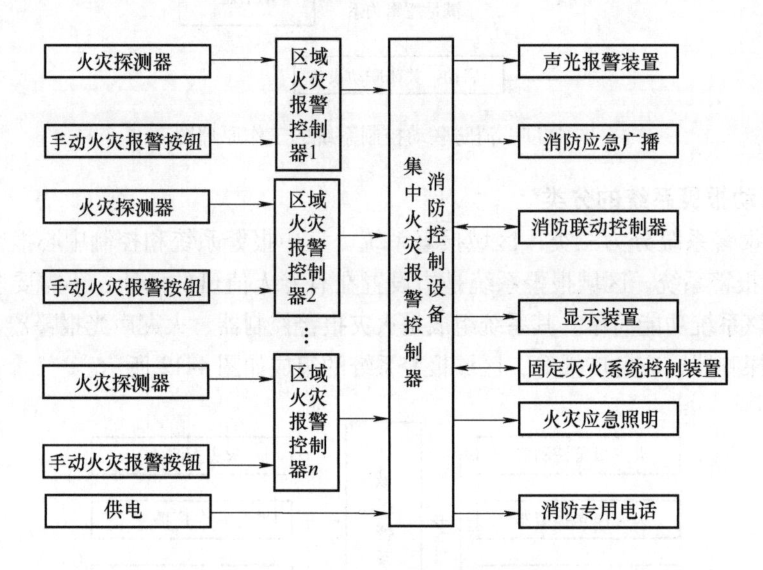

图 4-14　控制中心报警系统的组成

4.3.2　消防给水及消火栓系统

1. 消防给水系统

建筑消防给水系统由消防水源、消防给水设备、消防给水管网、消防用水设备等部分组成。如图 4-15 所示，消防给水系统按消防水压划分为低压消防给水系统、高压消防给水系统和临时高压消防给水系统；按应用方式划分为合用消防给水系统和独立消防给水系统。现行的《消防给水及消火栓系统技术规范》（GB 50974）是消防给水及消火栓系统设计的主要依据。

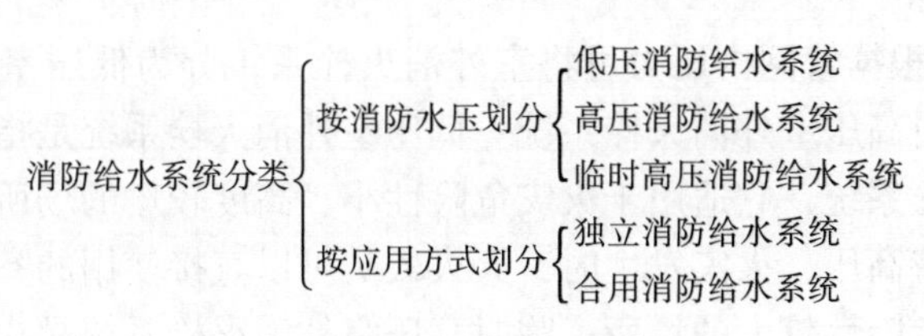

图 4-15 消防给水系统分类

2. 消火栓系统

将室外供水管网的水经过加压作用输送至灭火场所的固定灭火系统称为消火栓系统。如图 4-16 所示，消火栓系统按用途划分为市政消火栓系统、室外消火栓系统和室内消火栓系统；按给水管网的压力划分为低压消火栓系统、高压消火栓系统以及临时高压消火栓系统。按应用方式划分为独立消火栓系统和生活、生产合用消火栓系统。消火栓给水系统组成如图 4-17 所示。

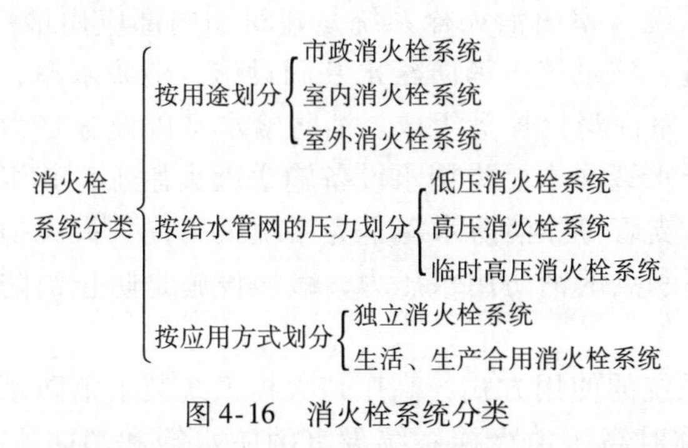

图 4-16 消火栓系统分类

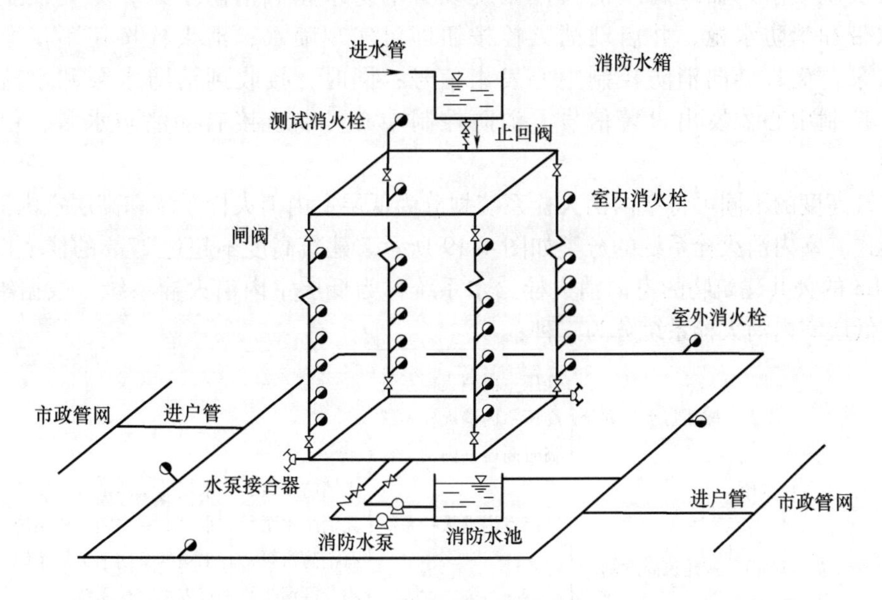

图 4-17 消火栓给水系统组成

（1）室外消火栓系统 室外消火栓系统由消防水箱、消防水池、消防管网、增压稳压设施、减压设施、室外消火栓等组成。室外消火栓系统的主要功能是扑灭室外火灾，为消防车等消防设备提供消防用水和通过水泵接合器为室内消防给水设备提供消防用水。

如图4-18所示，根据管网内压力可将室外消火栓系统分为低压室外消火栓系统、高压室外消火栓系统和临时高压室外消火栓系统。低压室外消火栓系统是指管网内的水压一直保持着低压的室外消火栓系统，它适用于火灾危险性小、高度较矮的场所；高压室外消火栓系统是指管网内一直保持高压，火灾发生时，灭火人员可以直接使用的室外消火栓系统，其造价较高，适用于火灾危险性较大的场所；临时高压室外消火栓系统是指平时压力较小，火灾发生时，系统通过启动消防水泵来增压的室外消火栓系统，这种系统相对经济，目前较为广泛地被采用。

- 室外消火栓系统
  - 低压室外消火栓系统
  - 高压室外消火栓系统
  - 临时高压室外消火栓系统

图4-18　室外消火栓系统分类

（2）室内消火栓系统　室内消火栓系统是建筑物内部应用最广泛的一种消防系统，它属于固定灭火该系统。该系统由消防给水基础设施、消防水箱、消防给水管网、消防水池、增压稳压设施、室内消火栓等组成。消防给水基础设施是为室内消火栓提供压力和流量的消防水泵。给水管网主要为用水设备输送灭火用水，其组成包括进水管、水平干管、消防竖管、消防支管等。消防水箱是为系统灭火提供火灾初期的消防用水量。增压稳压设施可满足最不利点的消防用水压力，减压设施是防止消防管道中的水流压力过大的设施。

室内消火栓给水系统的使用方式：高压消火栓系统装上消防水带和消防水枪，打开阀门即可实现喷水；临时高压消火栓系统设有消防水箱和消防水泵，火灾发生时需安装消防水带和消防水枪，并启动消火栓按钮即可实现喷水；消火栓按钮不仅会直接启动消防水泵，而且会向消防控制中心发出信号；同时，接收到消防水泵和水流指示器的信号，控制中心才发出火警信号。消防控制中心可以直接启动消防水泵，但是只能手动停泵。

按建筑高度的不同可将室内消火栓系统划分为低层室内消火栓系统和高层室内消火栓系统两种形式。室内消火栓系统的分类如图4-19所示。建筑高度不超过27m的住宅以及高度不超过24m的公共建筑物的室内消火栓给水系统称为低层室内消火栓系统。根据给水方式又可以将低层室内消火栓系统分为三种：

- 室内消火栓系统
  - 按消防水压划分
    - 低压室内消火栓系统
    - 高压室内消火栓系统
    - 临时高压室内消火栓系统
  - 按建筑高度划分
    - 低层室内消火栓系统
      - 无消防水泵、无水箱的室内消火栓系统
      - 无消防水泵、有水箱的室内消火栓系统
      - 有消防水泵、有水箱的室内消火栓系统
    - 高层室内消火栓系统
      - 不分区消防给水室内消火栓系统
      - 分区消防给水室内消火栓系统

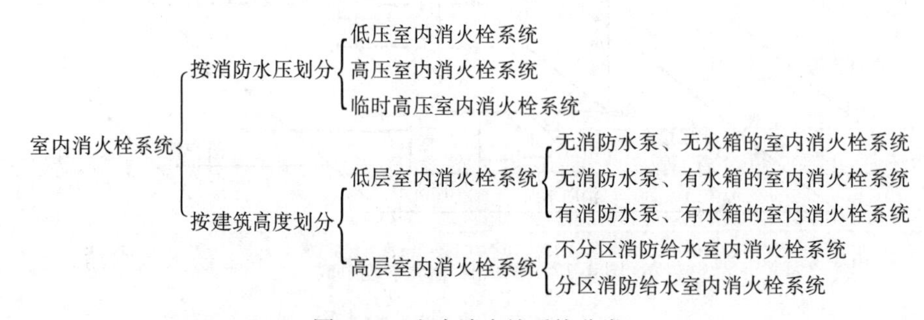

图4-19　室内消火栓系统分类

1）无消防水泵、无水箱的室内消火栓系统（图4-20），它适用于室外给水管网的水压和水量任何时刻均能满足室内最不利点消火栓的设计水压和水量，或是室外为常高压消防给水系统的建筑中。

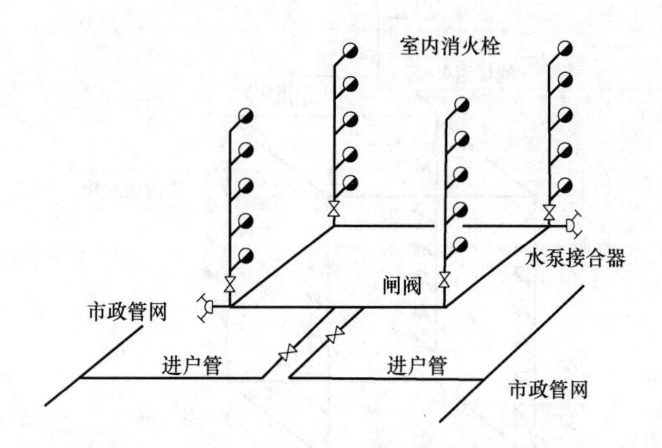

图 4-20 无消防水泵、无水箱的室内消火栓系统

2）无消防水泵、有消防水箱的室内消火栓系统（图 4-21），适用于水压变化较大的地区，例如白天用水高峰期不能满足室内用水需求的场所。

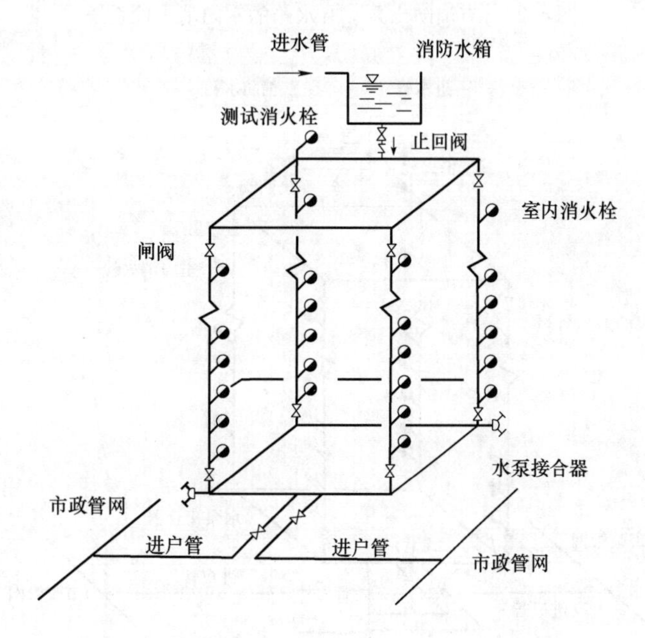

图 4-21 无消防水泵、有水箱的室内消火栓系统

3）有消防水泵、有水箱的室内消火栓系统（图 4-22），适用于市政管网的水压不能满足室内消火栓系统中最不利点消火栓水量和水压的场所。

设置在高层建筑物内的消火栓系统称为高层室内消火栓系统。高层室内消火栓系统采用的是独立消防给水系统，根据给水方式分为不分区消防给水消火栓系统（图 4-23）和分区消防给水消火栓系统（图 4-24）。其中不分区消防给水消火栓系统适用于最低消火栓栓口静压不大于 1.0MPa 的高层建筑；而分区消防给水消火栓系统适用于高度较大的，最低消火栓栓口静压大于 1.0MPa 的建筑。

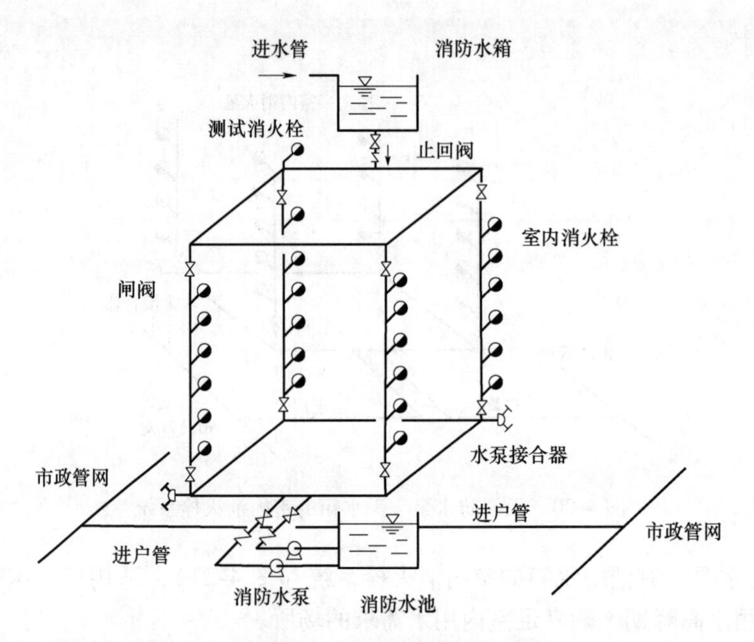

图 4-22　有消防水泵、有水箱的室内消火栓系统

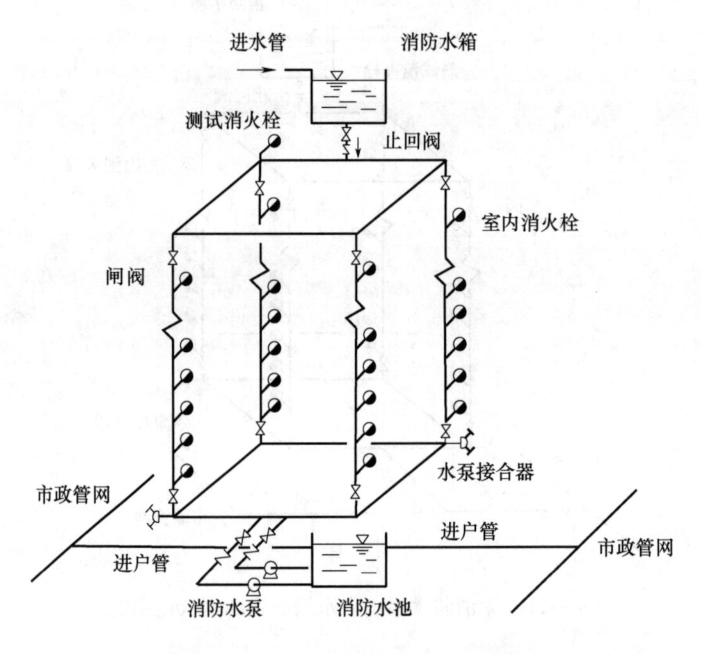

图 4-23　不分区的室内消火栓系统

4.3.3　自动喷水灭火系统

自动喷水灭火系统由洒水喷头、供水管网、供水设施、报警阀组、水流指示器等组成。现行的《自动喷水灭火系统设计规范》（GB 50084）是进行该系统设计的主要依据。

根据喷头的开闭形式分为闭式系统和开式系统两种，闭式自动喷水灭火系统的喷头是常闭的，开式自动喷水灭火系统的喷头是常开的。根据场所环境和配置状况，闭式自动喷水灭

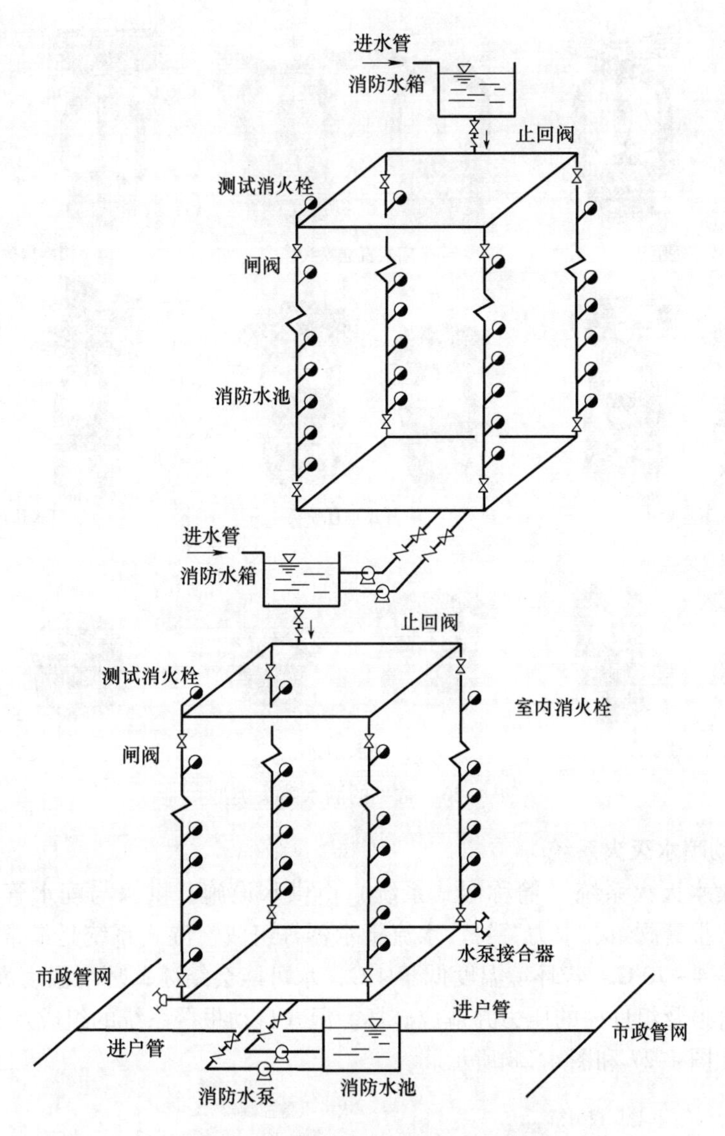

图 4-24 分区的室内消火栓系统

火系统又可分为干式自动喷水灭火系统、预作用自动喷水灭火系统、湿式自动喷水灭火系统；干式自动喷水灭火系统又可分为雨淋系统、水幕系统、水喷雾系统。自动喷水灭火系统的分类如图 4-25 所示。常见的洒水喷头类型见图 4-26。

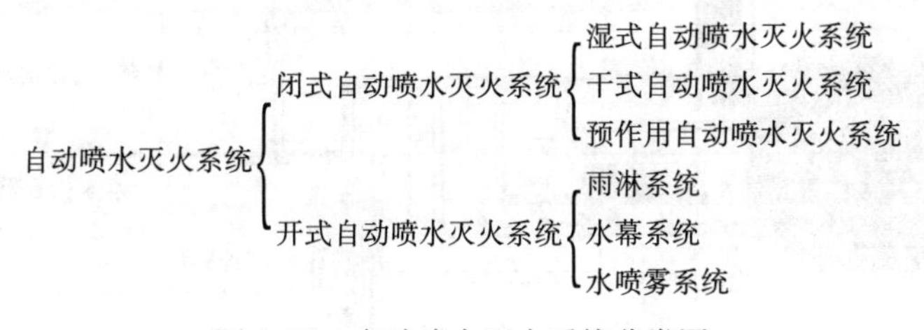

图 4-25 自动喷水灭火系统分类图

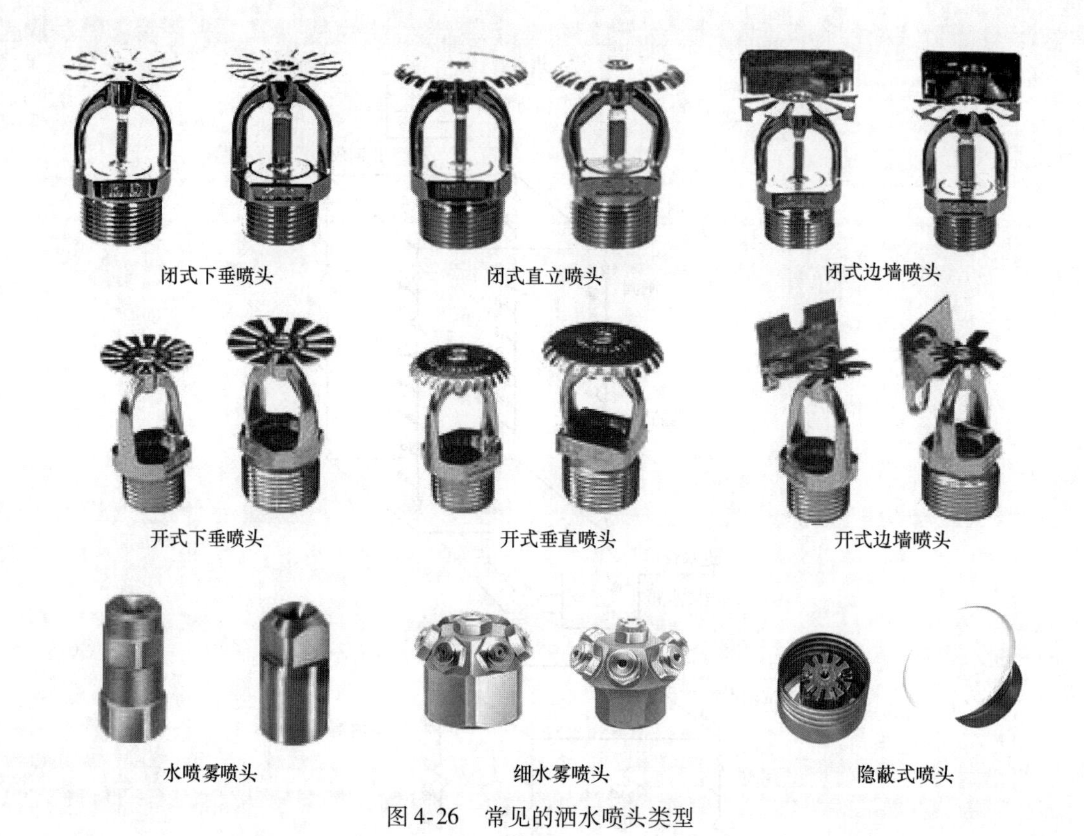

图 4-26　常见的洒水喷头类型

1. 湿式自动喷水灭火系统

湿式自动喷水灭火系统（简称湿式系统）由供水设施、供水与配水管道、闭式喷头、压力开关、湿式报警阀组、水力警铃、水流指示器等组成。湿式系统是最常用的灭火系统，应用环境温度是 4～70℃。若环境温度低于 4℃，水可能会结冰；环境温度高于 70℃，水会变成蒸汽增加管道及组件内的压力并造成破坏。湿式自动报警系统的组成及湿式自动喷水灭火系统示意图如图 4-27 和图 4-28 所示。

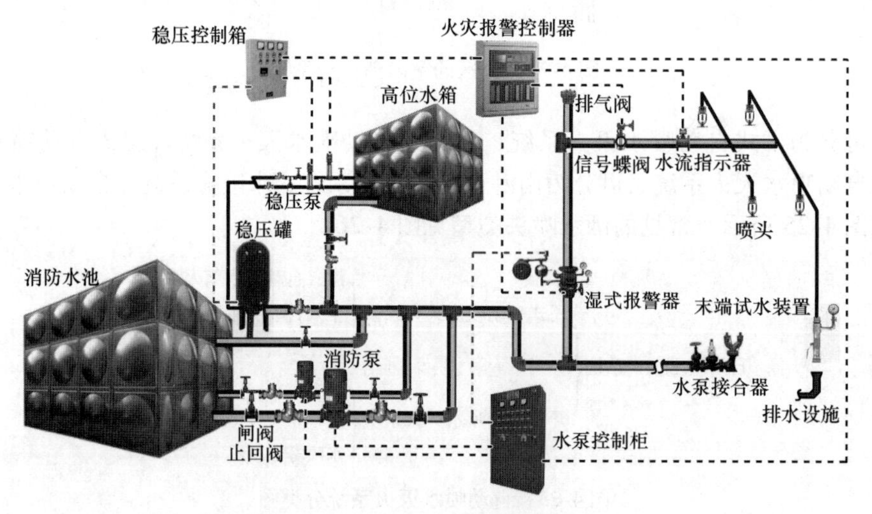

图 4-27　湿式自动报警系统的组成

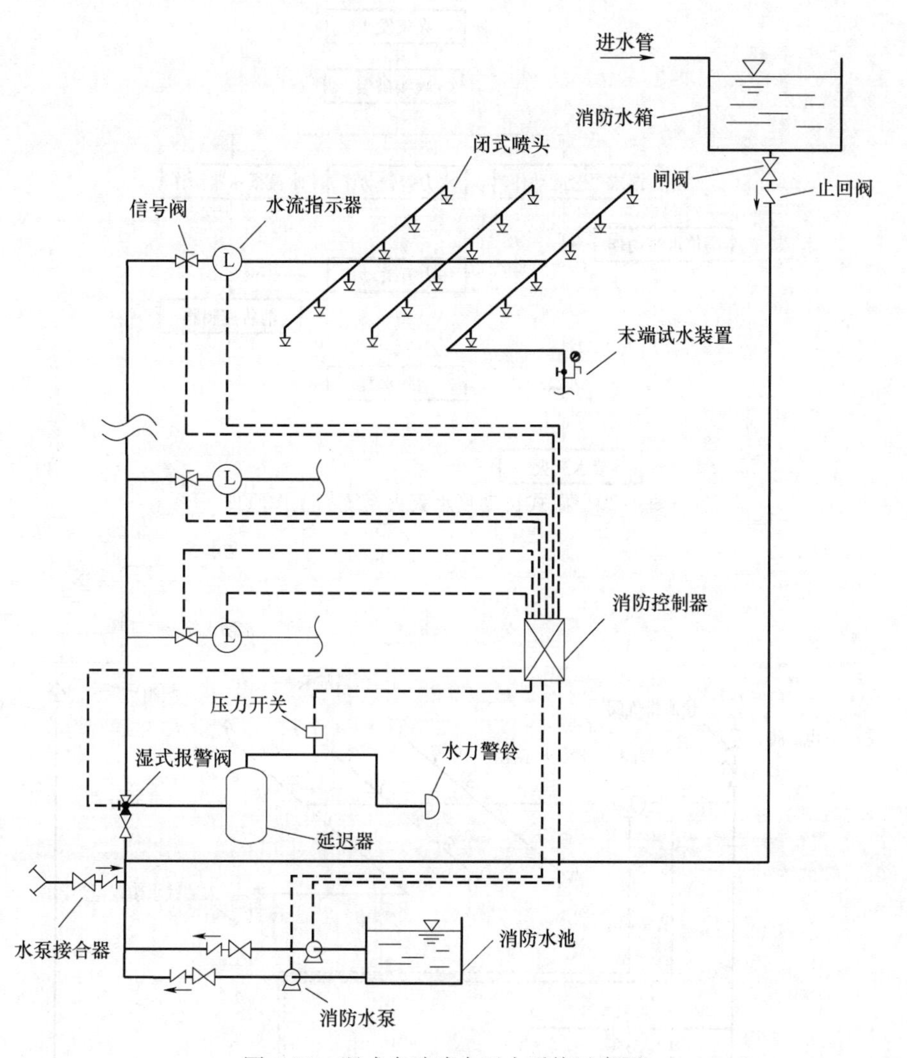

图 4-28　湿式自动喷水灭火系统示意图

湿式自动喷水灭火系统的工作原理如图 4-29 所示，该系统处于准工作状态时，管道内充满水并由增压稳压设施提供足够的压力。火灾发生时，高温使喷头玻璃泡破裂，喷头动作，系统开始喷水，火灾初期的用水量是由高位水箱提供的，管道中的水流使水流指示器动作并向消防控制室发出信号；湿式报警阀由于压力的作用自动开启，水通过湿式报警阀流向管网，同时延迟器充满水，水力警铃发出声响警报，压力开关动作并向消防控制室发出信号，启动消防水泵，为系统持续供水。

2. 干式自动喷水灭火系统

干式自动喷水灭火系统（简称干式系统）由供水设施、供水与配水管道、闭式喷头、水力警铃、压力开关、水流指示器、干式报警阀组等组成，干式自动喷水灭火系统的组成如图 4-30 所示。

干式自动喷水灭火系统适用于高温、低温环境。发生火灾时，高温使闭式喷头玻璃泡破裂，喷头开始排气，压力作用使得干式报警阀打开，压力水通过湿式报警阀流入管网，水力警铃发出警报，压力开关动作，向消防控制室发出信号，启动消防水泵，为整个系统持续供水。干式自动

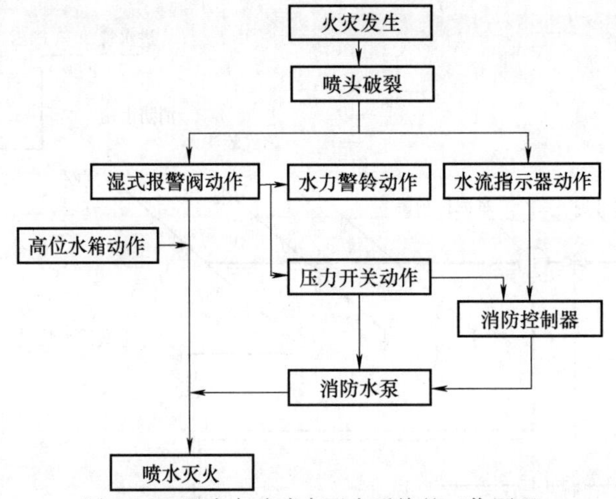

图 4-29　湿式自动喷水灭火系统的工作原理

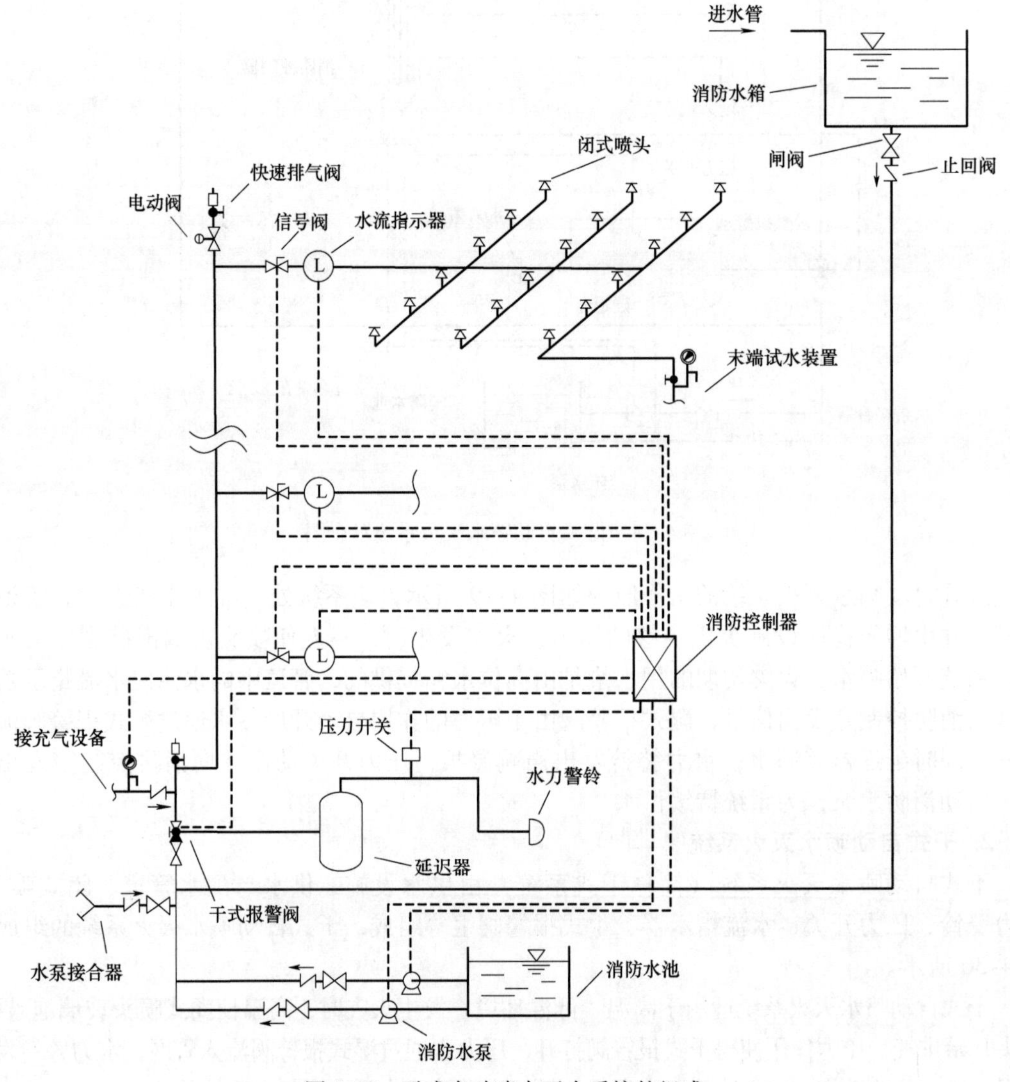

图 4-30　干式自动喷水灭火系统的组成

喷水灭火系统的工作原理如图 4-31 所示。

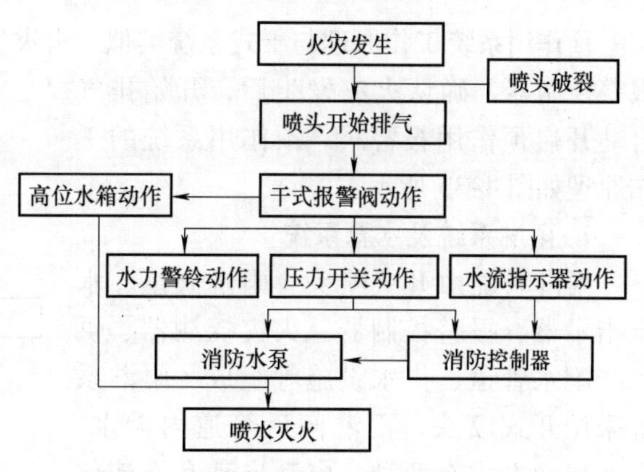

图 4-31 干式自动喷水灭火系统的工作原理

3. 预作用自动喷水灭火系统

预作用自动喷水灭火系统（简称预作用系统）由供水设施、供水与配水管道、闭式喷头、充气设备、压力开关、预作用报警阀组、水力警铃、水流指示器等组成。该系统处于准工作状态时报警阀后不充水，阀前充满压力水，火灾报警系统自动开启预作用阀，系统转换为湿式系统。预作用系统采用预作用阀，并配套设置火灾自动报警系统，弥补了干式自动喷水灭火系统喷水滞后的现象，也弥补了湿式自动喷水灭火系统不适用高、低温环境的不足，但预作用系统成本高、安装复杂，使用较少。预作用系统的组成如图 4-32 所示。

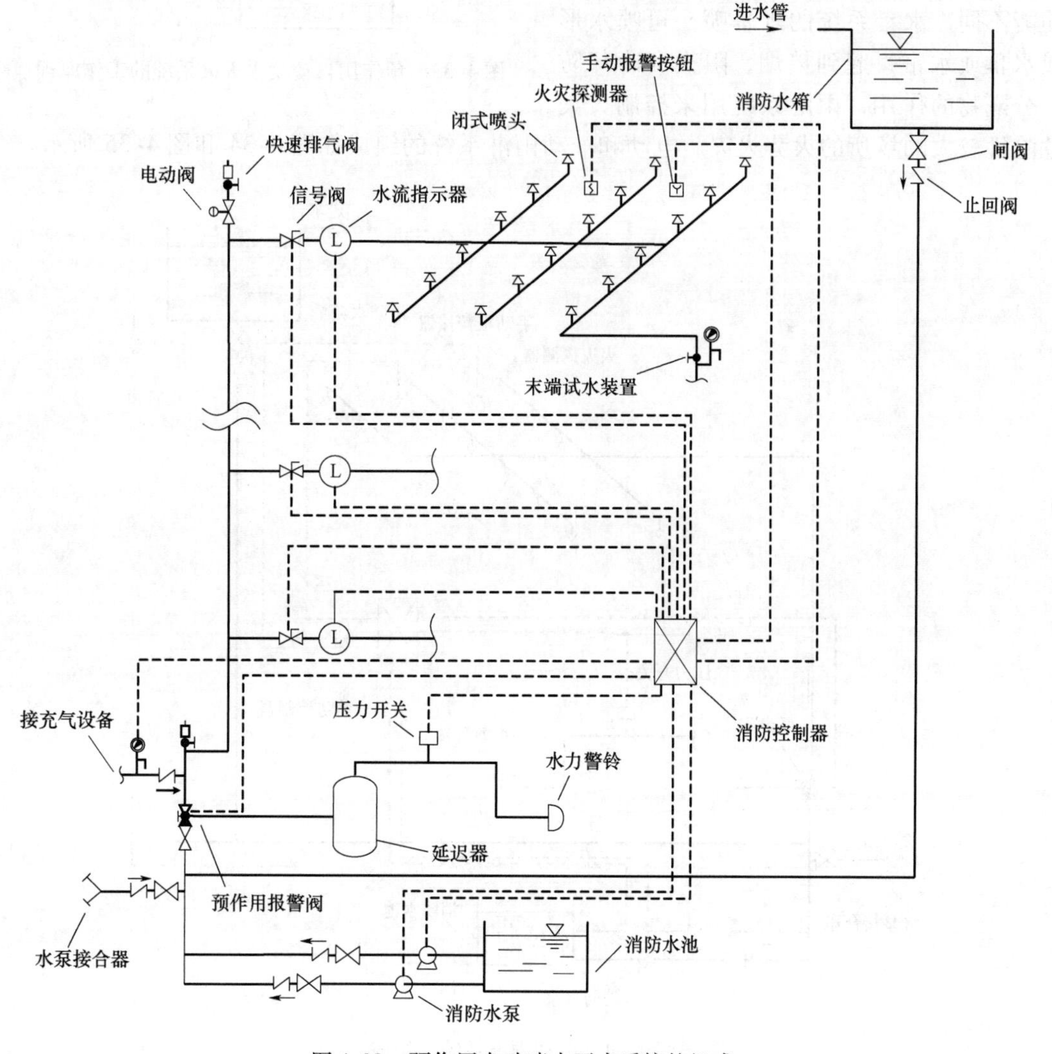

图 4-32 预作用自动喷水灭火系统的组成

预作用系统工作原理与干式系统类似，火灾发生时，火灾探测器探测火灾信号，传送给报警控制器，确认火灾发生后，开始排气自动开启预作用报警阀。预作用系统的工作原理如图 4-33 所示。

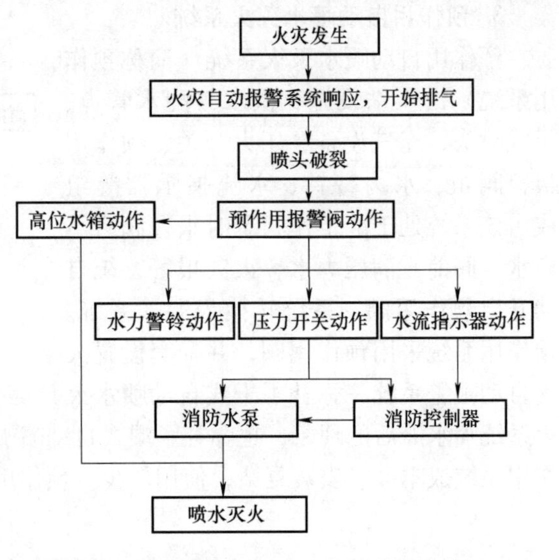

图 4-33　预作用自动喷水灭火系统的工作原理

4. 雨淋系统及水幕系统

雨淋系统由开式喷头、雨淋阀组、水流指示器、报警控制器、火灾探测器、供水与配水管道、供水设施等组成。雨淋系统采用开式喷头，雨淋阀后管道内无水，它的启动方式有两种：电动启动和充液传动管启动，其中充液传动管启动又分为湿式充液传动管启动和充气式充液传动管启动。水幕系统与雨淋系统的组成类似，但功能不同，水幕系统的水幕喷头可喷水形成水幕或水帘，起到挡烟、阻火和冷却防火分隔物的作用，雨淋系统用来控制火灾危险性较大的场所的火势火灾。电动和液动雨淋系统的组成如图 4-34 和图 4-35 所示。

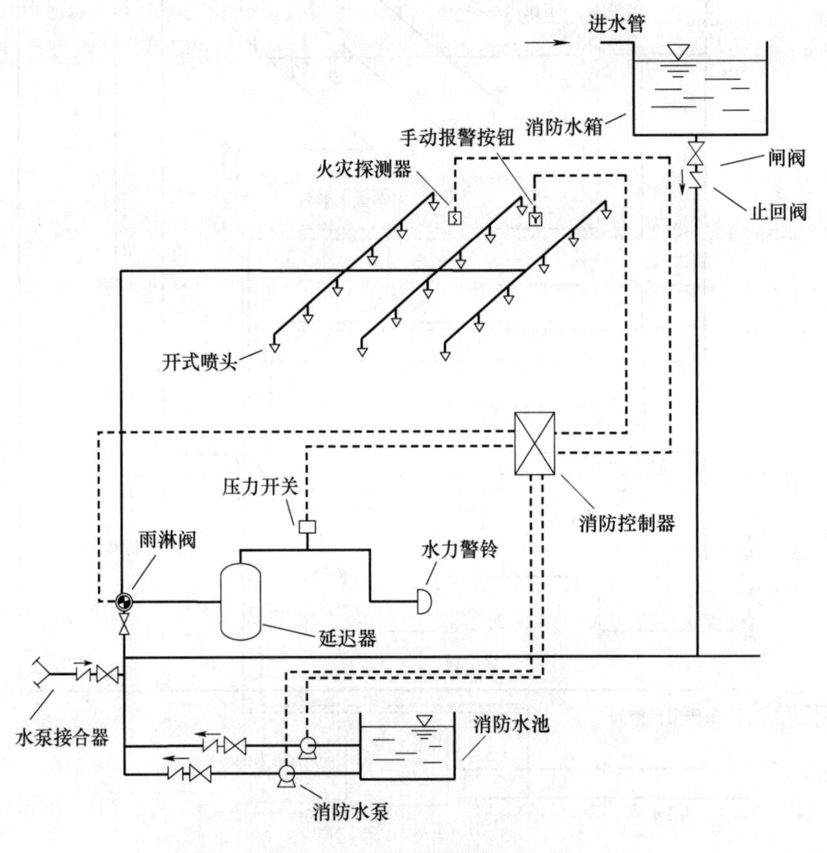

图 4-34　电动雨淋系统的组成

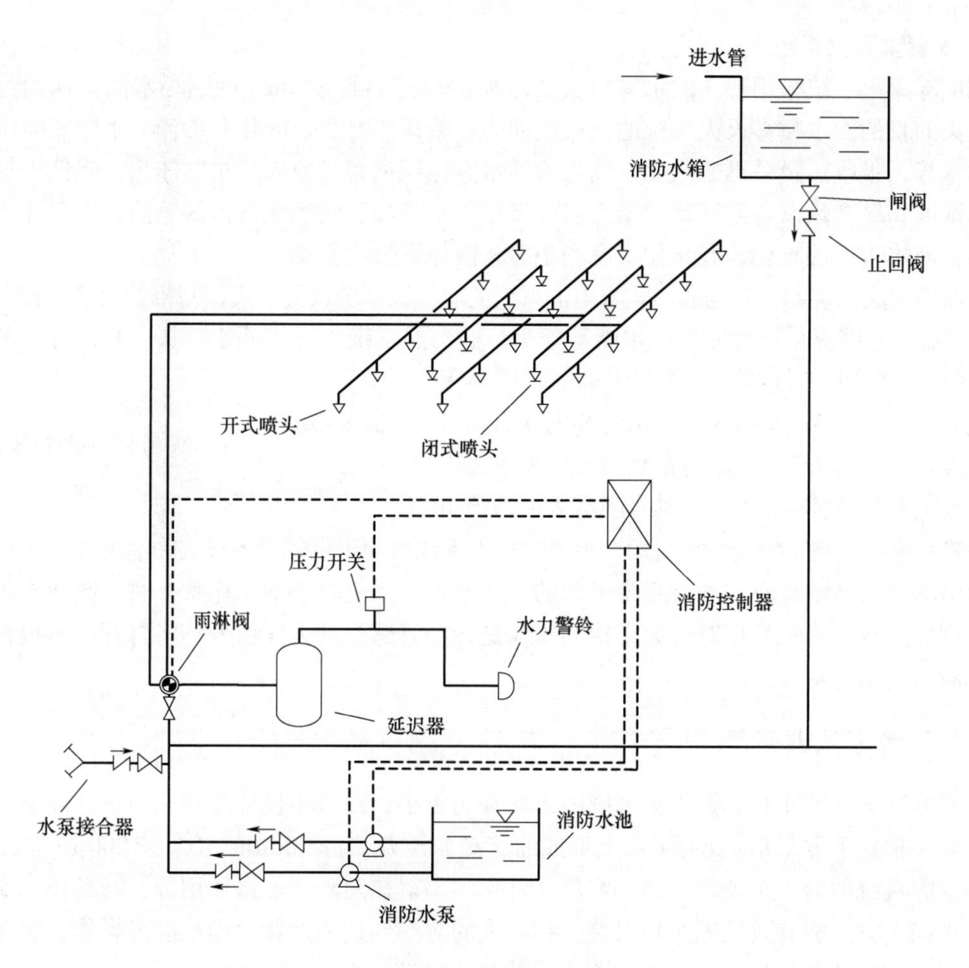

图 4-35 液动雨淋系统的组成

雨淋系统在准工作状态时，雨淋阀前充满水，阀后无水。火灾发生时，火灾自动报警系统感受到火灾信号（或喷头动作）时，雨淋报警阀打开，管网内充满水，水流到延迟器，水力警铃发出警报声，压力开关动作并向消防控制室发出信号，同时启动消防水泵，为整个系统持续供水。雨淋系统或水幕系统的工作原理如图 4-36 所示。雨淋系统的控制面积大，灭火效率高，适合蔓延速度快、火灾危险性较大的场所或部位。

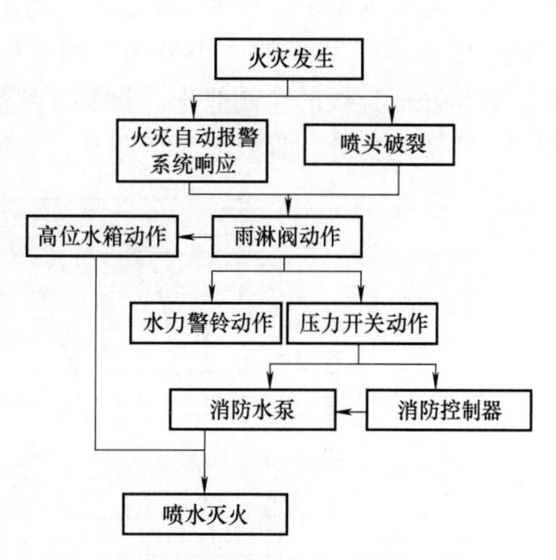

图 4-36 雨淋系统或水幕系统的工作原理

水幕系统的构成与雨淋系统类似，主要功能是挡烟、阻火和冷却分隔物，由于采用特殊喷头，所以不具有直接灭火功能。防火分隔水幕多是由两排或两排以上喷头组成的能阻挡火灾和烟气蔓延的局部防火分隔物；防护冷却水幕能降低防火分隔物的表面温度，以保持其完整性和隔热性。

5. 水喷雾灭火系统

水喷雾灭火系统采用特殊的水雾喷头，能喷出粒径不超过1mm的细小水滴，从而达到冷却灭火的目的。水喷雾灭火系统的灭火机理为：冷却、窒息、乳化和稀释。水喷雾喷出大面积的水雾，吸收热量并迅速汽化，汽化后的水雾体积远大于原来的水雾体积，降低火场内可燃物浓度和氧含量以达到稀释和窒息的效果。当水雾喷洒到燃烧液体的表面，由于冲击作用，会使液体表面层乳化，乳化作用有利于防止液体燃烧物复燃。

水喷雾灭火系统的系统构成形式与雨淋系统类似，该系统设置火灾探测报警及联动控制系统或传动管，水喷雾系统为专用的水喷雾喷头，而雨淋系统为开式洒水喷头。其设计规范为《水喷雾灭火系统技术规范》（GB 50219）。水喷雾灭火系统分为传动管启动水喷雾灭火系统和电动启动水喷雾灭火系统（图4-37）。传动管水喷雾灭火系统以闭式喷头实现系统启动；电动启动水喷雾灭火系统由火灾报警系统的联动来实现系统启动。水喷雾灭火系统可用于电气设备火灾和油类火灾。

水喷雾灭火系统 { 电动启动水喷雾灭火系统 / 传动管启动水喷雾灭火系统

图4-37　水喷雾灭火系统分类

水喷雾灭火系统具有与雨淋系统类似的工作原理，系统处于准工作状态时，阀前充满有压水，阀后无水。火灾发生时，火灾探测器或是传动管感受到火灾信号，将打开雨淋报警阀组，同时启动消防水泵。

4.3.4 细水雾灭火系统

细水雾灭火系统比水喷雾灭火系统喷出的雾滴更小，在最小设计工作压力下，经喷头喷出并在喷头轴线下方1.0m处的平面上形成的雾滴粒径 $D_{v0.99}<400\mu m$，$D_{v0.5}<200\mu m$ 的水雾滴。细水雾系统的灭火机理有冷却、窒息、乳化、辐射热阻隔和浸湿作用等，颗粒小的雾滴笼罩在火焰上方，能有效地隔绝辐射热；颗粒大的雾滴到达燃烧物表面浸湿可燃物，阻止火灾的蔓延。其设计主要依据《细水雾灭火系统技术规范》（GB 50898）。

细水雾灭火系统由供水设施、供水与配水管道、细水雾喷头、控制阀组以及过滤装置等组成。细水雾按雾滴的大小分为三级，如图4-38所示，Ⅰ级细水雾为 $D_{v0.1}\leqslant100\mu m$ 与 $D_{v0.9}\leqslant200\mu m$ 连线的左侧部分，Ⅱ级细水雾为 $D_{v0.1}\leqslant200\mu m$ 与 $D_{v0.9}\leqslant400\mu m$ 连线的左侧且不属于Ⅰ级的部分，Ⅲ级细水雾为 $D_{v0.1}>400\mu m$ 与 $D_{v0.9}\leqslant1000\mu m$ 之间的部分。

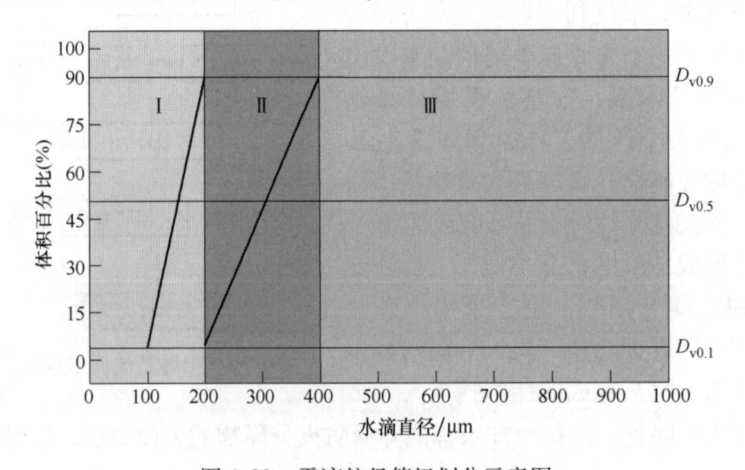

图4-38　雾滴粒径等级划分示意图

细水雾灭火系统按洒水喷头开闭形式可分为闭式细水雾灭火系统和开式细水雾灭火系统两种。开式细水雾灭火系统按照应用方式分为局部应用方式和全淹没应用方式。闭式细水雾灭火系统又可以分为预作用细水雾灭火系统、干式细水雾灭火系统和湿式细水雾灭火系统。开式细水雾灭火系统的工作原理是：火灾发生时，探测器探测到火灾信息，消防控制室发出指令，关闭空间内一系列的开口，并启动控制阀组和消防水泵，水雾喷头动作，开始灭火。闭式细水雾灭火系统的工作原理与闭式自动喷水灭火系统类似。

4.3.5 气体灭火系统

气体灭火系统利用气体作为灭火介质。气体灭火系统适用于建（构）筑物内部和建筑周围的火灾，主要应用于不能用水作为灭火介质或是用水会造成严重损失的场所，如精密仪器房、资料室等。常见的气体灭火系统有二氧化碳灭火系统、IG-541 灭火系统、七氟丙烷灭火系统、热气溶胶灭火系统等。气体灭火系统设计主要依据《气体灭火系统设计规范》(GB 50370)。

1. 常用气体灭火介质

CO_2 灭火系统以高压下的 CO_2 作为灭火介质，其灭火机理主要是窒息和冷却。CO_2 作为灭火剂本身不助燃、不燃烧、没有毒害、灭火后不留痕迹，还具有绝缘性好、价格便宜、来源广泛等优点。但是 CO_2 作为灭火剂不适于人员较多的场所，因为高浓度的 CO_2 会造成人员的窒息。

七氟丙烷灭火系统将气体以液态的形式储存。七氟丙烷灭火剂密度较大，大约是空气的 6 倍。其灭火机理主要是冷却和隔离，当七氟丙烷喷出时，能够快速吸收热量，并且降低空气中的 O_2 含量。另外，七氟丙烷是一种清洁灭火剂，不破坏臭氧层。

IG-541 灭火系统的灭火介质是混合气体，是由氮气、氩气和二氧化碳气体按一定比例混合而成的，这些气体容易制取，造价低廉，具有无色、无毒、不导电、无腐蚀性等性质，是一种理想的灭火剂。它的灭火方式为降低 O_2 含量，同时提高空气中的 CO_2 含量。IG-541 灭火剂是一种环保灭火剂，不会造成臭氧层的破坏。

热气溶胶灭火系统的灭火介质是一种能自身发生氧化还原反应，并产生大量惰性气体、水汽和微量固体颗粒，形成凝集型灭火气溶胶的物质。它的产物主要是 N_2、少量 CO_2、水蒸气、金属盐固体微粒等。热气溶胶的灭火机理为化学抑制、吸热降温。

2. 气体灭火系统类型及组成

如图 4-39 所示，气体灭火系统有不同的分类方式。

气体灭火系统分类
- 按系统的结构特点划分
  - 气体管网灭火系统
  - 气体无管网灭火系统
- 按应用方式划分
  - 气体全淹没灭火系统
  - 气体局部灭火系统
- 按灭火剂的加压方式划分
  - 自压式气体灭火系统
  - 内储压式气体灭火系统
  - 外储压式气体灭火系统

图 4-39 气体灭火系统分类

1）按照系统的结构特点分为气体管网灭火系统和气体无管网灭火系统。气体管网灭火系统适用于保护区域较大、要求较高的场所；气体无管网灭火系统适用于保护区域较小、要求较低的场所。

2）按照应用方式可分为气体全淹没灭火系统和气体局部应用灭火系统。气体全淹没灭火系统能在规定时间内保护区域内的气体灭火剂达到一定的灭火浓度，气体局部灭火系统即防护区内局部应用的灭火系统，能够形成局部高浓度的气体灭火剂，并持续一定的灭火时间。

3）按照灭火剂的加压方式可分为三类：第一类为自压式气体灭火系统，其压力是利用自身的饱和蒸气压；第二类为内储压式气体灭火系统，利用惰性气体进行加压储存；第三类为外储压式气体灭火系统，利用外来的充压气体瓶对其进行加压。

气体灭火系统由灭火剂瓶组、驱动气体瓶组、安全阀、单向阀、选择阀、驱动装置、汇集管、连接管、喷头等组成（图 4-40）。

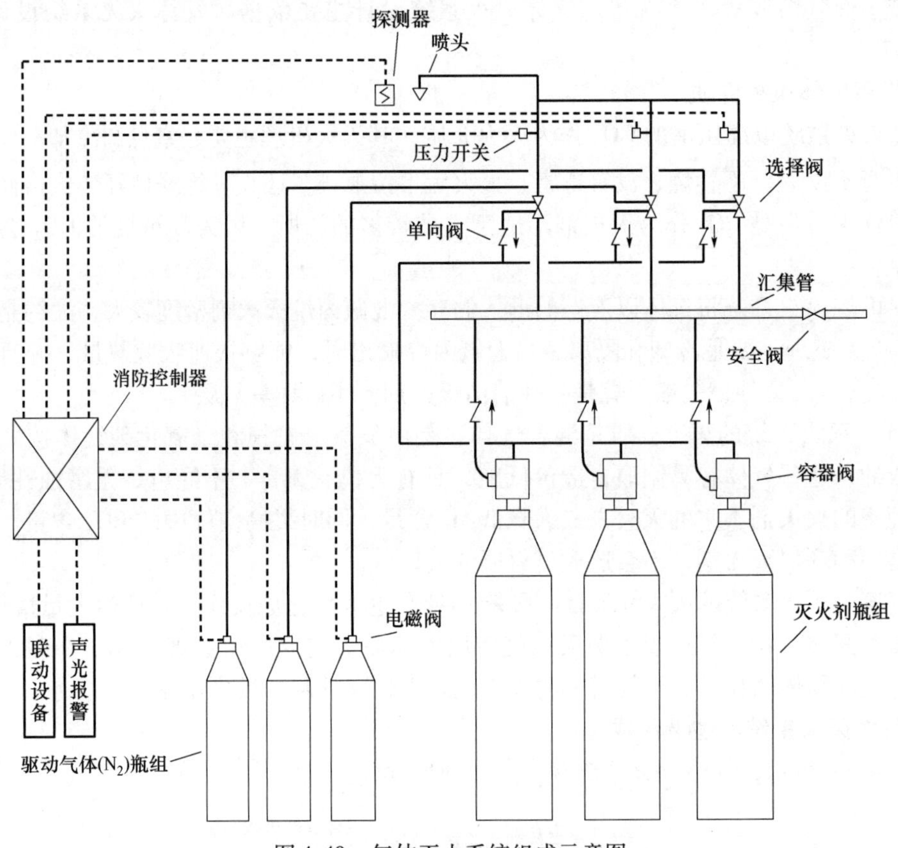

图 4-40　气体灭火系统组成示意图

3. 气体灭火系统的工作原理

气体灭火系统控制方式主要有四种，即手动控制方式、自动控制方式、紧急启动/停止工作方式和应急机械启动工作方式。气体灭火系统的工作原理如图 4-41 所示。

4. 适用范围

气体灭火系统根据灭火剂种类、灭火机理的不同，适用范围也各不相同。气体灭火系统适用范围见表 4-1。

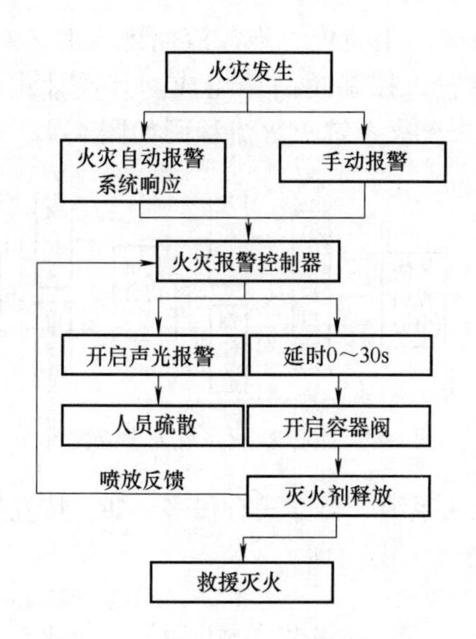

图4-41　气体灭火系统的工作原理

表4-1　气体灭火系统适用范围

灭火系统种类	适用范围	不适用范围
二氧化碳灭火系统	电气火灾；固体表面火灾及棉毛、织物、纸张等部分固体深位火灾；液体火灾或石蜡、沥青等可熔化的固体火灾；灭火前可切断气源的气体火灾	钛、钾、镁、钠、锆等活泼金属火灾 硝化纤维、火药等含氧化剂的化学制品火灾 氢化钾、氢化钠等金属氢化物火灾
七氟丙烷灭火系统	固体表面火灾；液体表面火灾或可熔化的固体火灾；电气火灾；灭火前可切断气源的气体火灾	含氧化剂的化学制品及混合物 氢化钾、氢化钠等金属氢化物 钾、钠、镁、钛、锆、铀等活泼金属 能自行分解的化学物质，如过氧化氢、联胺等
其他气体灭火系统	固体表面火灾；液体火灾；灭火前能切断气源的气体火灾；电气火灾等	硝酸钠等氧化剂或含氧化剂的化学制品火灾 钾、锆、镁、钠、钛、铀等活泼金属火灾 氢化钾、氢化钠等金属氢化物火灾 能自行分解的化学物质，如过氧化氢、联胺等 可燃固体物质的深位火灾

4.3.6　泡沫灭火系统

泡沫灭火系统是指用泡沫灭火试剂、水、空气按照一定比例混合制成泡沫混合液，并利用相应的灭火设施喷射出来进行灭火的系统，其灭火机理为窒息、隔热和冷却。泡沫混合液覆盖在燃烧物的表面形成覆盖层，隔绝氧气，把燃烧控制在泡沫液下面，同时泡沫混合液可阻隔燃烧区的热量作用于燃烧表面，减少液体燃料的持续蒸发，与此同时，泡沫液中含有的水分可有效降低液体燃料表面的温度，起到降温的作用。

泡沫灭火系统一般由泡沫产生装置、泡沫液储罐、泡沫液消防泵、比例混合器、输送管道、火灾探测与启动装置、控制阀门等组成。其设计主要依据《泡沫灭火系统设计规范》(GB 50151)。泡沫灭火系统灭火流程图如图4-42所示。

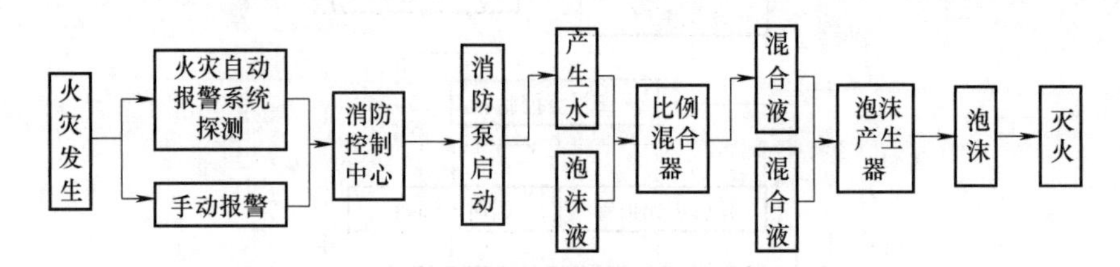

图4-42　泡沫灭火系统灭火流程图

如图4-43所示，泡沫灭火系统分类方式有很多，如，按发泡指数划分、按喷射方式划分、按系统结构划分、按系统形式划分等。

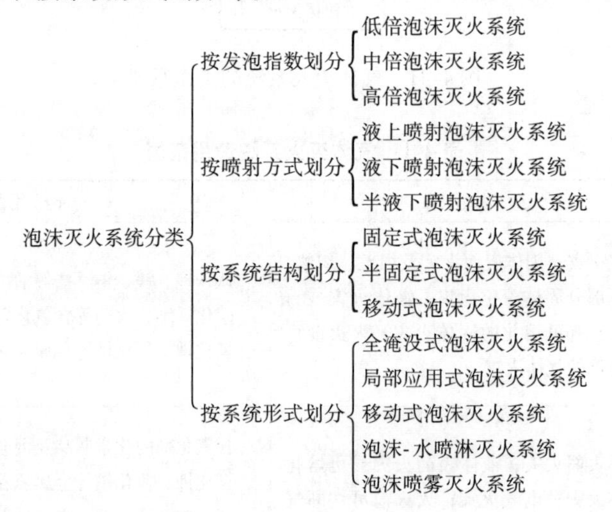

图4-43　泡沫灭火系统分类

1. 按发泡指数划分

按发泡指数可将泡沫灭火系统分为低倍泡沫灭火系统（发泡倍数为2~20倍）、中倍泡沫灭火系统（发泡倍数为21~200倍）和高倍泡沫灭火系统（发泡倍数为201~2000倍）。①低倍泡沫灭火系统适用于甲、乙、丙类液体储罐及石油化工装置区等；②中倍泡沫灭火系统多用于辅助灭火设施，如大范围的局部封闭空间和B类火灾场所；③高倍泡沫灭火系统适用于A、B类火灾，具有灭火效率高的特点。

2. 按喷射方式划分

按喷射方式可将泡沫灭火系统分为液上喷射泡沫灭火系统、液下喷射泡沫灭火系统、半液下喷射泡沫灭火系统，如图4-44~图4-46所示。

1）液上喷射泡沫灭火系统将泡沫从液面上喷入被保护储罐内以此进行灭火保护，适用于独立油库的地上固定顶立式储罐、浮顶罐以及甲、乙、丙类液体储罐等，具有不易受到油污染、泡沫液较为廉价的特点。

2）液下喷射泡沫灭火系统将泡沫从液面下喷入被保护储罐内，泡沫液上升到油面并扩

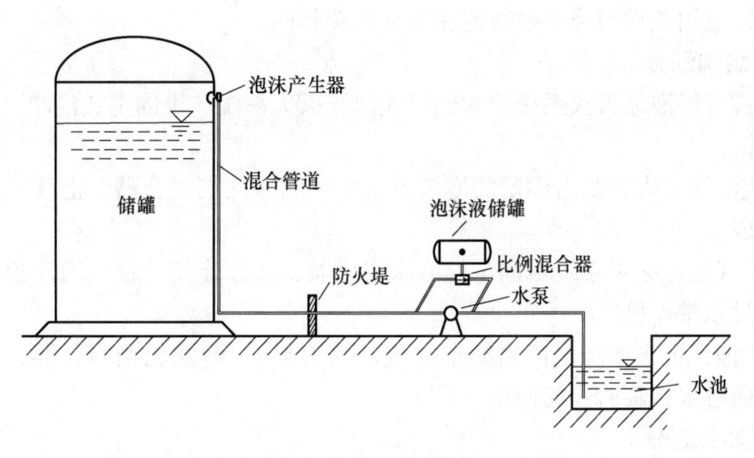

图 4-44 固定式液上喷射泡沫灭火系统

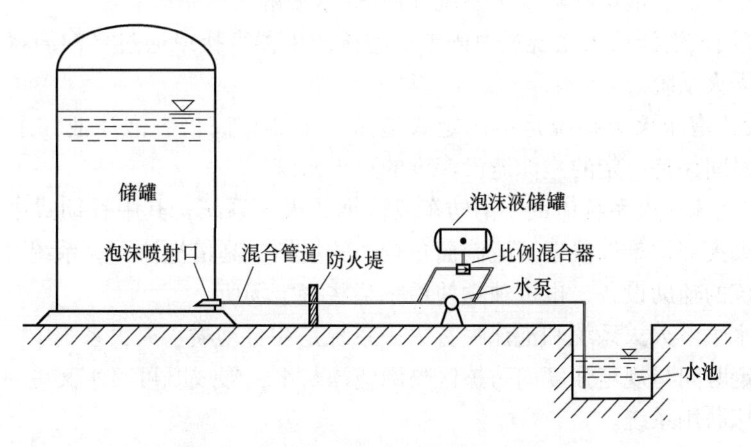

图 4-45 固定式液下喷射泡沫灭火系统

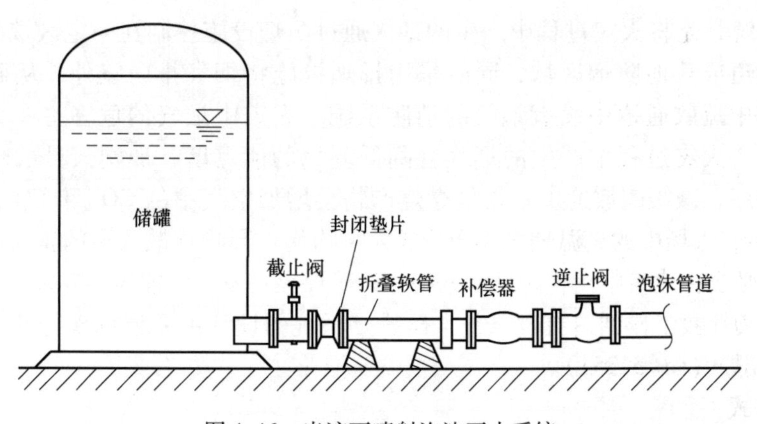

图 4-46 半液下喷射泡沫灭火系统

散形成一层泡沫保护层，达到灭火保护的目的，适用于非水溶性的甲、乙、丙类的地上固定顶罐，但要注意这种方式使用的液下泡沫液必须是氟蛋白泡沫或是水成膜泡沫液。

3）半液下喷射泡沫灭火系统是将泡沫从储罐底部注入，通过软管上升到液体燃料表面进行灭火保护，适用条件与液下喷射泡沫灭火系统相同。

3. 按系统结构划分

按系统结构可将泡沫灭火系统分为固定式泡沫灭火系统、半固定式泡沫灭火系统和移动式泡沫灭火系统。

1）固定式泡沫灭火系统由固定的泡沫消防泵、泡沫比例混合器、泡沫产生器或喷头和管道等部分组成。

2）半固定式泡沫灭火系统由固定的泡沫产生器、部分连接管道、泡沫消防车或机动泵等组成，并通过水带连接。

3）移动式泡沫灭火系统是由消防车（机动消防泵）、泡沫比例混合器、移动式泡沫产生器等组成，通过水带临时连接使用。

4. 按系统形式划分

按系统形式可将泡沫灭火系统分为局部应用式泡沫灭火系统、全淹没式泡沫灭火系统、移动式泡沫灭火系统、泡沫喷雾灭火系统和泡沫-水喷淋灭火系统。

1）局部应用式泡沫灭火系统是由固定式泡沫产生器直接或通过导泡筒将泡沫喷放到局部火灾部位的灭火系统。

2）全淹没式泡沫灭火系统是由固定式泡沫产生器将高倍数泡沫液和水输送到防护区内，并在一定时间保持一定的泡沫淹没深度的灭火系统。

3）移动式泡沫灭火系统借助于消防车或便携式灭火系统，其中移动式中倍泡沫灭火系统可用于发生火灾部位难以接近、流淌面积较小的场所；高倍泡沫灭火系统可作为其他固定式泡沫灭火系统的辅助设备，也可独立使用于某些特定场所。

4）泡沫-水喷淋灭火系统和泡沫喷雾灭火系统是在自动喷水灭火系统中配置供给泡沫液的设备，按预定时间与规定强度向防护区喷洒泡沫与水，形成既可喷水又可喷泡沫混合液的自动喷水与泡沫联用系统。

4.3.7 防排烟系统

防排烟系统，是将火灾过程中产生的烟气通过防烟设施控制在一定区域内，防止烟气扩散到疏散通道或其他防烟区域，同时采用排烟设施将烟气排向室外，从而确保人员疏散和救援过程中疏散通道中没有烟气的消防系统。火灾中烟气的危害主要为毒害性、高温和低能见度。火灾过程中产生的烟气会降低环境的能见度，加剧人员的恐慌感，扰乱人员的疏散秩序，减缓疏散速度；烟气燃烧产物会增加空气中的 CO_2 和 CO 含量，降低空气中的 O_2 含量；火场中的高温烟气还会造成人员灼伤，影响疏散人员的正常呼吸，致人死亡。因此，有必要在建筑中设置防排烟系统，以确保火灾发生时能控制并及时排除烟气，为人员疏散和火灾扑救工作创造有利条件。防排烟系统的设计主要依据现行的《建筑防烟排烟系统技术标准》(GB 51251)。

1. 防烟方式

如图 4-47 所示，建筑防烟方式主要有不燃化防烟、机械加压送风防烟和密闭防烟。

建筑防烟形式
- 不燃化防烟
- 机械加压送风防烟
- 密闭防烟

图 4-47 建筑防烟形式

1）不燃化防烟是指在建筑的建造和装修过程中，尽可能采用一些不燃烧或不产生烟气的建筑材料、家具、管道、电缆、构件等。不燃化防烟主要应用于复杂大型综合体、高层建筑、地下室等火灾危险性较大且难以有效排烟的建筑。

2）机械加压送风防烟是通过风机对需要进行防烟的区域进行加压送风，增大该区域压强，以防止火灾烟气蔓延到该区域。这种方式广泛应用于建筑的疏散走道、疏散前室、疏散楼梯间等人员逃生路径或区域。

3）密闭防烟基于窒息灭火的原理，利用房间的封闭性，降低着火房间的 O_2 浓度，达到灭火的目的。这种方式常适用于密封性好、面积较小、耐火性能好的房间，以及火灾发生时人员能够快速疏散，并可用防火门封闭着火房间的场所。

2. 排烟方式

如图 4-48 所示，建筑排烟方式主要有自然排烟和机械排烟。

1）自然排烟主要利用建筑物内部开口进行排烟，其原理是火灾时室内热烟气流的浮力作用和室内外的热压作用会促使火灾烟气从室内通过开口向室外运动。建筑内的房间、走道、前室和楼梯间等场所常采用自然排烟的方式，建筑物的外窗、设置在侧墙上部或屋顶的窗口等可作为排烟口。自然排烟的优点在于布置简单、经济、不需要专门的排烟设备及动力设施等；缺点是排烟被动，易受室外风向、风速、温度的影响，特别是当排烟口设置在上风向时，不仅排烟效果大大降低，甚至还可能出现烟气倒灌现象。

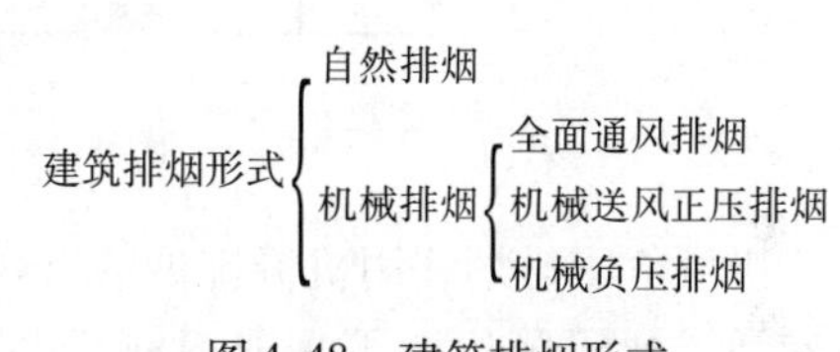

图 4-48　建筑排烟形式

2）机械排烟是利用机械设备将室内的烟气强制从专设排烟口排向室外。常用的机械排烟方式主要有机械送风正压排烟、机械负压排烟、全面通风排烟。

全面通风排烟利用送风机和排烟机同时启动，对建筑内部的走廊、楼梯（电梯）前室和楼梯间等位置进行机械送风，对着火房间及时进行排烟，同时控制风机送风量略小于排烟量，使着火房间保持负压，阻止火灾烟气从着火房间向其他区域蔓延，如图 4-49 所示。全面通风排烟的优点在于排烟效果好，不易受外界的影响，但机械排烟设备和进风设备投资成本大、维护成本高。

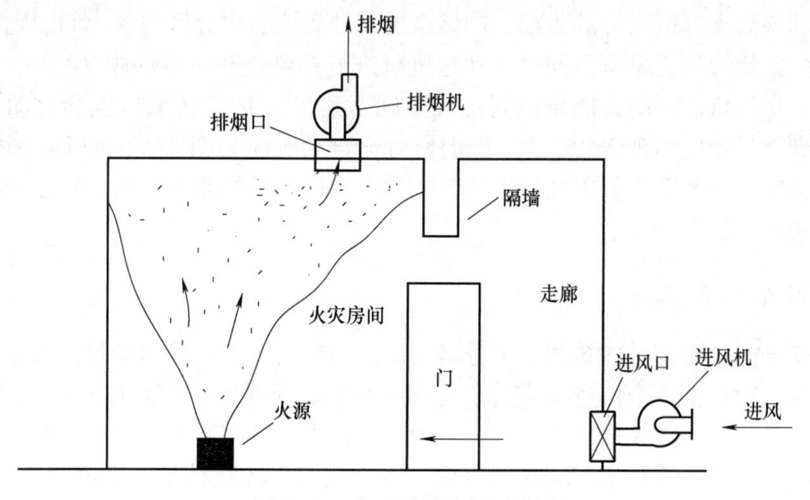

图 4-49　全面通风排烟示意图

机械送风正压排烟采用机械加压送风和自然排烟的方式进行防排烟，对建筑内走廊、楼梯（电梯）前室和楼梯间等位置进行机械送风，着火房间内利用自然排烟口排烟，如图4-50所示。机械送风正压排烟的成本比全面通风排烟的投入成本低，但可能会出现机械送风卷吸入火场中，造成火势进一步扩大。

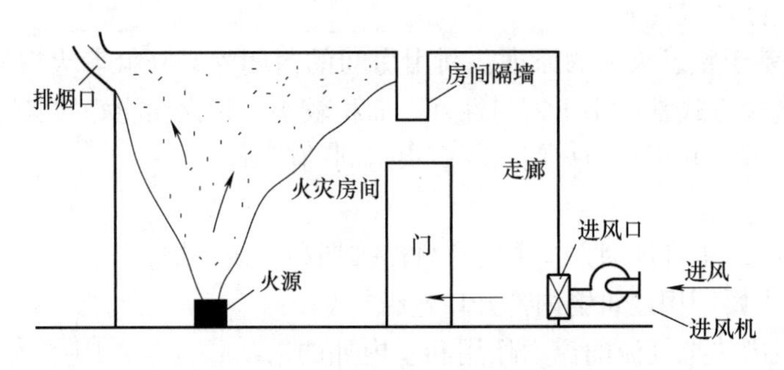

图4-50　机械正压送风排烟示意图

机械负压排烟利用机械排烟的方式对着火房间进行排烟，对建筑内走廊、楼梯（电梯）前室和楼梯间等位置不采取机械送风，如图4-51所示。适用于火灾初期，火灾烟气较少、温度较低等情况，可以给受困人员的安全疏散提供一定的便利，但若火灾发展到一定程度，火灾烟气温度达到机械排烟设备阈值时，排烟设备关闭，影响排烟。

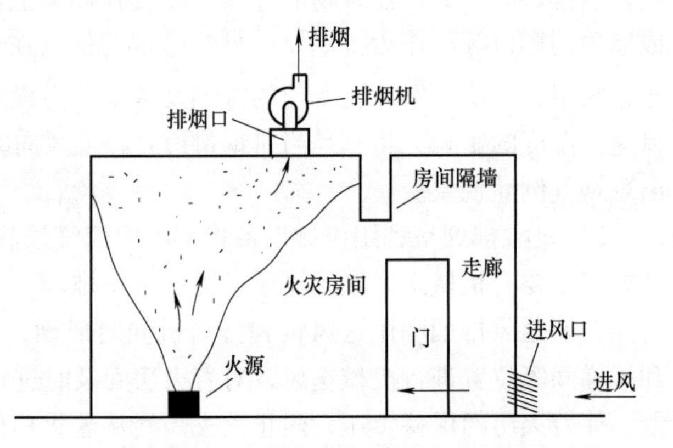

图4-51　机械负压排烟方式示意图

3. 防排烟系统的联动控制

建筑内某防火分区发生火灾时，火灾自动报警系统响应或人工启动火灾报警按钮，消防控制室内的联动控制主机会确认火灾信号，然后立即发出联动信号指令，启动该防火分区内部的防烟、排烟系统，开启该防火分区内楼梯间、电梯间的前室及合用前室的常闭加压送风口，同时启动送风机进行补风，开启排烟阀（口），关闭空调等日常送风机。送风机前的防火阀感应到烟气温度达到70℃后，送风口就会自动关闭；排烟防火阀感应到烟气温度达到280℃后，排烟口就会自动关闭。图4-52是以防烟楼梯间及前室、消防电梯间前室及合用前室加压送风系统和着火房间排烟系统的联动控制为例，说明消防防排烟系统联动的运行方式。

4.3.8　消防疏散系统

完善的安全疏散设施对建筑物是十分必要的。设置安全疏散设施的目的在于引导火灾中的受困人员迅速撤离到安全位置（室外、疏散楼梯间、避难间、避难层等），及时转移室内重要物资和财产，减少火灾造成的人员伤亡和财产损失，为消防人员的灭火救援提供有利的条件。消防疏散系统主要包括安全疏散设施（安全出口、疏散楼梯、走道和门等）、辅助安全疏散设施（应急照明及疏散指示标志、缓降器等）、超高层民用建筑还有避难层（间）和

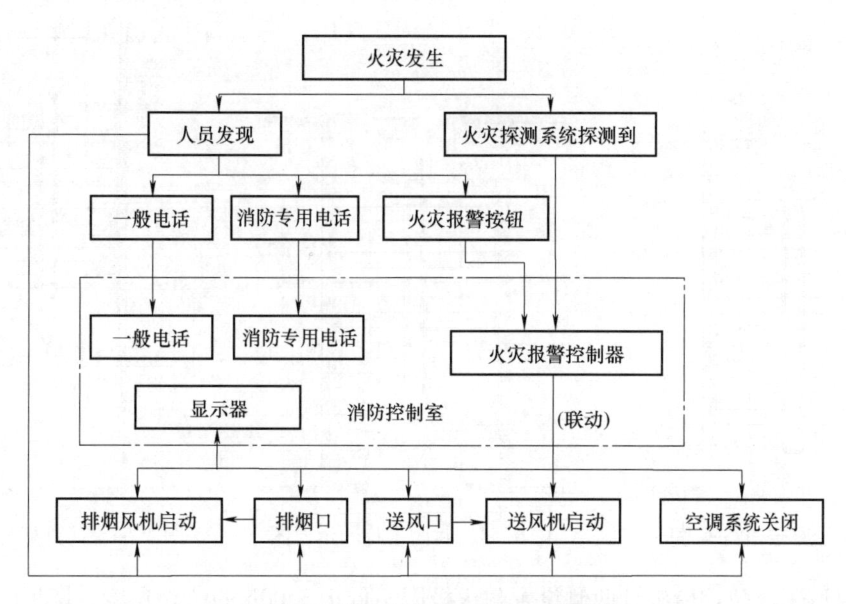

图 4-52 消防防排烟系统的联动模式

屋顶直升机停机台等。现行的《建筑设计防火规范》是建筑消防疏散设计的主要依据。

1. 安全出口

安全出口主要用于楼梯间、室外楼梯、避难层的出入口、直通室内外安全区域的出口。建筑内安全出口的宽度和数量是由室内人员的数量决定的。

建筑设计规范中一般要求建筑物有两个或两个以上的安全出口，特殊大型公共场所的疏散要求更为严格，如礼堂、影剧院、多用食堂等。对于人员密集的大型公共建筑（如影剧院、礼堂的观众厅），为了确保受困人员能安全疏散，还必须控制每个安全出口的疏散人数，每个安全出口的平均疏散人数不应超过 250 人；当人数超过 2000 人时，超过的部分，每个安全出口的平均疏散人数不应超过 400 人。

2. 疏散楼梯及楼梯间

疏散楼梯及楼梯间是建筑物中的垂直安全疏散通道。楼梯间防火能力和疏散能力的大小，直接影响受困人员的生命安全与灭火救援工作的开展。根据《建筑设计防火规范》的要求，建筑物楼梯间分为四种形式：普通楼梯间、室外疏散楼梯间、封闭楼梯间和防烟楼梯间。其中，仅单、多层建筑中的普通楼梯间可作为疏散楼梯，且楼梯间应靠外墙设置，同时需要设置自然排风和采光措施；室外疏散楼梯间是指室外的用于疏散的楼梯间；封闭楼梯间在楼梯间入口采用常闭的乙级防火门，适用于普通的高层建筑；防烟楼梯间是在楼梯间入口前设置前室和两道乙级防火门，适用于超高层建筑以及火灾危险性较大的建筑。常见的楼梯间形式如图 4-53 ~ 图 4-55 所示。

3. 疏散走道与避难通道

疏散走道是指火灾时人员从房间内至房间门或从房间门至疏散楼梯或外部安全出口等通过的室内走道。疏散走道为疏散的第一安全地带，贯穿整个安全疏散体系，设置应简洁明了，容易寻找、辨别，尽量避免“S”形、“U”形或袋形走道，确保火场中待疏散人员进入走道后，能够顺利地通行至安全地带。

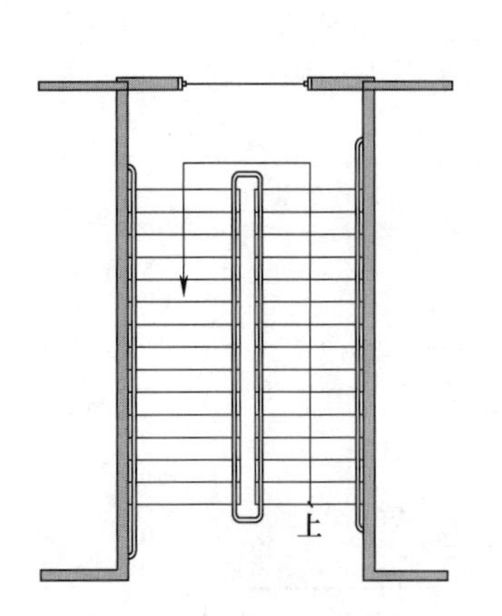

图 4-53　普通楼梯间示意图

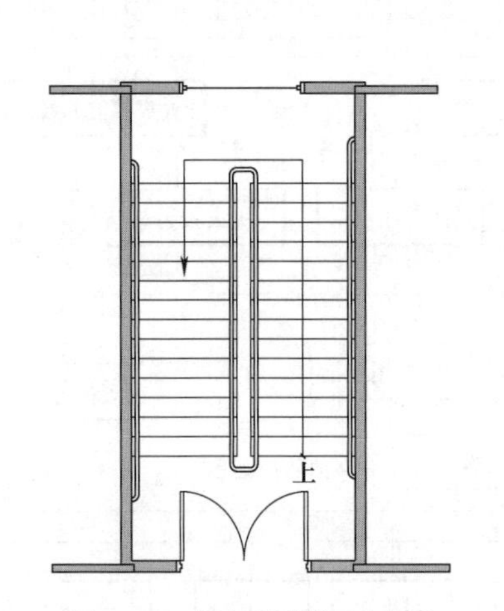

图 4-54　封闭楼梯间示意图

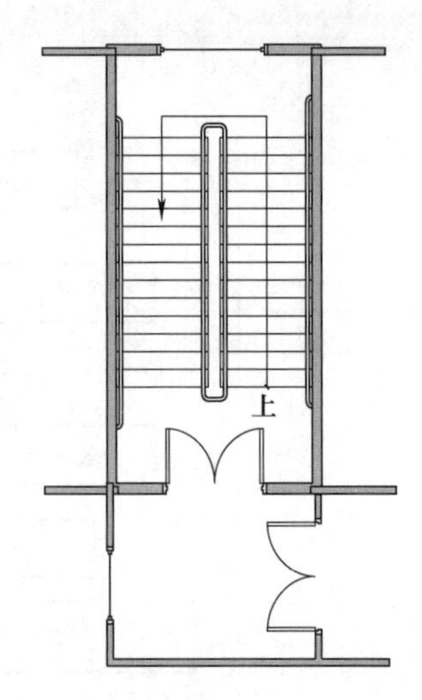

图 4-55　防烟楼梯间示意图

避难通道采取防烟措施且两侧设置耐火极限不低于 3.00h 的防火隔墙，楼板的耐火极限不应低于 1.50h，用以人员安全疏散至室外的通道。避难通道直通室外地面的出口不应少于 2 个，并应设置在不同方向；当避难通道仅与一个防火分区相连通且该防火分区至少有 1 个直通室外的安全出口时，可设置 1 个直通地面的出口；避难通道的净宽度不应小于任一防火分区通向该通道的总设计疏散净宽度。

4. 消防电梯

消防电梯是高层建筑中消防救援人员的主要竖向通道。当高层建筑发生火灾时，要求消防人员迅速到达高层建筑的起火位置，若采用普通电梯，火灾过程中供电得不到保障；若采用楼梯救援，消防救援人员会被疏散人流阻挡，还会因体力不支和运送器材困难而不能顺利进行灭火救援工作。因此，高层建筑必须设置专用或兼用的消防电梯，高层建筑中常见的消防电梯指示标志如图 4-56 所示。

图 4-56　消防电梯指示标志

5. 避难层、避难间

超高层建筑的建筑高度超过 100m，一旦发生火灾，受困人员难以在短时间内快速有效地疏散至室外，而普通的消防云梯又很难达到这一高度，所以就需要避难层、避难间为超高层建筑火灾受困人员提供庇护，供受困人员临时避难使用。若楼层中作为避难使用的房间只是少数，则这些房间称为避难间；若整个楼层都作为避难使用，则称其为避难层。避难层应采用耐火极限不应低于 3.00h 的外墙、设隔热层的楼板，室内应设有独立的空调和防排烟系统，同时建筑首层距第一个避难层之间不宜超过 15 层，常见的超高层建筑的避难层如图 4-57 所示。

6. 辅助安全疏散设施

建筑物内的辅助安全疏散设施主要包括疏散指示标志、消防应急照明系统、缓降器、避

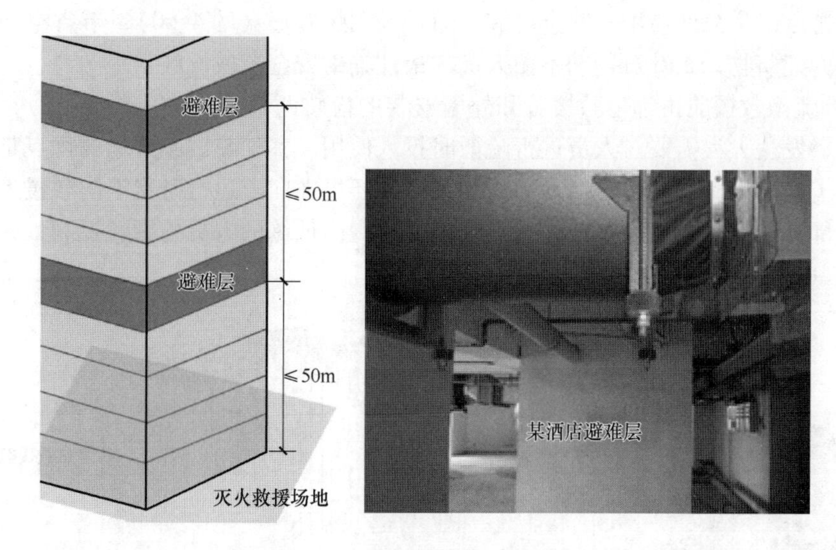

图4-57 超高层建筑的避难层

难滑梯、室外疏散救援舱等。

1）疏散指示标志以明显的文字、鲜明的箭头标记指明疏散方向，引导疏散。

2）消防应急照明系统是由应急照明灯具为人员疏散、消防作业等提供一定强度的照明系统，可为火灾中受困人员提供照明，抑制人员的惊慌情绪，应急照明灯具如图4-58所示。

3）缓降器是高层建筑发生事故时的自救器具，它下滑平稳，操作简单，结实耐用是当前应用最广泛的辅助安全疏散设施。缓降器由绳索、挂钩（或吊环）、吊带及速度控制装置等部分组成，可安装在消防车上，救援处于高层建筑物中的受困人员。其原理是利用缓降绳索的摩擦力，将使用人员安全缓降至地面。缓降绳索多采用高级钢丝绳内芯，外表由编织护层组成，两端各装置一套安全带，高空应急救援专用缓降器装置如图4-59所示。

图4-58 应急照明灯具

图4-59 高空应急救援专用缓降器

4）避难滑梯适用于疏散行动不便的人员。火灾发生时，建筑中的老人、小孩、伤病员、孕妇等行动缓慢的人员，在监护人员的帮助下，通过避难滑梯，靠自身重力下滑到室外安全区域。避难滑梯简便易用、安全可靠，通常采用螺旋形（图4-60），节省空间，能应用于不同高度的建筑物，是针对行动不便人员的最佳辅助安全疏散设施。

5）室外疏散救援舱由逃生救援舱和外墙安装的齿轨两部分组成（图4-61），平时折叠存放在屋顶，发生火灾需要对人员进行疏散时投入使用。室外疏散救援舱的优点是每往复运行一次可以疏散多人，尤其适合行动不便的人员，还可在向上运行时将消防救援人员输送到高层建筑上部；缺点是投资成本较大，需要由受过专门训练的人员使用和控制，并定期对装置进行维护、保养和检查。

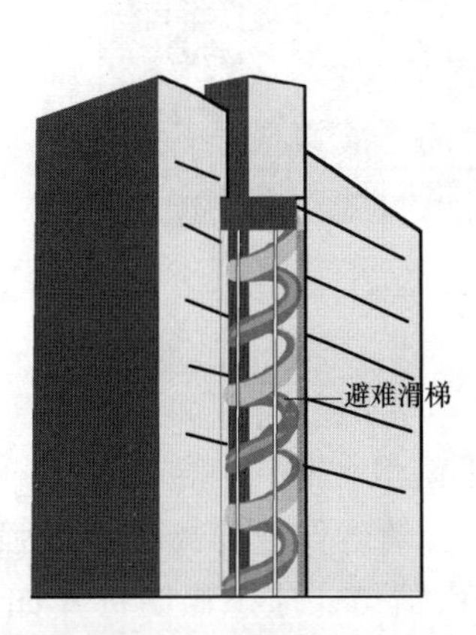

图4-60　避难滑梯

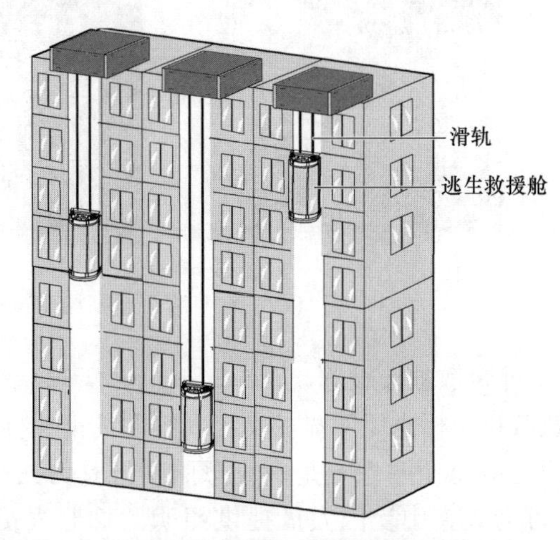

图4-61　室外疏散救援舱

4.4 建筑消防设计

合理科学的消防设计是保障建筑消防安全的重要前提，建筑消防设计主要依据有：现行的《建筑设计防火规范》（GB 50016）、《建筑防烟排烟系统技术标准》（GB 51251）、《消防给水及消火栓系统技术规范》（GB 50974）、《火灾自动报警系统设计规范》（GB 50116）、《自动喷水灭火设计规范》（GB 50084），以及《建筑灭火器配置设计规范》（GB 50140）等。

4.4.1　建筑消防总平面防火设计

1. 建筑消防安全布局

建筑消防安全布局必须满足城市规划和消防安全的要求，如图4-62所示。建筑物的总平面布置应根据建筑物的使用性质、生产经营规模、建筑高度等因素合理进行；建筑物的平面布置应根据建筑物的使用性质、生产规模、火灾危险性以及所处的环境、风向、地形等因素合理规划，以期最大限度地减少或消除建筑物之间及与周边环境的相互影响和火灾危害。应合理划分功能区域，如石油化工企业，要根据情况划分储存区（包括露天储存区）、生产区、生产辅助设施区等。同一生产厂区内若存在火灾危险性不同的装置，应尽量将危险性相同或相近的装置集中布置，以便集中管理。易燃、易爆的工厂生产区、仓库、储存区内不得修建民用建筑；建筑选址时，要同时考虑本单位的消防安全和邻近的企业、居民的安全；易燃易爆气体和液体的各类装置，应设置在符合防火防爆要求的位置。另外，还要充分考虑到自然地形、地势及气候条件，如存放危险液体的仓库，宜布置在地势较低的地方；可能散发可燃气体的设施宜布置在人少、无火源的位置，且要处于全年最小频率风向的上风侧；城市总平面布局时，需要考虑场所的特点和火灾危险性，并结合周围地形、环境等按照功能进行集中布置。

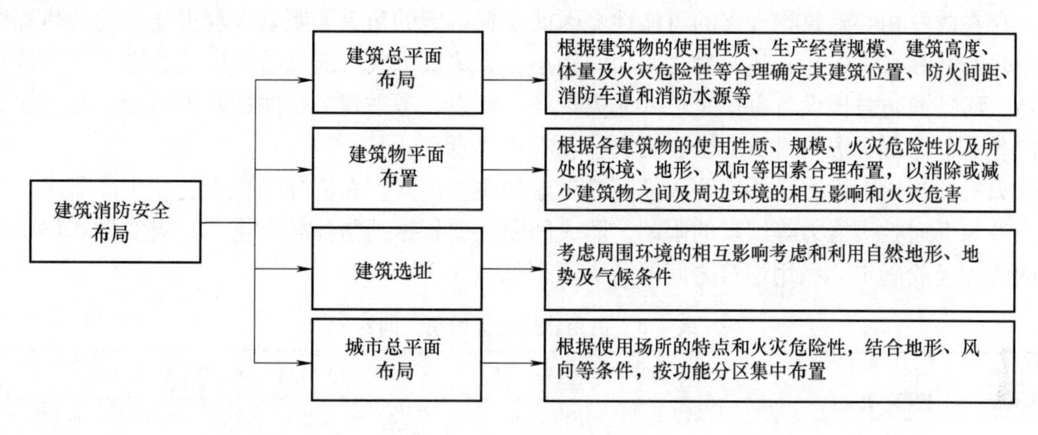

图 4-62 建筑消防安全布局

2. 建筑分类

建筑分类的依据主要有建筑自身高度、功能、火灾危险性和扑救难易程度等。为了在保证工程建设和提高投资效益的同时保障建筑消防安全，需从防火设计的耐火等级、安全疏散、防火分区、防火间距、灭火设施等方面对建筑进行分类。民用建筑可分为单、多层民用建筑和高层民用建筑，高层民用建筑按照建筑高度、使用功能和楼层的建筑面积可分为一类和二类，见表 4-2，对于特殊建筑，应根据本表类比确定。

表 4-2 民用建筑的分类

名称	高层民用建筑		单、多层民用建筑
	一类	二类	
住宅建筑	建筑高度大于 54m 的住宅建筑（包括设置商业网点的住宅建筑）	建筑高度大于 27m 但不大于 54m 的住宅建筑（包括设置商业网点的住宅建筑）	建筑高度不大于 27m 的住宅建筑（包括设置商业网点的住宅建筑）
公共建筑	1）建筑高度大于 50m 的公共建筑； 2）建筑高度 24m 以上部分任一楼层建筑面积大于 1000m² 的商店、展览、电信、邮政、财贸兼容建筑和其他多种功能组合的建筑； 3）医疗建筑、重要公共建筑； 4）省级及以上的广播电视和防灾指挥调度建筑、网局级和省级电力调度建筑； 5）藏书超过 100 万册的图书馆书库	除一类高层建筑外的其他高层公共建筑	1）建筑高度大于 24m 的单层公共建筑； 2）建筑高度不大于 24m 的其他公共建筑

3. 防火间距

防火间距是为了防止火灾通过相邻建筑蔓延而设置的间隔。建筑物间的防火间距的确定应考虑多种因素，例如，热辐射强度、消防扑救力量、外墙开口面积、可燃物的性质和数量、火灾延续时间、建筑物的长度和高度以及气候因素等。

火灾发生后，建筑物内部的火势在热对流和热辐射的共同作用下迅速扩大并向周边蔓延，存在诱发相邻建筑物火灾的可能性，因此设置一定的防火间距减少着火建筑物的热辐射作用是非常有必要的。若建筑物之间的间距小，火焰或烟气可能顺着开口位置进入另一栋建筑物，而且消防救援设备也很难进入火灾现场。所以，考虑建筑物间的防火间距，对防止火灾的蔓延、保证火灾中人员安全和火灾扑救有重要意义。

火灾的热辐射强度是确定防火间距应考虑的主要因素。在实际工程中受到生产需求、实地条件和灭火救援能力等因素的限制，防火间距主要根据消防扑救力量、火灾实例和消防灭火的实际经验确定。民用建筑之间的防火间距见表4-3。

表4-3　民用建筑之间的防火间距　（单位：m）

建筑类别		高层民用建筑	裙房和其他民用建筑		
		一、二级	一、二级	三级	四级
高层民用建筑	一、二级	13	9	11	14
裙房和其他民用建筑	一、二级	9	6	7	9
	三级	11	7	8	10
	四级	14	9	10	12

防火间距（图4-63）应按建筑物相邻最近外墙的距离计算，有凸出外墙的应从其凸出部分算起；储罐或堆场，应从储罐外壁或堆垛外缘算起。建（构）筑物间的防火间距可根据实际情况适当减少。

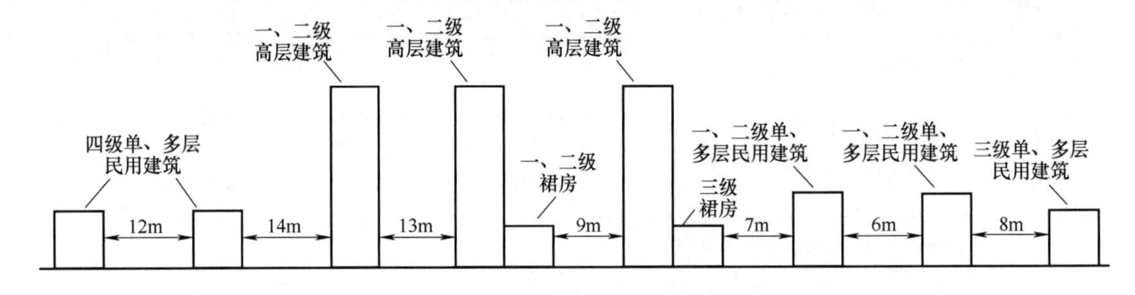

图4-63　民用建筑间的防火间距

4. 消防车道

消防车道（图4-64）是指火灾发生时供消防救援车通行及开展救援的道路。消防车道的畅通是进行灭火救援的前提，因此消防车道应合理设计，并确保畅通无阻。

现行的《建筑设计防火规范》对消防车道的设计有严格要求：消防车道的净宽度和净空高度均不应小于4.0m，转弯半径应满足要求；消防车道与建筑之间不应存在妨碍消防救援车操作的树或其他障碍物；靠建筑外墙的消防车道一侧与建筑外墙的距离不宜小于5m；

a) 消防车道

b) 消防救援场地

图 4-64 消防车道及消防扑救场地

消防车道的坡度不宜大于 8%。

为便于消防车在城市街区内顺利通行，要求道路中心线间的距离不宜大于 160m。当建筑物沿街道部分的长度大于 150m 或总长度大于 220m 时，应设置可以穿过建筑物的消防车道；如图 4-65 所示为应设置环形消防车道的建筑。当设置环形消防车道确有困难时，可沿建筑两个长边设置消防车道。对于住宅建筑、沿山坡地或河道边建造的高层建筑，可沿建筑的一个长边设置消防车道，且该长边所在建筑立面应为消防救援车登高操作面。除此之外，供消防救援车取水的天然水源和消防水池附近应设置消防车道。

应设置环形消防车道的建筑：
- 高层民用建筑
- 超过 3000 个座位的体育馆
- 超过 2000 个座位的会堂
- 占地面积大于 $3000m^2$ 的商店建筑、展览建筑等单、多层公共建筑
- 高层厂房
- 占地面积大于 $3000m^2$ 的甲、乙、丙类厂房
- 占地面积大于 $1500m^2$ 的乙、丙类仓库

图 4-65 应设置环形消防车道的建筑

同时，应与消防车道结合设置消防救援场地（图 4-64b），以满足救援时消防车辆等具有足够的操作场地，具体要求见现行《建筑设计防火规范》。

4.4.2 建筑主体的防火设计

1. 建筑平面防火布置

在进行建筑主体的防火设计时，要考虑建筑地理位置、地势、风向等因素外，还要考虑建筑耐火极限、使用性质。建筑物的内部防火设计应根据相关规范进行，合理布置建筑内部空间，从而达到防止火灾蔓延、减少人员伤亡和财产损失的目的。建筑平面布置原则包括以下几点：①建筑内部着火时，能限制火灾的蔓延，并为疏散人员和救援人员提供保护；②减少对相邻楼层的影响，便于救援，能有效抑制火灾的蔓延和爆炸。

在进行民用建筑的平面布置时应考虑建筑本身的性质、使用功能、耐火极限等相关因素。除作为附属库房作用的民用建筑外，其他民用建筑的内部不应设置生产、储存库房。经

营、储存和使用甲、乙类火灾危险性物品的商店、作坊和储藏间，严禁设置在民用建筑内。特殊建筑的平面防火布置应满足表4-4的要求。

表4-4　特殊建筑的平面防火布置

建筑类型	平面防火布置要求
医院、幼儿园、老年人活动中心等人员行动不便的场所	宜设置在独立建筑内，不应设置在地下或半地下
剧场、电影院、礼堂等人员密集的场所	宜设置在独立建筑内；采用三级耐火等级建筑时，不应超过2层；设置在一、二级耐火等级的多层建筑内时，观众厅宜布置在首层、二层或三层；设置在三级耐火等级的建筑内时，不应布置在三层及以上楼层；设置在地下或半地下时，宜设置在地下一层，不应设置在地下三层及以下楼层
歌舞厅、录像厅、网吧等歌舞、娱乐、放映、游艺场所	不应布置在地下二层及以下楼层；宜布置在一、二级耐火等级建筑内的首层、二层或三层的靠外墙部位；不宜布置在袋形走道的两侧或尽端；确需布置在地下一层时，地下一层的地面与室外出入口地坪的高差不应大于10m

2. 建筑物的耐火等级

建筑物的耐火等级是由耐火极限决定的。耐火极限是指按照火灾标准升温曲线对构件进行加热，构件失去稳定性、隔热性或完整性的时间。火灾标准升温曲线是人为总结的升温规律，试验炉内的温度按照标准升温曲线变化。民用建筑的耐火等级分为四个等级，不同耐火等级建筑相应构件的燃烧性能和耐火极限不应低于表4-5的规定。

表4-5　不同耐火等级建筑相应构件的燃烧性能和耐火极限　　（单位：h）

构件名称		耐火等级			
		一级	二级	三级	四级
墙	防火墙	不燃性3.00	不燃性3.00	不燃性3.00	不燃性3.00
	承重墙	不燃性3.00	不燃性2.50	不燃性2.00	难燃性0.50
	非承重墙	不燃性1.00	不燃性1.50	不燃性0.50	可燃性
	楼梯间、前室、电梯井的墙	不燃性2.00	不燃性2.00	不燃性1.50	难燃性0.50
	疏散走道两侧隔墙	不燃性1.00	不燃性1.50	不燃性0.50	难燃性0.25
	房间隔墙	不燃性0.75	不燃性0.50	难燃性0.50	难燃性0.25
柱		不燃性3.00	不燃性2.50	不燃性2.00	难燃性0.50
梁		不燃性2.00	不燃性1.50	不燃性1.00	难燃性0.50
楼板		不燃性1.50	不燃性1.00	不燃性0.50	可燃性
屋顶承重构件		不燃性1.50	不燃性1.00	不燃性0.50	可燃性
疏散楼梯		不燃性1.50	不燃性1.00	不燃性0.50	可燃性
吊顶		不燃性0.25	难燃性0.25	难燃性0.15	可燃性

民用建筑的耐火等级应根据建筑物的重要性、建筑高度、建筑物的使用性质和火灾危险性等确定，地下或半地下建筑（室）和一类高层建筑的耐火等级不应低于一级；单、多层

重要公共建筑和二类高层建筑的耐火等级不应低于二级。

建筑高度大于 100m 的民用建筑，楼板的耐火极限不应低于 2. 00h。对于二级耐火等级建筑，采用难燃性墙体进行分隔时，耐火极限不应低于 0. 75h。当房间的建筑面积不大于 $100m^2$ 时，房间隔墙可采用耐火极限不低于 0. 50h 的难燃性墙体或耐火极限不低于 0. 30h 的不燃性墙体。

3. 防火分区

防火分区是指采用一定耐火能力的防火分隔物划分出的能在一定时间内防止火灾向同一建筑的其余部分蔓延的防火单元。防火分区可以把火势控制在一定的范围内，减少火灾的损失，为人员的安全疏散提供有利条件。

防火分区的面积应根据相关的规范确定，并且考虑建筑物的耐火等级、使用功能、重要性、火灾危险性、建筑物高度、消防扑救能力、人员疏散能力、火灾蔓延速度等相关因素。防火分区不宜划分得过小，否则会影响建筑物的采光性和通透性；也不应划分得过大，否则难以起到防火的目的。

当建筑设有走廊、扶梯、楼梯等上、下联通的开口时，其防火分区面积应按上下联通的面积叠加计算，防火分区的总面积不得超过规范规定的数值，若超过规定的数值，应在开口部位采取防火分隔措施。不同耐火等级的民用建筑的允许高度或层数、防火分区最大允许建筑面积见表 4-6。

表 4-6　不同耐火等级的民用建筑的允许高度或层数、防火分区最大允许建筑面积

<table>
<tr><th>名　称</th><th>耐火等级</th><th>允许建筑高度或层数</th><th>防火分区的最大允许面积/m^2</th><th>备　注</th></tr>
<tr><td>高层民用建筑</td><td>一、二级</td><td>按《建筑设计防火规范》（GB 50016）确定</td><td>1500</td><td rowspan="2">低于体育馆、剧场的观众厅，防火分区的最大允许建筑面积可适当增加</td></tr>
<tr><td rowspan="3">单、多层民用建筑</td><td>一、二级</td><td>按《建筑设计防火规范》（GB 50016）确定</td><td>2500</td></tr>
<tr><td>三级</td><td>5</td><td>1200</td><td>—</td></tr>
<tr><td>四级</td><td>2</td><td>600</td><td>—</td></tr>
<tr><td>地下室或半地下室</td><td>一级</td><td>—</td><td>500</td><td>设备用房的防火分区最大允许建筑面积不应大于 $1000m^2$</td></tr>
</table>

当建筑内整体设置自动喷水灭火系统时，建筑防火分区的最大允许面积可根据表 4-6 规定的面积增加 1.0 倍计算；进行局部设置时，防火分区的增加面积可按局部面积的 1.0 倍计算。当高层建筑主体与裙楼设置防火墙时，裙房的防火分区最大允许面积可按单、多层建筑的要求确定。

防火分区分为水平防火分区和竖向防火分区两种。水平防火分区是指采用一定耐火能力的防火墙、防火门、防火卷帘、防火窗等防火分隔物将建筑物各层在水平方向上分隔为若干个防火分区，其作用是阻止火灾在建筑内部沿水平方向蔓延。当建筑内难以采用防火墙划分防火分区时，可采用防火卷帘加冷却水幕或闭式自动喷水灭火系统，或采用防火分隔水幕分隔。竖向防火分区是指用具有一定耐火能力的楼板、窗间墙（含窗下墙）等沿建筑高度方向划分防火分区，其作用是阻止火灾在建筑内部沿竖直方向蔓延。

对于高层建筑的水平防火分区，根据疏散路线可划为三个防火安全地带（疏散安全分区），即第一安全地带（走廊）、第二安全地带（楼梯间前室）和第三安全地带（疏散楼梯）。各安全地带之间用防火墙、防火门、防火卷帘等防火分隔物隔开（图4-66）。

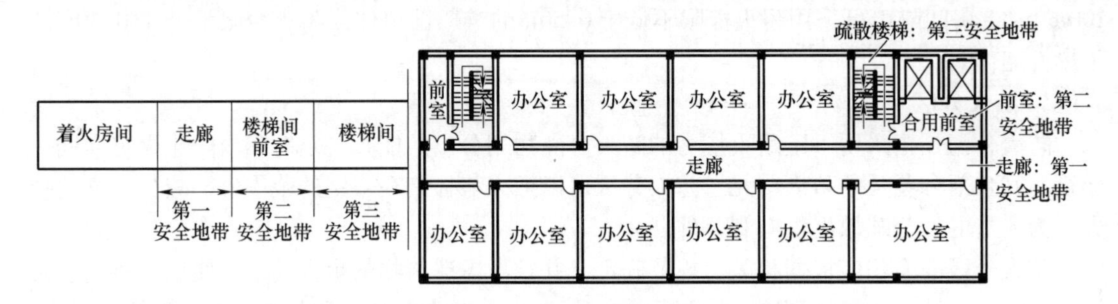

图4-66　高层建筑防火安全地带的划分

特殊部位和重要房间的防火分区应按照现行的《建筑设计防火规范》进行划分。一、二级耐火等级建筑内的营业厅、展览厅，当设置自动灭火系统和火灾自动报警系统并采用不燃或难燃装修材料时，每个防火分区应符合以下规定：高层建筑内面积不大于4000m^2；单层建筑或仅设置在多层建筑的首层时面积不大于10000m^2；地下或半地下的面积不大于2000m^2；总建筑面积大于20000m^{2}的地下或半地下商店，需采用无门、窗、洞口的防火墙和耐火极限不低于2.00h的隔墙分隔为多个建筑面积不大于20000m^{2}的区域；对于需要局部相通的相邻区域，应布置下沉式广场等室外开敞空间、防烟楼梯间、避难走道、防火隔间等进行连通。

4. 防烟分区

防烟分区是在建筑内部采用隔墙、防火墙、防火卷帘等挡烟设施分隔，能在一定时间内防止火灾烟气向同一防火分区的其余部分蔓延的局部空间。防烟分区的作用是保证一定时间内，防止火灾产生的高温及有毒烟气蔓延扩散，达到有利人员安全疏散、控制火势蔓延和减小火灾损失的效果。防烟分区不能起到防火分区的作用，仅能控制火灾产生的烟气流动。公共建筑、工业建筑防烟分区的最大允许面积与空间净高相关。且防烟分区不应跨越防火分区。防烟分区的分隔物也可以是挡烟垂壁。挡烟垂壁其实是顶棚下突出约500mm的非燃材料，当建筑横梁的向下凸出高度超过500mm时，也可作为防烟分区的分隔设施。图4-67所示为活动型挡烟垂壁和固定型挡烟垂壁。

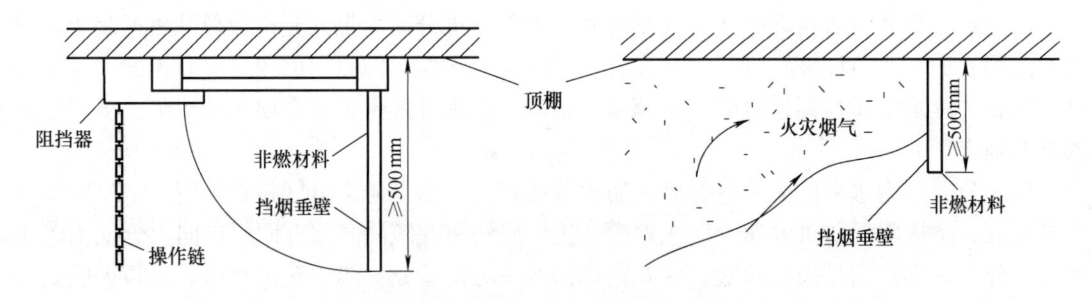

图4-67　活动型挡烟垂壁（左）和固定型挡烟垂壁（右）

防烟分区根据建筑物的种类、功能等有三种划分方式：

1）按建筑空间用途划分，不同的建筑空间用途不同、火灾危险性也不相同。

2）按建筑面积划分，针对高层民用建筑，建筑内部防烟分区的面积不应超过500m^2。

3）按建筑楼层划分，现代高层建筑底层部分和高层部分的用途往往不同，此时应尽可能按楼层的不同用途沿垂直方向划分防烟分区。

4.4.3 建筑消防系统设计

1. 灭火系统设计

（1）消火栓系统　消火栓系统分为室外消火栓系统和室内消火栓系统。消火栓的选型应根据建（构）筑物的使用功能和规模、使用者、火灾危险性、火灾类型，以及消火栓的灭火功能等因素综合确定。冬季结冰地区城市隧道及其他建（构）筑物的消火栓系统，应采取防冻措施，并宜采用干式室内消火栓系统和干式室外消火栓。常见消火栓如图4-68所示。

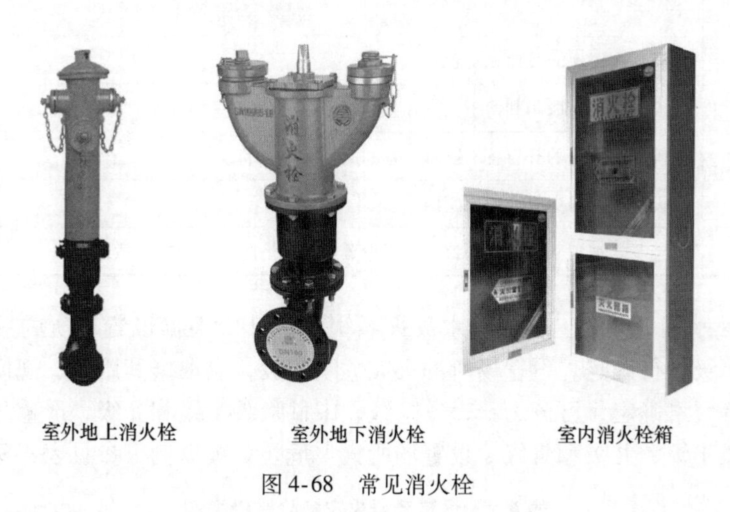

图4-68　常见消火栓

1）室外消火栓系统。室外消火栓的布置应根据室外消火栓的设计流量和保护半径经计算确定。室外消火栓的保护半径不应大于150m，每个消火栓的用水量按10～15L/s计算。室外消火栓宜沿建筑均匀布置，不宜集中布置在建筑一侧；布置在建筑一侧的消火栓数量不宜少于2个。特殊场所的室外消火栓设置要求见表4-7。

表4-7　特殊场所的室外消火栓设置要求

建筑类型	设置要求
人防工程、地下工程等建筑	距离出入口不宜小于5m，并不宜大于40m
停车场	应沿停车场周边布置，与最近一排汽车的距离不宜小于7m，距加油站或油库不宜小于15m
甲、乙、丙类液体储罐区和液化烃罐罐区等构筑物	应设在防火堤或防护墙外，数量根据罐的设计流量确定，距罐壁15m范围内的消火栓不作为该罐可使用的消火栓
工艺装置区等采用高压或临时高压消防给水系统的场所	周围应设置室外消火栓，数量应根据设计流量计算确定，且间距不应大于60m；当工艺装置区宽度大于120m时，宜在该装置区内的路边设置室外消火栓

2）室内消火栓系统。室内消火栓的选型应根据建筑的使用性质和规模、火灾危险性、

使用者、火灾类型等确定。室内消火栓安装高度宜设计为1.1m；消火栓的出水方向宜与墙面成90°角或向下。消火栓的布置应满足建筑同一平面内任一部位都有两支消防水枪的两股充实水柱覆盖；建筑高度小于或等于24.0m且体积小于或等于5000m³的多层仓库、建筑高度小于或等于54m且每单元设置一部疏散楼梯的住宅，满足室内任何部位有一支水枪的一股充实水柱到达即可。

室内消火栓宜按直线布置，并应符合以下规定：消火栓按两支消防水枪的两股充实水柱覆盖建筑任一部位布置时，其布置间距不应大于30m；消火栓按一支消防水枪的一股充实水柱覆盖建筑任一部位布置时，其布置间距不应大于50m。

建筑室内消火栓的设置位置应满足火灾扑救的要求，室内消火栓应设置在楼梯间及休息平台和前室、走道等易于取用以及便于火灾扑救的位置，并应符合表4-8的规定。

表4-8　室内消火栓布置要求

建筑类型	布置要求
住宅	设置在楼梯间及休息平台
大空间场所	设置在易于取用和便于火灾扑救的位置在疏散门外附近等
汽车库	确保消火栓的开启且不影响汽车的通行和车位的设置
冷库	设置在常温穿堂或楼梯间内
大空间场所	经与当地消防监督机构核准，可设置在便于消防员使用的合适地点

（2）自动喷水灭火系统　自动喷水灭火系统的设计应根据设置场所的用途、规模、环境、火灾危险等级进行确定。设置场所的火灾危险等级，应根据其用途、规模、火灾载荷及室内空间条件等因素确定，可分为：轻危险级、中危险级Ⅰ级和Ⅱ级、严重危险级Ⅰ级和Ⅱ级、仓库危险级Ⅰ级、Ⅱ级和Ⅲ级。设置场所火灾危险等级举例可参见表4-9。

表4-9　设置场所火灾危险等级举例

火灾危险等级		设置场所举例
轻危险级		建筑高度为24m及以下的旅馆、办公楼；仅在走道设置闭式系统的建筑等
中危险级	Ⅰ级	1）高层民用建筑：酒店、综合楼、办公楼、邮政楼、金融电信楼、广播电视楼等 2）公共建筑（含单多层及高层）：医院，图书馆（书库除外）、展览馆（厅）、档案馆，影剧院、音乐厅和礼堂及其他娱乐场所，火车站和飞机场及码头等建筑，总建筑面积小于5000m² 的商场、总建筑面积小于1000m² 地下商场等 3）文化遗产建筑：国家文物保护单位、木结构古建筑等 4）工业建筑：食品、家用电器、玻璃制品等工厂的备料与生产车间等，冷藏库、钢屋架等建筑
	Ⅱ级	1）民用建筑：书库、舞台（葡萄架除外）、停车场、总建筑面积大于5000m² 的商场、总建筑面积大于1000m² 的地下商场、净空高度不大于8m、物品高度不大于3.5m的自选商场等 2）工业建筑：织物及制品、棉毛麻丝及化纤的纺织、木材木器及胶合板、烟草及制品、谷物加工、皮革及制品、造纸及纸制品、饮用酒（啤酒除外）、制药等工厂的备料与生产车间

（续）

火灾危险等级		设置场所举例
严重危险级	Ⅰ级	印刷厂、酒精制品、可燃液体制品等工厂的备料与车间、净空高度不超过8m、物品高度超过3.5m的自选商场等
	Ⅱ级	易燃液体喷雾操作区域、固体易燃物品、可燃的气溶胶制品、溶剂清洗、喷涂油漆、沥青制品等工厂的备料及生产车间、摄影棚、舞台葡萄架下部
仓库危险级	Ⅰ级	烟酒、食品，木箱、纸箱包装的不燃难燃物品等
	Ⅱ级	木材、纸、皮革、谷物及制品、棉毛麻丝化纤及制品、家用电器、电缆、B组塑料与橡胶及其制品、钢塑混合材料制品、各种塑料瓶盒包装的不燃物品及各类物品混杂储存的仓库等
	Ⅲ级	A组塑料与橡胶及其制品，沥青制品等

在人员密集、疏散困难、不易灭火救援或火灾危险性较大的场所需设置自动喷水灭火系统。系统的选型需考虑场所的环境温度、使用要求等因素，湿式自动喷水灭火系统应用于常年环境温度不低于4℃且不高于70℃的场所；干式自动喷水灭火系统应用于环境温度低于4℃或高于70℃的场所；不允许出现管道漏水和系统误喷的场所可用预作用自动喷水灭火系统。灭火后能及时停止喷水的场所可用重复启闭预作用自动喷水灭火系统；火灾在水平方向蔓延速度较快、喷头无法及时开放、喷水范围不能完全覆盖着火区域、严重危险级Ⅱ级和房间净空高度大于闭式系统最大可用房间高度且必须快速扑灭初期火灾的场所可用雨淋系统。

民用建筑和工业厂房的系统设计基本参数应符合表4-10的规定。

表4-10 民用建筑和工业厂房的系统设计基本参数

火灾危险等级		净空高度/m	喷水强度/（$L/min\cdot m^2$）	作用面积/m^2
轻危险级		≤8	4	160
中危险级	Ⅰ级		6	
	Ⅱ级		8	
严重危险级	Ⅰ级		12	260
	Ⅱ级		16	

注：系统最不利点处喷头的工作压力不应低于0.05MPa。

自动喷水灭火系统的喷头应布置在顶板或吊顶，有利于接触到火灾热气流及时反应。装设网格、栅板类通透性吊顶的场所，系统的喷水强度应按规范要求的1.3倍确定。直立型、下垂型喷头的布置，包括同一根配水支管上喷头的间距及相邻配水支管的间距，应根据系统的喷水强度、喷头的流量系数和工作压力确定，并不应大于表4-11的要求，且不宜小于2.4m。

（3）气体灭火系统　防护区内的设计用量或惰化设计用量，应根据相应区域内的可燃物相应的灭火设计浓度或惰化设计浓度来确定气体灭火系统保护的防护区中的灭火剂设计用量或惰化设计用量；惰化设计浓度是针对有爆炸危险的气体、液体类火灾的防护区；灭火设计浓度是针对无爆炸危险的气体、液体类火灾和固体类火灾的防护区；当多种可燃物共存或混合时，按其中最大的灭火设计浓度或惰化设计浓度来确定场所的设计浓度。

表 4-11　同一根配水支管上喷头的间距及相邻配水支管的间距

喷水强度/[L/(min·m²)]	正方形布置的边长/m	矩形或平行四边形布置的长边边长/m	一只喷头的最大保护面积/m²	喷头与端墙的最大距离/m
4	4.4	4.5	20.0	2.2
6	3.6	4.0	12.5	1.8
8	3.4	3.6	11.5	1.7
≥12	3.0	3.6	9.0	1.5

注：1. 仅在走道设置单排喷头的闭式系统，喷头间距应按走道地面不留漏喷空白点确定。
2. 喷水强度大于 8L/(min·m²)，宜采用流量系数 $K>80$ 的喷头。
3. 货架内置喷头的间距均不应小于 2m，并不应大于 3m。

气体灭火系统喷头的最大保护高度不宜大于 6.5m，最小保护高度不应小于 0.3 m；当喷头安装高度小于 1.5m 时，保护半径不宜大于 4.5m，当喷头安装高度不小于 1.5m 时，保护半径不应大于 7.5m。气体灭火系统的喷头宜贴近防护区顶部安装，距顶面的距离不宜大于 0.5m。采用热气溶胶预制灭火系统的防护区，喷头的安装高度不宜大于 6.0m，喷口宜高于防护区地面 2.0m。

气体灭火系统按结构特点分为管网气体灭火系统和预制灭火系统。管网气体灭火系统的启动方式应设置三种：自动控制启动、手动控制启动和机械应急启动。预制灭火系统的启动方式应设置两种：自动控制启动和手动控制启动。采用自动控制启动方式时，应有不大于 30s 的可控延迟喷射，以保证人员安全撤离；平时无人工作的防护区，可无延迟喷射。灭火设计浓度或实际使用浓度大于无毒性反应浓度的防护区、采用热气溶胶预制灭火系统的防护区，应设手动启动与自动控制的转换装置。人员离开时，系统自动转换为自动控制；有人员存在时，系统可转换为手动控制。另外，在防护区外还应设置手动控制、自动控制状态的显示装置。手动控制装置与手动控制、自动控制转换装置宜设置在防护区出口处易于操作的位置。应急操作装置应该设在储气瓶间内或防护区出口外易操作的区域。自动控制装置需要同时有两个独立的火灾信号才能启动。经常有人的防护区应布置保证人员在 30s 内疏散完成的通道和出口。防护区的疏散门应向疏散方向开启，并能自行关闭；设有气体灭火系统的场所，宜配置空气呼吸器。

2. 防排烟系统设计

防排烟系统的设计应依据相关的标准和规范。一类高层建筑和二类高层建筑中长度超过 20m 的内走道、面积超过 100m² 且经常有人停留或可燃物较多的房间、中庭和经常有人停留或可燃物较多的地下室应设排烟设施。

可采用自然排烟的开窗面积应符合表 4-12 的规定。

表 4-12　自然排烟的开窗面积应符合的条件

建筑内场所	布置要求
防烟楼梯间前室、消防电梯间前室	可开启外窗面积不应小于 2.00m²，合用前室不应小于 3.00m²
靠外墙的防烟楼梯间	每五层内可开启外窗总面积之和不应小于 2.00m²

（续）

建筑内场所	布 置 要 求
长度不超过 60m 的内走道	可开启外窗面积不应小于走道面积的 2%
需要排烟的房间	可开启外窗面积不应小于该房间面积的 2%
净空高度小于 12m 的中庭	可开启的天窗或高侧窗的面积不应小于该中庭地面积的 5%

需采用机械排烟系统的场所：①一类高层建筑和建筑高度超过 32m 的二类高层建筑中无法自然通风且长度超过 20m 的内走道；②能够自然通风但长度超过 60m 的内走道、建筑面积超过 $100m^2$ 且经常有人停留或可燃物较多的没有可开启外窗的房间或设固定窗的房间；③不具备自然排烟条件或净空高度超过 12m 的中庭等。排烟系统的设计风量不应小于该系统计算风量的 1.2 倍。防烟分区排烟量计算应满足表 4-13 的要求，具体要求参考《建筑防烟排烟系统技术标准》（GB51251—2017）。

表 4-13　防烟分区排烟量计算

建筑条件和部位		防烟分区计算排烟量
建筑空间净高小于或等于 6m		排烟量按不小于 $60m^3/(h \cdot m^2)$ 计算，且取值不小于 $15000m^3/h$，或设置有效面积不小于该房间建筑面积 2% 的自然排烟窗（口）
建筑空间净高大于 6m		每个防烟分区排烟量应根据场所内热释放速率计算确定，且不应小于建筑防烟排烟系统技术标准 GB51251—2017 表 4.6.3 的规定
一个排烟系统担负相同净高多个防烟分区排烟	建筑空间高度大于 6m	按排烟量最大的防烟分区的排烟量计算
	建筑空间高度小于 6m	按同一防火分区中任意两个相邻防烟分区的排烟量之和的最大值计算
中庭	周围场所设有排烟系统	按周围场所防烟分区中最大排烟量的 2 倍数值计算，且不应小于 $107000m^3/h$
	周围场所不需设置排烟系统	最小排烟量不应小于 $40000m^3/h$

不具备自然排烟条件的防烟楼梯间、消防电梯间前室或合用前室、采用自然排烟措施的防烟楼梯间、封闭避难层（间）等应设置独立的机械加压送风系统。

进行防排烟系统设计时，应先对建筑进行防火分区和防烟分区的划分，然后确定相应的防排烟方式，再计算各个防烟分区的排烟量、送风量，进而确定防排烟管道，布置排烟口等。防排烟系统设计步骤如图 4-69 所示。

3. 火灾自动报警及联动系统设计

（1）火灾自动报警系统设计　火灾自动报警系统设计应根据现行的《火灾自动报警系统设计规范》等相关规范及标准进行。在人员密集或是火灾造成严重后果的场所应设置火灾自动报警系统。火灾探测器的选型应综合考虑多种因素，如可燃物的燃烧性质、保护场所的位置、探测需求以及火灾探测器的特性等。当同一探测区域需设置多种火灾探测器时，可选择具有复合判断功能的火灾探测器或火灾报警控制器。

对于火灾的阴燃阶段，火灾过程中能产生大量的烟和少量的热，没有火焰辐射或很少的场所，选择感烟火灾探测器；对于火灾发展迅速，产生大量热、烟和火焰辐射的场所，选择感烟火灾探测器、感温火灾探测器、火焰探测器或其组合；对于火灾发展迅速，有强烈的火焰辐射和烟、热很少的场所，应选择火焰探测器；对于生产、使用可燃气体或可燃蒸气的场所，应选择可燃气体探测器；对于火灾初期有阴燃阶段且需要早期探测的场所，应增设一氧化碳火灾探测器。

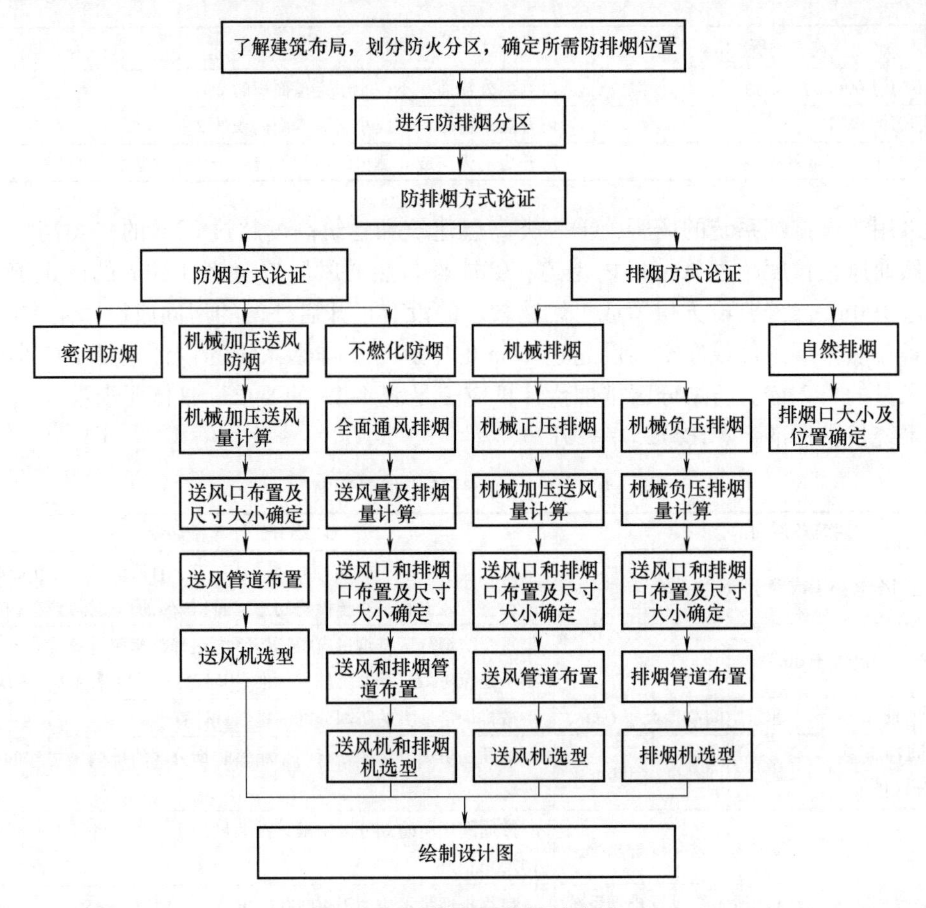

图 4-69　防排烟系统设计步骤

探测器的布置数量应根据计算确定。感烟火灾探测器和 A1、A2、B 型感温火灾探测器的保护面积和保护半径，应按表 4-14 确定；C、D、E、F、G 型感温火灾探测器的保护面积和保护半径，应按照生产企业设计说明书确定，但不应超过表 4-14 的规定。

表 4-14　感烟火灾探测器和 A1、A2、B 型感温火灾探测器的保护面积和保护半径

火灾探测器的种类	地面面积 S/m^2	房间高度 h/m	一只探测器的保护面积 A 和保护半径 R					
			屋顶坡度 θ					
			$\theta \leqslant 15°$		$15° < \theta \leqslant 30°$		$\theta > 30°$	
			A/m^2	R/m	A/m^2	R/m	A/m^2	R/m
感烟火灾探测器	$S \leqslant 80$	$h \leqslant 12$	80	6.7	80	7.2	80	8.0
	$S > 80$	$6 < h \leqslant 12$	80	6.7	100	8.0	120	9.9
		$h \leqslant 6$	60	5.8	80	7.2	100	9.0
感温火灾探测器	$S \leqslant 30$	$h \leqslant 8$	30	4.4	30	4.9	30	5.5
	$S > 30$	$h \leqslant 8$	20	3.6	30	4.9	40	6.3

感温火灾探测器、感烟火灾探测器的安装间距，应根据探测器的保护半径 R 和保护面

积 A 确定。每个探测区域内所需设置的探测器数量不应小于下式的计算值：

$$N=\frac{S}{KA} \tag{4-1}$$

式中 N——探测器数量（只），N 应取整数；

S——该探测区域面积（m^2）；

K——修正系数，容纳人数超过 10000 人的公共场所宜取 0.7 ~ 0.8；容纳人数为 2000 ~ 10000 人的公共场所宜取 0.8 ~ 0.9，容纳人数为 500 ~ 2000 人的公共场所宜取 0.9 ~ 1.0，其他场所可取 1.0；

A——探测器的保护面积（m^2）。

火灾探测器应根据梁的情况具体布置，当梁突出顶部的高度小于 200mm 时，可不考虑梁对探测器的影响；当梁突出顶部的高度超过 600mm 时，每个梁间区域布置的火灾探测器数应根据计算确定且至少设置一只；当梁间净距小于 1m 时，可不考虑梁对探测器的影响。在宽度小于 3m 的内走道应居中布置点型探测器。感温火灾探测器的安装间距不应大于 10m；感烟火灾探测器的安装间距不应大于 15m；探测器至墙面的距离，不应大于探测器安装间距的 1/2。火灾自动报警系统应设置交流电源和蓄电池备用电源。

（2）消防联动控制设计 消防联动控制器向各个受控设备发出联动控制信号，同时接收各个设备的联动反馈信号，其过程是按照设定的控制逻辑进行的。消防联动控制器应采用直流 24V 的电压控制输出，电源容量应满足受控消防设备同时启动且维持工作的控制容量要求。消防水泵、防排烟风机的控制设备，除应采用联动控制方式外，还应在消防控制室设置手动直接启停按钮。需要火灾自动报警系统与联动控制的消防设备，其触发信号应采用两个独立的触发报警装置发出的报警信号的“与”逻辑。

4. 消防电源及配电设计

消防用电设备应采用专用的供电回路，当建筑内的生产、生活用电被切断时，仍能保证消防用电；备用消防电源的供电时间和容量，需根据建筑火灾延续时间内各消防用电设备的用电量设计。消防用电设备的用电分为三级。一级负荷由两个电源供电，适用于火灾危险性较大的场所；二级负荷由两回路供电和一回路 6kV 以上专线架空线或电缆供电，适用于火灾危险性一般的场所；三级负荷采用专用的单回路电源供电，适用于火灾危险性较小的场所。

消防控制室、防排烟风机房、消防水泵房的消防用电设备及消防电梯等重要消防用电设备的供电，应在其配电线路的最末端配电箱处设置自动切换装置。按一、二级负荷供电的消防设备，配电箱应独立设置；按三级负荷供电的消防设备，配电箱宜独立设置。消防配电设备应设置明显标志。

消防配电干线宜按防火分区划分，消防配电支线不宜穿越防火分区，并应满足火灾时连续供电的需要，消防配电线路敷设要求应符合以下规定。

1）明敷时（包括敷设在吊顶内）应穿金属导管或采用封闭式金属槽盒保护，金属导管或封闭式金属槽盒应采取防火保护措施；当采用阻燃或耐火电缆并敷设在电缆井、沟内时，可不穿金属导管或采用封闭式金属槽盒保护；当采用矿物绝缘类不燃性电缆时，可直接明敷。

2）暗敷时，应穿管并应敷设在不燃性结构内且保护层厚度不应小于 30mm。

3）消防配电线路宜与其他配电线路分开敷设在不同的电缆井、沟内；确有困难需敷设在同一电缆井、沟内时，应分别布置在电缆井、沟的两侧，且消防配电线路应采用矿物绝缘类不燃性电缆。

5. 建筑灭火器配置

灭火器配置场所的火灾种类应根据场所内的可燃物质种类及其燃烧特性进行划分，主要可分为六类：A类火灾、B类火灾、C类火灾、D类火灾、E类火灾、F类火灾。

在进行灭火器配置时应首先确定场所的危险级。工业建筑灭火器配置场所的危险等级，按照其生产、使用、储存物品的可燃物数量、火灾危险性、火灾蔓延速度、扑救难易程度等划分为三级，见表4-15。

表4-15　工业场所各个危险等级的火灾特点

危险等级	场所火灾特点
严重危险级	火灾危险性大、可燃物多，起火后蔓延迅速、扑救困难，容易造成重大财产损失
中危险级	火灾危险性较大、可燃物较多，起火后蔓延较迅速、扑救较难
轻危险级	火灾危险性较小、可燃物较少，起火后蔓延较缓慢、扑救较易

民用建筑灭火器配置场所的危险等级，根据使用性质、可燃物数量、人员密集程度、用电用火情况、火灾蔓延速度、扑救难易程度等因素划分为三级，见表4-16。

表4-16　民用建筑各个危险等级的火灾特点

危险等级	场所火灾特点
严重危险级	使用性质重要，人员密集、用电用火多、可燃物多，起火后蔓延迅速、扑救困难，容易造成重大财产损失或人员群死群伤
中危险级	使用性质较重要，人员较密集、用电用火较多、可燃物较多，起火后蔓延较迅速、扑救较难
轻危险级	使用性质一般，人员不密集、用电用火较少、可燃物较少，起火后蔓延较缓慢、扑救较易

灭火器的选型根据场所的火灾种类和危险等级，灭火器的灭火效能、通用性和对保护物品的污损程度以及环境温度，使用灭火器人员的体能等因素确定。不同场所的灭火器类型不同，A类火灾场所应选择水型灭火器、泡沫灭火器、磷酸铵盐干粉灭火器；B类火灾场所应选择泡沫灭火器、干粉灭火器和二氧化碳灭火器；C类火灾场所应选择磷酸铵盐干粉灭火器、碳酸氢钠干粉灭火器、二氧化碳灭火器；D类火灾场所应选择扑灭金属火灾的专用灭火器；E类火灾场所应选择干粉灭火器、二氧化碳灭火器；A类、B类、C类火灾和带电火灾均可选择磷酸铵盐干粉灭火器和卤代烷型灭火器。

A类火灾场所的灭火器最大保护距离应符合表4-17的规定。

表4-17　A类火灾场所的灭火器最大保护距离　（单位：m）

灭火器型式 危险等级	手提式灭火器	推车式灭火器
严重危险级	15	30
中危险级	20	40
轻危险级	25	50

B 类、C 类火灾场所的灭火器最大保护距离应符合表 4-18 的规定。

表 4-18 B 类、C 类火灾场所的灭火器最大保护距离 （单位：m）

危险等级 \ 灭火器型式	手提式灭火器	推车式灭火器
严重危险级	9	18
中危险级	12	24
轻危险级	15	30

D 类火灾场所的灭火器，最大保护距离应根据具体情况研究确定；E 类火灾场所的灭火器最大保护距离不应低于该场所内 A 类或 B 类火灾的规定。

每个计算单元内灭火器的配置数量不少于 2 具。每个设置点配置的灭火器数量不多于 5 具。当住宅楼每层的公共部位建筑面积超过 $100m^2$ 时，应配置 1 具 1A 的手提式灭火器；建筑面积每增加 $100m^2$ 时，应增配 1 具 1A 的手提式灭火器。

不同火灾场所的灭火器的最低配置基准不同，A 类火灾场所灭火器的最低配置基准应符合表 4-19 的规定；B 类、C 类火灾场所灭火器的最低配置基准应符合表 4-20 的规定；D 类火灾场所的最低配置基准应根据金属种类、物态及特性等进行确定；E 类火灾场所的配置不应低于该场所内 A 类或 B 类火灾的规定。

表 4-19 A 类火灾场所灭火器的最低配置基准

危 险 等 级	严重危险级	中 危 险 级	轻 危 险 级
单具灭火器最小配置灭火级别	3A	2A	1A
单位灭火级别最大保护面积/(m^2/A)	50	75	100

表 4-20 B 类、C 类火灾场所灭火器的最低配置基准

危 险 等 级	严重危险级	中 危 险 级	轻 危 险 级
单具灭火器最小配置灭火级别	89B	55B	21B
单位灭火级别最大保护面积/(m^2/A)	0.5	1.0	1.5

4.4.4 建筑安全疏散设计

进行建筑的安全疏散设计需首先明确所需疏散时间与可用疏散时间。人员能够疏散到安全场所的时间称为所需疏散时间（Required Safety Egress Time，RSET），对于高层建筑来说，是指人员从疏散房间到达封闭楼梯间、防烟楼梯间、避难层的时间。火灾从发生到对人构成危险的时间称为可用疏散时间（Available Safety Egress Time，ASET）。

如图 4-70 所示，确保人员安全疏散的基本条件是：ASET > RSET。

民用建筑应按照建筑的使用功能、耐火等级、规模、高度、火灾危险性等因素合理设置安全疏散和避难设施。安全出口和疏散门的位置、数量、宽度及疏散楼梯间的类型需满足建筑内人员安全疏散的要求。建筑内的安全出口和疏散门分散均匀布置，建筑内每个防火分区相邻两个安全出口之间、一个防火分区的每个楼层相邻两个安全出口之间、每个住宅单元每层相邻两个安全出口之间，以及每个房间相邻两个疏散门的水平距离不小于 5m。建筑内部

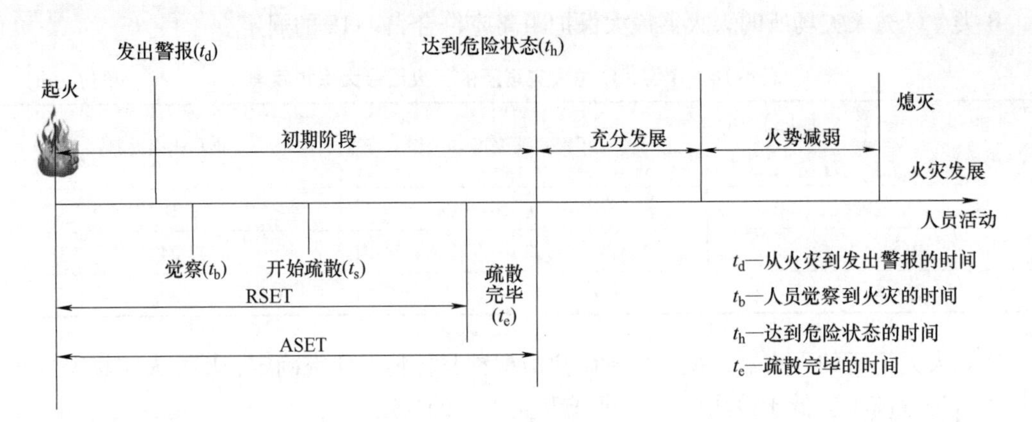

图 4-70 人员安全疏散时间图

的楼梯间宜上下连通、通至屋顶，自动扶梯和电梯不应计作安全疏散设施。

公共建筑直通疏散走道的房间疏散门至最近安全出口的直线距离不应大于表4-21中的规定。

表 4-21 直通疏散走道的房间疏散门至最近安全出口的直线距离 （单位：m）

名称			位于两个安全出口之间的疏散门			位于袋形走道两侧或尽端的疏散门		
			一、二级	三级	四级	一、二级	三级	四级
托儿所、幼儿园、老年人建筑			25	20	15	20	15	10
歌舞、娱乐、放映、游艺场所			25	20	15	9	—	—
医疗建筑	单、多层		35	30	25	20	15	10
	高层	病房部分	24	—	—	12	—	—
		其他部分	30	—	—	15	—	—
教学建筑	单、多层		35	30	25	22	20	10
	高层		30	—	—	15	—	—
高层旅馆、公寓、展览建筑			30	—	—	15	—	—
其他建筑	单、多层		40	35	25	22	20	15
	高层		40	—	—	20	—	—

建筑内开向敞开式外廊的房间疏散门至最近安全出口的直线距离可按上表的规定增加5m；直通疏散走道的房间位于两个楼梯间之间时，可按表4-22中的规定减少5m；直通疏散走道位于袋形走道两侧或尽端时，可按表4-22中的规定减少2m；建筑物内全部设置自动喷水灭火系统时，安全疏散距离可按表4-22中的规定增加25%。

住宅建筑直通疏散走道的户门至最近安全出口的直线距离不应大于表4-22中的规定。

表 4-22 住宅建筑直通疏散走道的户门至最近安全出口的直线距离 （单位：m）

住宅建筑类别	位于两个安全出口之间的户门			位于袋形走道两侧或尽端的户门		
	一、二级	三级	四级	一、二级	三级	四级
单、多层	40	35	25	22	20	15
高层	40	—	—	20	—	—

除规范另有规定外，公共建筑内的疏散走道和疏散楼梯的净宽度不应小于1.10m，疏散门和安全出口的净宽度不应小于0.90m。人员密集的公共场所、观众厅的疏散门的净宽度不应小于1.40m，人员密集的公共场所的室外疏散通道的净宽度不应小于3.00m，并应直接通向宽敞地带。住宅建筑的相关最小疏散净宽度应经计算确定，户门和安全出口的净宽度不应小于0.90m，疏散走道、疏散楼梯和首层疏散外门的净宽度不应小于1.10m。除体育馆、电影院、剧场、礼堂外的其他公共建筑，应根据疏散人数确定相关的最小疏散净宽度并不应低于表4-23中的规定。

表4-23 每层的房间疏散门、安全出口、疏散走道和疏散楼梯的每百人最小疏散净宽度 （单位：m/百人）

建筑层数		建筑的耐火等级		
		一、二级	三级	四级
地上楼层	1~2层	0.65	0.75	1.00
	3层	0.75	1.00	—
	≥4层	1.00	1.25	—
地下楼层	与地面出入口地面的高差≤10m	0.75	—	—
	与地面出入口地面的高差>10m	1.00	—	—

第5章 隧道及地下工程消防

隧道和地下建筑在日常生活中非常常见，一般在工程中将隧道及地下工程定义为在岩体或土层中修建的通道及各类型的地下建筑物，如图5-1～图5-4所示。隧道及地下工程的范围非常广阔，如用于交通运输的铁路、道路、运河隧道，工业和民用的用于采矿、防空、生产和储存的地下工程，军用的国防坑道、水力发电工程的地下发电厂房等。相较地面工程而言，地下工程通常由岩石或土层包覆，因此地下工程更多的是建筑内部空间，几乎没有外部空间。因受成本和技术的限制，隧道和地下工程的建筑尺寸较小，地下工程通往建筑外的通

图5-1　地铁隧道

图5-2　公路隧道

道相对较少，而且通道的相关尺寸如高度、宽度等也相对较小，这些客观条件造成隧道及地下工程火灾的特殊性。本章主要介绍隧道消防、地铁消防和人防工程消防。

图 5-3　管廊隧道

图 5-4　地下通道

5.1　隧道及地下工程消防概述

隧道及地下工程的空间具有相对封闭的特点，因此其对于内部灾害的防护能力相对较弱，一旦在内部发生火灾、爆炸等事故，造成的后果会非常严重。地下工程内部的门窗孔洞以及与外界相连的通道相对较少，火灾发生时，内部的热量难以散失，同时地下空间氧气不足，造成长时间的阴燃，产生更多的烟气。此外，使用人员如果对地下建筑的整体结构布局了解程度不高，对安全疏散通道不熟悉，发生火灾时就无法及时准确地选择逃生路线，会加剧火场的混乱程度，引发众人的心理恐慌，极易产生群死群伤的恶性事件。

目前对于地下工程防护工作的研究和应用还不够深入和成熟，火灾的防治还没有充分的理论研究和实践经验，消防规划和设计还存在着较多的问题。

5.2　隧道消防

5.2.1　隧道火灾的特点与危害

通常将发生在隧道内的以交通工具及其所载货物燃烧、爆炸为特征的火灾称为隧道火灾。对表 5-1 中列出的数起隧道火灾事故进行研究可以发现，由于隧道是一种狭长的半受限空间，因此火灾发生后，烟气不易排出，人员逃生与灭火救援困难，容易导致大量的人员伤亡和车辆毁坏，甚至引起隧道结构的损坏而造成局部隧道顶部坍塌等，同时火灾事故也可能对该路段的交通状况造成影响，甚至一些交通隧道在事故发生后较长一段时间内处于瘫痪状态。由于其危害性强，目前隧道火灾已受到世界范围的广泛关注。

表 5-1　1990 年来国内外重大隧道火灾事故

时　间	地　点	后　果	起火原因
1990.07	襄渝线梨子园隧道	4 人死亡，14 人受伤	油罐车爆炸
1991.07	京广线大瑶山隧道	12 人死亡，20 人受伤	烟头引燃

（续）

时　间	地　点	后　果	起火原因
1992.09	青藏线岳家村隧道	直接经济损失132万元	列车脱轨起火
1993.06	西延线蔺家川隧道	8人死亡，10人受伤	罐车漏油爆炸
1995.11	英法海底隧道	34人受伤	车厢起火
1998.07	贵州省镇远县二号隧道	死亡6人，重伤20人	货物列车爆炸起火
2000.11	奥地利山地隧道	155人死亡，18人受伤	电暖空调过热
2008.05	宝成铁路109号隧道	中断行车283h	地震引起油罐车起火
2011.06	瑞士辛普伦隧道	隧道顶棚严重受损	车厢起火
2014.03	山西晋城段岩后隧道	40人死亡、12人受伤	车辆起火
2015.12	北海道铁路隧道	80多趟列车停运	线路短路
2017.05	山东威海隧道	12人死亡，1人受伤	车辆起火

1. 隧道火灾的特点

1）可燃物种类多样性，燃烧形式复杂。

隧道火灾的影响因素很多，包括隧道类型、交通工具、车载货物类型、火灾时的交通状况等，这些都使得隧道火灾复杂多变。由目前关于隧道火灾事故的统计资料可知，A类固体火灾发生的频率较高，而B类液体火灾及混合物品火灾造成的隧道事故损害程度较高，后果更为严重。

隧道火灾的可燃物主要是交通工具及车载货物，而这两者的多样性使得隧道火灾的燃烧形式较为多元，可能同时存在气相、液相、固相可燃物燃烧的情况。对于气相可燃物，若隧道内的可燃蒸气预混浓度达到其爆炸极限，还会引起爆炸，增加事故的严重程度及损失。此外，隧道内通风条件不如外界通风条件好，而火灾一般属于通风控制燃烧类型，如果没有对隧道进行强制通风，对于较大的火灾，隧道内会发生长时间的不完全燃烧，故在燃烧产物中一氧化碳等有毒有害物质含量较高。

2）火源具有移动性，火灾易蔓延。

隧道内的交通工具通常处于移动的运行状态，当火灾起火点为隧道内的车辆时，其位置会随着车辆的运行而改变。此外，车辆起火时，车辆的驾乘人员可能因视线受到限制而无法及时发现火情，也就无法立即采取有效措施来控制火势，使得起火车辆在隧道中继续行驶，形成移动的火源，给周边的车辆带来严重威胁。一旦发现火灾，也不能就地停车。为了便于报警、及时处置、避免或减少对后来车辆的影响，着火的机动车也需要尽量行驶到紧急停车地带后才能停车；而火车列车发生火灾时应尽量维持一定的牵引动力，待列车驶出隧道，到达相对开阔的空间后，再停车实施灭火救援。

隧道发生火灾时，火灾产生的热量传递方式主要有热对流和热辐射两种。尽管隧道内车辆通常相隔了一定的距离，但当作用在相邻车辆或者车载可燃货物的热量达到某个临界值时，相邻车辆或货物就能被引燃，从而导致火灾蔓延。而如果起火车辆运输的是油罐或其他易燃物品，则有可能引发爆炸，产生的高温和高压将通过爆炸向外传播，导致隧道火灾以极其快速的跳跃模式蔓延。

3）火灾烟气不易排除，安全疏散困难。

隧道火灾内的烟气流动过程较为复杂，在火灾的不同阶段会表现为不同的流动形式。在火灾初期，由于受水平风压作用、热浮力效应及“活塞风效应”等因素的影响，隧道火灾所产生的烟气呈密闭、狭长空间烟气的流动特性，即出现烟气温度高、浓度大、毒性强、烟雾带长的情况，而后随着火灾逐步发展，烟气数量增加，且运动速度快而紊乱，呈现出沿隧道横断面沉降和弥散的流动特性。

由于隧道狭长且相对封闭，导致火灾发生时人员疏散到安全区域更加困难。隧道发生火灾后，烟气扩散、火焰蔓延在隧道内进行，而人员安全疏散和火灾救援也需要在隧道空间内进行，隧道火灾发生及传播的场所与人员安全疏散的通道之间若没有明显界限，火灾高温和有毒烟气将对安全疏散过程中的人员的人身安全构成了直接的威胁。另外，由于洞口少，隧道内的火灾烟雾不仅多而且很难向外排出，隧道内温度相对较高、能见度较低，而消防救援车辆与隧道内车辆及人员同时在有限的通道上，容易在烟火的影响下引发新的交通事故。因此需要特别重视，并根据隧道的实际情况进行疏散设计。

4）隧道空间狭长封闭，灭火救援困难。

受建筑成本和施工技术等因素的限制，一般情况下隧道结构都比较狭长，且路面相对较窄。火灾发生时，隧道狭小的空间没有可以用作缓冲和操作灭火救援的场地，进行现场作业的消防车辆及一些相对大型的消防装备可能很难顺畅地到达火灾现场并投入灭火救援中。另外，由于隧道被岩层、土层或水体包裹、覆盖，其内部可能出现信号弱，甚至没有信号的情况，造成通信不畅，也使内部救援人员和外部指挥人员之间沟通困难。隧道火灾还可能发生许多次生灾害，这些潜在危险也会严重威胁受困人员和救援人员的人身安全。

2. 隧道火灾的危害

隧道建筑的空间特性和交通工具及其运输方式等因素决定了隧道火灾和一般工业与民用建筑火灾在发生机制方面存在差异，其危害程度也不同。不同类型、不同结构的隧道、不同的车辆及不同的载货物种类等也会造成隧道火灾之间的差异。除了可能会造成人员伤亡和直接经济损失之外，隧道火灾可能会衍生出其特有的次生灾害，造成极大的间接经济损失，危害可能更为严重。隧道火灾危险性有以下几条。

（1）易造成群死群伤　当隧道内交通工具发生火灾时，如果没有及时发现并采取有效措施将其扑灭，火灾会随着车辆运行沿隧道纵向快速蔓延，造成火灾范围的迅速扩大，火灾产生的高温、烟气和有毒气体等会对隧道内的人员安全构成严重威胁，造成人员窒息、中毒、灼伤甚至死亡。可见隧道火灾的后果特别严重，通常会导致大量的人员伤亡。1995 年，阿塞拜疆巴库市地铁隧道在乌尔杜斯站站台 200 米处，因车厢电气故障而引发火灾，由于正处于交通高峰时段，地铁中载满了乘客，最终导致 269 人受伤、558 人死亡。

（2）易造成巨大财产损失　隧道内发生火灾除了会危及车辆以及车辆上的人员和货物外，还可能会损毁隧道结构，导致结构承载力下降或者完全丧失，以及对交通标志、照明、通风、供电、通信等隧道设施造成影响。隧道内发生火灾会导致隧道在短则数小时，长则数月甚至更长时间内无法通行，造成难以估量的损失。例如，2011 年，甘肃省兰临高速公路七道梁隧道内发生了油罐车爆炸事件，致 4 人死亡；隧道两边及顶部墙壁的混凝土被冲击成为大量的碎片，隧道内的照明等设施设备也被破坏。据统计，该事件所导致的经济损失十分巨大，经济损失金额超过 1 亿元。

(3) 易导致严重的次生灾害　除了直接伤害外，隧道火灾所造成的次生灾害也会造成严重的后果，这也是隧道火灾的特点之一。隧道火灾可能导致的次生灾害包括交通事故、人员中毒、爆炸等，这些次生灾害不仅会扩大火灾的影响范围，还会阻碍消防员的灭火救援、加重人群的恐慌情绪、延缓受困人员安全疏散、妨碍来往车辆通行等，使得疏散和救援更加困难。同时，由于次生灾害具有随机性和突发性的特点，使得隧道内的受困人员和救援人员难以有效预防。隧道火灾次生灾害也具有不可忽视的危害性。2014 年晋济高速岩后隧道因两辆装运甲醇的铰接列车发生追尾事故，导致大量的甲醇泄漏，而后引发火灾，并最终引燃了隧道内滞留的另外两辆危险化学品运输车和 31 辆煤炭运输车，使得火势大幅扩大，最终造成 40 人死亡、12 人受伤和 42 辆车被烧毁。

5.2.2 隧道类型与消防特点

1. 隧道类型

隧道可依据其长度、横断面形式、交通运营特点及施工方法等分类，详细的隧道分类参见表 5-2。

表 5-2 隧道分类表

隧道长度 L	隧道类型	特长隧道	长隧道	中长隧道	短隧道
	公路隧道	$L>3000\mathrm{m}$	$1000\mathrm{m}<L\leqslant3000\mathrm{m}$	$500\mathrm{m}<L\leqslant1000\mathrm{m}$	$L\leqslant500\mathrm{m}$
	铁路隧道	$L>10000\mathrm{m}$	$3000\mathrm{m}<L\leqslant10000\mathrm{m}$	$500\mathrm{m}<L\leqslant3000\mathrm{m}$	$L\leqslant500\mathrm{m}$
横断面形式	圆形、双圆形、连拱形、马蹄形、矩形、双层式等				
交通模式	单孔对向交通（安全隐患多，多为交通流量小的隧道）				
	双孔、多孔内各自均为同向交通，双孔间多设有横向连接通道				
	多孔中有一孔或数孔可按交通需求改变交通运行方向，以适应潮流式交通需求				
施工方法	盾构法、沉管法、明挖法、钻爆法等				

2. 隧道消防特点

相比一般工业或民用建筑，隧道建筑的空间特性、地理位置、交通工具及其运输方式等都不同。所以，隧道消防也与普通建筑消防存在一些差异。

(1) 初期灭火设备难以有效发挥作用　常见的用于隧道初期火灾的灭火设备有消火栓和手提式灭火器。若在隧道火灾的初期就能及时发现并正确使用这些灭火设备进行，那么就能够达到将火灾控制在初期的目的。但很多隧道火灾未能在火灾初期有效灭火以至引发严重后果，其原因是火灾初期进行灭火的人员通常是驾驶员或乘客，这些人往往没有接受过专业训练，对消防设备的操作不熟悉，再加上面对突发事件的紧张情绪，很难达到理想的效果，最后造成火势失去控制的局面。

(2) 隧道火灾规模难以准确设定　在隧道消防设计初期必须优先考虑火灾规模，必须根据火灾规模来确定相应的消防灭火措施，选择合适的灭火装置设置位置。但由于隧道内的火灾可燃物通常是交通工具以及车载货物，因此隧道火灾的规模一般很难确定。

(3) 消防力量配备不足　为保证消防救援的及时性，消防站的消防力量到达救援场所的时间不应超过 5min。但国内的特长隧道多，消防车从隧道一端行驶到隧道中央可能需要耗费 1.5～3min。这还不包括起火后报警人员发现火情的时间、消防站接到报警的时间以及赶往隧道洞口的时间。由此可见，从火情发生到准备灭火往往会超过5min，这造成火灾初期消防力量难以有效保证。

（4）通信设备的设计不足　常见用于隧道通信的设施包括报警电话、无线通信设施、应急广播等。但通常隧道内的驾驶人和乘客都是被动接收信息，一旦发生火灾，即使隧道内设置了报警电话，由于人们的生活习惯和心理作用，会条件反射式地先使用手机，而忽视隧道内的报警设施。

（5）烟囱效应的不利影响　具有坡度的隧道具有高程差，再加上火灾发生的温差，极易形成烟囱作用。由于隧道相对封闭，开口数量较少，热量和烟气难以及时有效地排到隧道外部，并且火灾发生后，人员安全疏散的组织受到限制，需打开横向通道，这时烟囱效应还可能影响相邻隧道。

5.2.3　隧道消防系统的组成及设计要求

隧道防火设计通常有主动防火设计和被动防火设计。主动防火设计主要从防止火灾发生和及时扑灭两个方面进行设计，主动防火设计主要包括内部空间布局设计、消防设备设计、通风系统设计、火灾探测报警设计、照明系统设计、疏散系统设计以及隧道运营时的管理和火灾发生时的应急预案等；被动防火设计主要采用防火保护措施来减少火灾的发生和保障隧道结构的安全性，主要有提高结构材料的耐火性能、喷涂防火涂料、安装防火板材等。《建筑设计防火规范》等相关标准对隧道的防火设计提出了具体要求。

1. 建筑结构耐火设计

建筑结构耐火设计主要从构件的燃烧性能、结构的耐火极限和结构的防火隔热措施三个方面来考虑，隧道建筑结构耐火设计如图5-5所示。

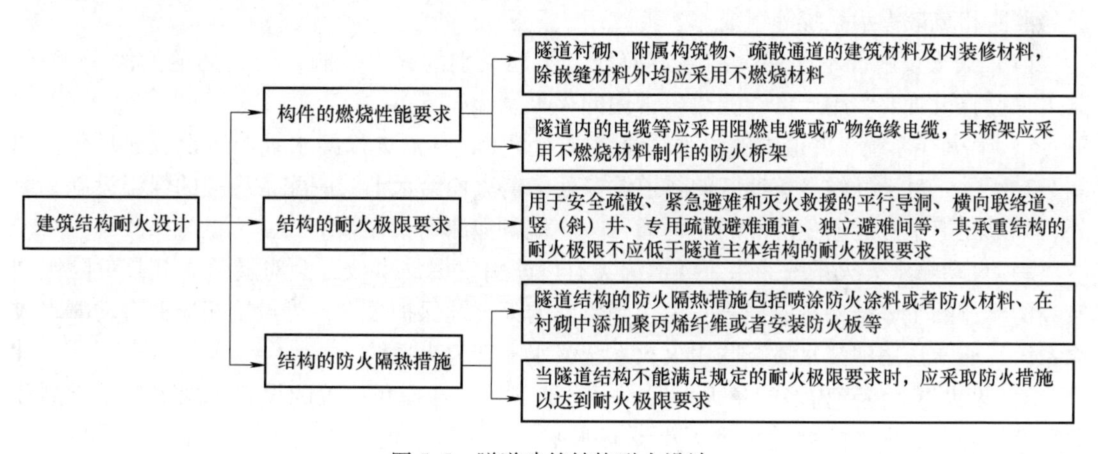

图5-5　隧道建筑结构耐火设计

2. 防火分隔

隧道为狭长建筑，其防火分区设计主要根据功能分区。多采用防火墙或耐火极限高于3.00h的耐火构件对其进行防火分区的划分，可确保火灾发生后不影响隧道附属构筑物（用房），确保隧道附属构筑物与隧道相互独立。

对附属构筑物（用房）进行防火分区时，多采用耐火极限高于2.00h的建筑构件，防火分区隔墙上应采用能自行关闭的甲级防火门。构筑物（用房）中还应装配完善的报警系统和灭火设施。若为有人房间，还应该配备通风和防排烟系统。

3. 隧道的安全疏散设施

为应对隧道内火灾等突发事故，对现场人员、车辆进行安全疏散，隧道内多设置纵向、横向疏散通道，辅助疏散设施以及专门的避难室或避难通道等，这些设施应满足相关规范的要求。

（1）安全出口和安全疏散通道　隧道内的安全出口通常为设置在两车道之间分隔墙上的服务逃生通道口、平行导洞通道口等，具有平面通行、方便快捷的优势，隧道内人员的安全疏散和应急救援工作就是利用这些安全出口来进行。隧道内的安全疏散通道通常是利用两隧道间的横洞、隧道内的平行导坑或竖井、斜井等进行设置，以保障火灾时人员的安全疏散。

（2）疏散楼梯和疏散滑梯　若隧道为双层结构，即上下层两个车道，或上层车道和下层应急疏散通道，一般要求在两层隧道之间设计疏散楼梯或者疏散滑梯。若发生火灾，可利用疏散楼梯或疏散滑梯进行安全疏散，疏散楼梯的间距宜为100m左右，疏散滑梯的间距宜为80m左右。

（3）避难室　长大隧道内发生火灾时，隧道内人员难以在短时间内顺利安全疏散到隧道外安全地带，为避免因救援不及时或火灾事故大、来不及逃生而造成人员伤亡，可在隧道内设置避难室，为隧道内人员提供安全的紧急避难场所。避难室应为单独的防火分区，能够阻止火焰蔓延和烟气进入。为确保避难室的有效性，其具体面积和间距应根据隧道的类型和交通流量等因素确定。

4. 隧道的消防设施配置

隧道的消防系统主要由灭火设施、报警设施、防排烟系统、通信系统、视频监视系统、应急照明和疏散指示系统等组成。

（1）灭火设施　不同种类的隧道应配备不同级别的灭火设施，而且隧道的级别越高，其灭火设施设置要求越严格，隧道内常用的灭火设施如下：

1）消火栓系统。隧道内的给水系统应独立设置，且消火栓给水管网应设置成环状，如图5-6所示；对于气候严寒地区的隧道洞口处的消火栓给水干管应配备相应的保温设施。此外，如果隧道中有运输危险品的车辆通行，应配备泡沫消火栓系统。

2）自动喷水灭火系统。由于隧道火灾有可能引发爆炸事故，会对隧道尤其是危险级别较高的隧道的主体结构造成损害。为达到更好的灭火及保护效果，可设置相应的自动喷水灭火系统，通常选用泡沫水喷雾联用灭火系统或水喷雾灭火系统。

3）灭火器。隧道内多配备灭火器，灭火器型号的选择和位置的设置需根据隧道类型和危险等级确定。常见的隧道火灾灭火器有水基型灭火器、泡沫灭火器、磷酸铵盐干粉灭火器等。

（2）报警设施　为确保能及时发现火灾，需在隧道内安装火灾报警设施，且为了保证火灾报警的效果，还需在配电室、变压器室、机房等配套设备用房内设置警报设施。常见的报警和警报设施有手动报警按钮、警铃、广播等。

1）一般规定。存在一、二类机动车辆通行的隧道应安装火灾自动报警系统；报警信号装置应设置在隧道入口100～150m处；当隧道封闭且长度超过1000m时，应配备有消防控制中心、无人值守的变压器室、照明配电室、高低压配电室、弱电机房等设备用房，且宜安

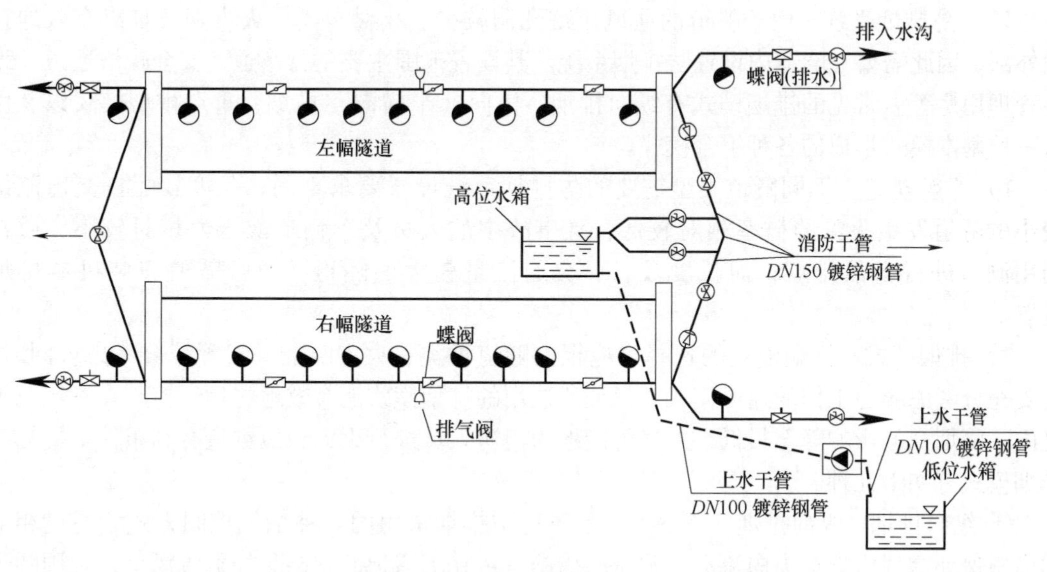

图 5-6 隧道消火栓布置示意图

装早期火灾探测报警系统。

2）系统设置。

① 当隧道长度小于 1500m 时，隧道内可只配备一台火灾报警控制器；当隧道长度不小于 1500m 时，隧道内需配置一台主火灾报警控制器和多台分火灾报警控制器，不同控制器之间通过光纤通信连接。隧道光纤光栅传感系统结构如图 5-7 所示。

② 国内隧道中的火灾探测器主要包括光纤分布式温度监测（差温）系统和双波长火灾探测器两种。光纤分布式温度监测（差温）系统，通常安装在隧道的顶部，在探测区域以长线形和环形方式敷设。双波长火灾探测器，设置间距应不大于 45m，多安装在隧道的侧壁或顶部。隧道内手动报警按钮的设置间距为 50m。

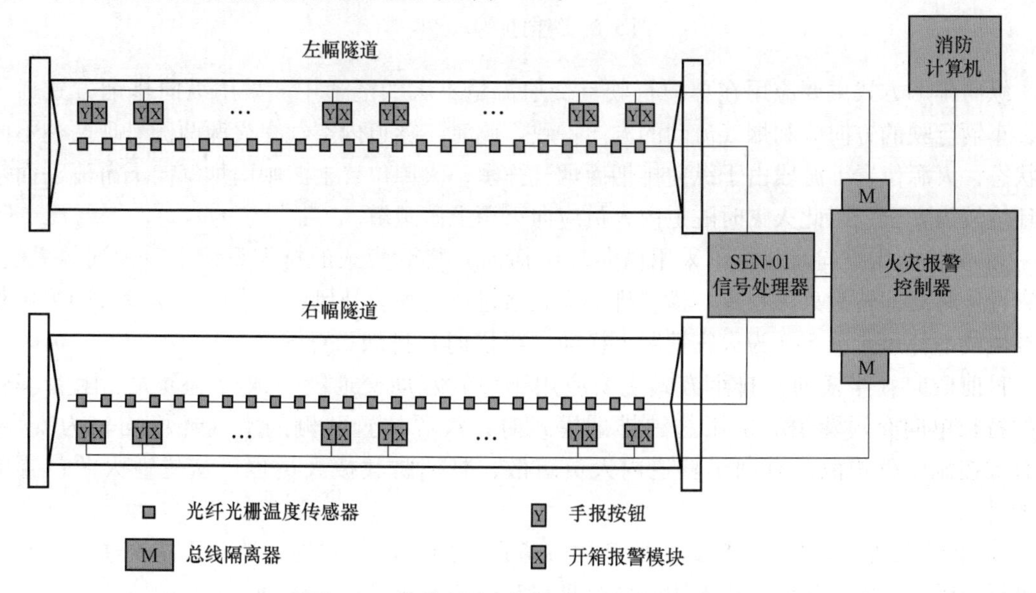

图 5-7 隧道光纤光栅传感系统结构示意图

（3）防排烟系统　由于隧道的通风排烟孔洞较少、相对封闭，火灾烟气难以有效地排到外部，因此需要在隧道内设置防排烟系统。其设置范围主要是行车道、安全疏散通道、设备管理用房等。常见的排烟模式有纵向排烟、横向（半横向）排烟、重点排烟模式以及由这三种基本模式形成的各种组合模式。

1）一般规定。不同隧道类型需要的防排烟系统设置要求不同，长度较短、交通流量较小的隧道发生火灾的概率相对较低，且事故中的人员及车辆疏散压力相对较小，通常利用洞口进行自然排烟；而长度较长、交通流量较大的隧道，通常需要安装机械排烟装置。

2）排烟模式。排烟模式的选择也应根据隧道种类、火灾疏散方式等综合考虑。同时，也要充分考虑隧道工作的通风模式，保证所选用的排烟模式能有效地将烟气控制在一定范围之内，将烟气的影响降至最低，并尽可能地为消防人员进行灭火救援创造有利条件。常见的排烟模式有如下几种。

① 纵向排烟。纵向排烟（图5-8）是隧道防排烟常用的一种烟气控制方式，通过相应的措施保证烟气沿隧道纵向流动。常见的措施有：在隧道顶部安装悬挂射流风机，利用隧道顶部的风井送风及排风，或以上两种方式的组合。

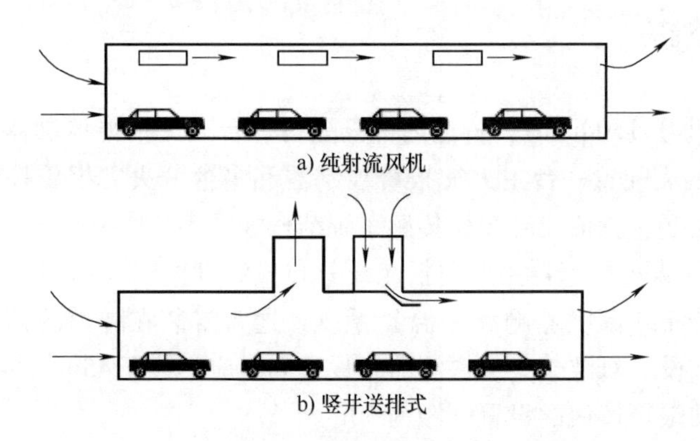

图5-8　纵向排烟示意图

纵向排烟方式主要应用在单向行驶且交通流量不大的隧道中。采用纵向排烟方式通风时，车辆行驶的方向应和烟气流动的方向一致。此时，隧道内空气在火源两侧呈现两种不同的状态，火源位置下游段由于纵向排烟而烟气弥漫，火源位置上游则因烟气向下游流动而空气环境较为安全，因此火灾时隧道内人员应向火源上游疏散。

② 横向（半横向）排烟。采用横向（半横向）排烟模式的排烟系统平时为通风系统，火灾发生时立即转为火灾补风。横向排烟模式通过风道均匀补风，半横向排烟模式则采用集中补风或不补风。图5-9为火灾情况下横向（半横向）排烟示意图。

目前横向（半横向）排烟方式主要应用于单管双向交通隧道或交通量大、阻塞率较高的特长单向交通隧道。采用这种排烟模式时，火源位置两侧的空气环境均较为安全，可有效控制烟气扩散，有利于隧道内人员疏散，且消防救援人员也可从隧道火源位置的两侧进入。

③ 重点排烟。重点排烟模式主要利用隧道顶部的排烟口和排烟道，并需要通过两端洞口进行补风。火灾发生时，火源附近的排烟口和射流风机开启，将烟气直接排入烟道，再经

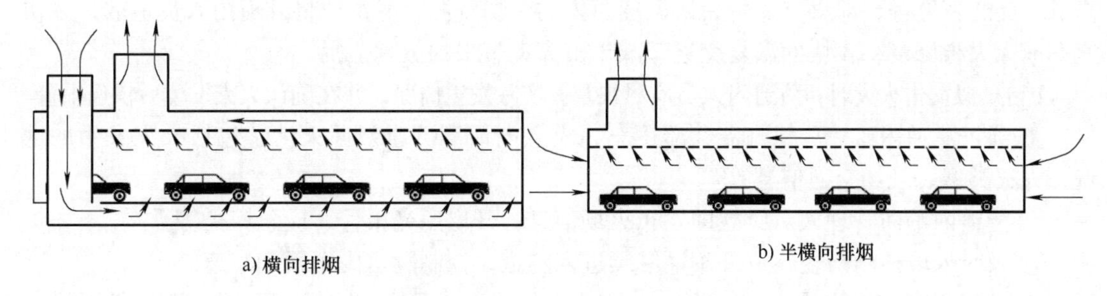

图 5-9　横向（半横向）排烟示意图

排风口或竖井排出烟道。重点排烟模式能将烟气快速有效地排离隧道。图 5-10 为火灾情况下重点排烟示意图。

重点排烟适用于交通量较大、阻塞发生率较高的双向交通隧道。此外，排烟口的大小和间距会对烟气的控制效果产生重要影响。

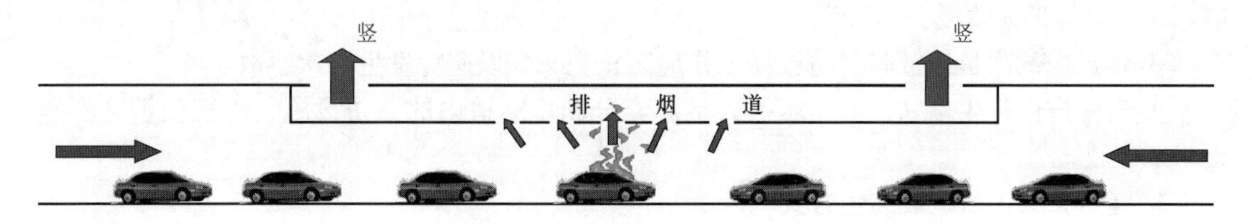

图 5-10　重点排烟示意图

（4）通信系统　隧道内的通信系统主要有消防专用电话系统、消防无线通信系统、广播系统等。

1）消防专用电话系统。隧道内应设置消防紧急电话，且设置间距通常为 100 ~ 150m。隧道内的消防控制室必须安装能与消防部门直接联系的电话。

2）消防无线通信系统。消防无线通信系统应保障城市地面消防无线通信到达隧道内，一旦发生火灾或其他突发事故，隧道内外可以依赖无线通信系统进行有效的指挥与协调。

3）广播系统。隧道内可专门安装火灾事故广播，当直接使用隧道运营的广播系统时，火灾事故广播应有优先权。

4）视频监视系统。隧道内视频监视设备可使用运营监视设备，但消防控制室应配备独立的火灾监视器，以便能随时监视隧道中的灾情。

（5）应急照明和疏散指示系统　隧道内需有良好的视线和能见度，保障车辆运行安全，除此之外，还应设置应急照明及疏散指示系统。应急照明灯及疏散指示标志应间隔布置在隧道两侧、横通道及疏散通道上。应急照明灯的穿透性应满足相关要求并保证一定的照度。疏散指示标志应使用明显的颜色或标志，设置的高度宜小于或等于 1.5m。

5.2.4　隧道火灾应急疏散救援与疏散逃生方式

1. 隧道火灾应急疏散救援

隧道火灾的应急疏散救援包括：火灾确认、制定疏散对策、引导人员疏散、隧道灭火与修复、交通恢复等，即火灾发生后协调隧道内的一切资源，尽快地将隧道内人员疏散，并快速完成灭火与修复，较快的恢复交通，减少由火灾带来的影响范围。

1）疑似发生火灾时，隧道内人员应尽快掌握实际发生情况，并在确认火灾发生后快速报警。

① 通过隧道内监控、探测器、巡逻车、应急电话等迅速掌握火情，包括火灾发生的地点、火灾类型、现场交通信息等。

② 隧道内消防管理人员应立即发布火场信息，开启声光报警、应急广播等。

③ 及时采取措施防止隧道外车辆继续进入隧道，控制隧道内车辆和车速。

④ 开启相应的消防系统，包括应急照明及人员疏散系统、防排烟系统、灭火救援设备等，协调附近消防人员进行灭火救援工作。

2）火灾发生后，隧道的运营管理部门应选择合适的应急预案，引导人员疏散，开展灭火救援与后期的修复工作。

① 火灾发生初期，应及时疏散隧道内的人员和车辆。

② 应在疏散即将完成时开展隧道内的灭火救援工作，如若隧道内发生堵塞，应先处理堵塞，再进行灭火救援。

③ 隧道内的人员疏散和消防救援工作应防止交叉，以避免发生二次事故。

④ 若隧道内发生堵塞，消防救援人员应充分利用隧道内的消防设施，不宜使消防车靠近堵塞区域。

2. 隧道火灾人员疏散逃生方式

常见的隧道人员疏散逃生方式主要有：双孔隧道水平横向疏散、水平辅助隧道疏散、纵向通道疏散。

（1）双孔隧道水平横向疏散方式　主要应用于单向双洞隧道的通车模式。隧道内发生事故时，疏散人员与出口的距离较远，隧道内的人员可用通过连接两隧道的横向通道进行疏散。

（2）水平辅助隧道疏散方式　主要应用于地质不太好的水底或山岭隧道，这种情况下隧道施工时会首先开挖一条导洞用以勘探地质条件，隧道完成时可以利用水平导洞进行人员疏散和检修，导洞和主隧道之间每隔一定距离设施水平辅助隧道进行连接。

（3）纵向通道疏散方式　主要应用于水底的圆形隧道，常见的可分为两层，车辆通行层和设备、人员疏散逃生层。当车辆通行层发生火灾时，人员可通过每隔一段距离的疏散逃生滑道或疏散楼梯到达人员逃生层。

5.3 地铁消防

5.3.1 地铁火灾的特点与危害

近年来，现代城市交通不断发展，地铁的出现，缓解了城市交通压力，节省了大量的社会资源，使人们的日常生活更加便捷。与此同时，地铁灾害问题也越来越受到重视，其中地铁火灾最为突出。地铁场所处在地面以下，路线长、交通运载量大、人流集中，一旦发生火灾，产生的高温及烟气往往造成严重的事故后果。表 5-3 为 1969 ~ 2017 年世界较大的地铁火灾案例。

表 5-3 1969～2017 年世界较大的地铁火灾案例举例

事　件	时　间	伤亡情况/直接损失	原　因
北京市地铁火灾	1969.11.11	8 人死亡，300 多人中毒、受伤，直接损失 100 多万元	内燃机车电气故障
巴库（阿塞拜疆）地铁火灾	1995.10.28	558 人死亡，269 人受伤	机车电路故障失火
广州市地铁火灾	1999.7.29	直接损失 20.6 万元	降压配电所设备故障引发火灾
大邱地铁火灾	2003.2.18	126 人死亡，146 人受伤，318 人失踪	纵火
伦敦地铁火灾	2005.7.07	52 人死亡，700 多人受伤	恐怖袭击
莫斯科市中心地铁火灾	2010.3.29	40 人死亡，近 100 人受伤	自杀性爆炸事件
东京地铁火灾	2016.1.26	约 6.8 万人出行受到影响	不明物质燃烧
香港地铁火灾	2017.2.10	18 人受伤（大部分为烧伤）	纵火

1. 地铁火灾的特点

地铁多处于地面以下，空间狭小、直通地面的出口少、内部结构复杂。而且地铁一般由车辆编组、电气牵引、轮轨导向等部分组成，电气设备繁多，人员密集。地铁火灾具有以下几个特点：

（1）可燃物数量大，火势蔓延快　虽然地铁建筑大多采用不燃或难燃材料，但车站内部装修材料和设施设备、地铁列车内装饰材料及旅客的随身物品等均属于可燃、易燃材料。此外，地铁内有大量电线电缆，若电线电缆起火，火灾会沿着电缆线路迅速蔓延并且引燃周边的可燃物。

（2）高温与烟气积聚　地铁多为地下建筑，环境封闭、空间狭小、与外界安全出口数量少，若发生火灾，热量难以有效散出，导致地铁火源附近温度迅速升高，进一步引燃周围可燃物，并极易产生“轰燃”现象。另外，地铁站背部的装饰材料、设备绝缘层、电缆及行李物品等可燃物燃烧烟气量大，容易造成缺氧环境，生成有毒气体，严重威胁人员的生命安全。

（3）火灾扑救和人员疏散困难　由于地铁的建筑结构狭长，导致难以探测火灾发生位置；即使探测到火源位置，但由于地铁隧道火灾的高温、浓烟、有毒有害气体会随着活塞效应或机械排风等原因导致火势增长迅猛，难以有效进行灭火救援。而且，火灾时地铁内信息传递受限，通信指挥比较困难，给火灾扑救工作带来了极大的阻碍。地铁客运量以及火灾的高温烟气能够迅速降低地铁内部的能见度，这些都会给人员疏散造成很大的困难。

（4）经济损失、社会影响大　地铁具有客运量大、市内运行速度快、市内准点率高等优点，但地铁建设修建成本相当高，投资大，一旦发生火灾，地铁站建筑、地铁线路、地铁列车等都会被烧毁，经济损失巨大；且地铁站多在人员密集区，极易威胁公民的生命安全和财产安全，也会造成极其恶劣的社会影响。

2. 地铁火灾的危害

（1）空间小、氧含量急剧下降　由于地铁建筑的空间有限，截面积小，其通风口只有地铁与大气相通的门窗、车站与地面连接的通道等，因此内部空间封闭、通风不良，发生火灾时难以及时补充新鲜空气，导致地铁建筑内的氧含量较低。据研究表明，空气中的氧含量低至15%时人类肌体的活动能力将受到影响；氧含量降至10% ~14%时人的判断能力和方向感下降；氧含量降至6% ~10%时人会晕倒或丧失逃生能力；氧含量低于5%时会导致人员立即晕倒或死亡。

（2）用电设施、设备繁多，火灾发烟量大　地铁设置的机电设施和设备数量庞大、结构复杂，主要有供电设施、自动售检票设备、车辆、空调通风设施、安全检查设备等；同时，电子设备数量大，强、弱电电气设备配置复杂，控制线路、信息数据传输布线和供配电线路十分密集，若故障引发火灾，火势极易迅速蔓延。而且大量的敷设线路、装饰材料等在燃烧时产生大量有毒有害气体，同时烟气含量增加，使得疏散更加困难，且有毒有害烟气会危害人员身体健康。

（3）动态火灾隐患多　地铁内乘客流动性大，若有乘客吸烟、携带易燃易爆物品、蓄意纵火等会大大增加地铁站的消防安全管理难度。而且，行驶过程中的地铁列车有可能摩擦线路上的导电物体，形成短路或拉弧，进而造成火灾。若有设备出现质量问题或日常维护保养出现问题，也会导致设备故障而引发火灾，列车中蓄电池也有可能因高温破裂而引起内部电解液泄漏造成火灾。

5.3.2　地铁区域构成

城市中规模浩大的交通性公共建筑——地铁的内部区域结构主要根据功能进行布局，通常包括车站、区间、变电所、车辆基地与运营控制中心等部分，如图5-11所示。

地铁区域构成
- 车站
- 区间
- 变电所
- 车辆基地
- 运营控制中心

图5-11　地铁区域构成

（1）车站　车站是乘客进入地铁必须经过的场所，其内部设置有大量管理系统和运营设备。车站的结构设计、环境条件和位置选择等因素对社会效益和环境效益、地铁客流量和人员安全疏散有巨大的影响。

（2）区间　区间是指两个地铁车站之间的隧道，其设计应满足车辆运行界限、设施设备和各类管线敷设界限的需求，此外还应设计一定数量的应急通道，便于在火灾发生时保证乘客及时疏散。

（3）变电所　变电所包括降压变电所、主变电所、牵引变电所或牵引降压混合变电所。变电所的选址较为困难，主变电所和牵引变电所往往设置在地下。

（4）车辆基地　车辆基地主要包括综合基地与车辆设施，是维修和停放地铁列车的场所，通常设置在郊外的地面，有时为适应城市环境的需要设置在地下。

（5）运营控制中心　运营控制中心是中央级系统设备对区间设备和地铁车站以及所有运行车辆进行集中监控、协调、指挥、调度和管理的场所，也是各类人员与通信管理设备比较集中场所。

5.3.3　地铁消防系统组成与设计要求

现行的《地铁设计防火标准》《地铁安全疏散规范》等是地铁消防设计的主要依据。

1. 防火分区划分

地铁车站中的站台和站厅存在乘客的公共区域划为一个防火分区。地铁车站的设备管理区与公共区不应划分到一个防火分区，且每个防火分区的面积不应超过 1500m²。采用机械排烟的站厅和站台的防火分区面积不超过 5000m²，其他区域不应超过 2500m²。

2. 安全疏散

地铁站台与站厅之间以及站厅与地面的疏散楼梯、疏散通道和扶梯应保证地铁乘客疏散的需要，且应满足乘客能在 6min 内全部疏散至安全区域。地铁安全疏散要求应满足表 5-4 的规定。

表 5-4 地铁安全疏散要求

安全疏散设施	设置要求
安全出口	站厅公共区域的直通室外的安全出口应不少于两个；应分散均匀布置，当安全出口只有两个时，应对角设置；且相邻布置时距离不小于 10m。有人值守的设备管理区的防火分区的安全出口应不少于两个，并保证有直通地面的安全出口。无人值守的设备管理区的防火分区应至少设置一个与相邻防火分区或公共区域相通的防火门作为安全出口
疏散楼梯和疏散通道	站厅至地面以及站台至站厅的出入口需设置楼梯或备用自动扶梯。站台的端部也应设置区间疏散楼梯。当隧道区间较长且区间内设有风井时，风井内可设置防烟楼梯间作为安全出口，且楼梯间必须直达地面。地铁列车各车厢车门需设有手动紧急解锁装置，事故发生时，可直接转换为疏散出口。地铁列车的车头、车尾都应设置疏散梯门，以便于疏散逃生，且列车车厢之间应贯通
疏散平台	地铁区间内隧道内应设置纵向疏散平台。当区间隧道的长度小于等于 300m 时，列车车头、车尾均设置有紧急疏散门，且每节车厢之间贯通，当车辆车身部分设置有乘客下车的设施，可不设置纵向疏散平台
疏散距离	地铁站的站台、站厅公共区域疏散距离应不大于 50m。有人值守的管理间或设备间的门位于两个安全出口之间时，疏散距离应小于或等于 40m
疏散指示标志	地铁站台和站厅的公共区域、变电所的疏散通道、楼扶梯及其转角处、防烟楼梯间、疏散通道及其转角处、消防专用通道、安全出口、避难走道和设备管理区内走道等，均应设置疏散指示标志

3. 消防设施

地铁内消防设施的主要作用是火灾探测报警和火灾扑救。需要进行火灾监测的部位主要包括各区间隧道、车站站厅公共区域、站台、车辆管理处、设备区、控制中心等。自动灭火设置区域主要包括车站站厅公共区域、信号机械室、控制中心、设备用房及车辆管理处等场所和站台。需要人工灭火的区域，则需设置应急广播、应急照明、送排风等设施。

目前，地铁内的主要消防设施有：消火栓系统、自动喷水灭火系统、气体灭火系统、灭火器、防排烟系统、火灾自动报警系统、消防通信系统等，地铁内的主要消防设施及其设置要求见表 5-5。

表 5-5 地铁内的主要消防设施及设置要求

消防设施	设置要求
消火栓系统	地铁车站、区间应设置消火栓系统
自动喷水灭火系统	站厅，站台的公共区，车辆基地和库房内，高层仓库，可燃、难燃的高架仓库等场所应设自动喷水灭火系统

（续）

消防设施	设置要求
气体灭火系统	通信机械室、信号机械室、控制中心重要设备用房、公网引入室、环控电控室及地下变电所等重要电气用房应设置气体灭火系统
灭火器	车辆设施与综合基地、站厅和站台的公共区域和设备区、控制中心的建筑均需设置灭火器
防排烟系统	站厅公共区域、站台公共区域；连续长度大于60m的地下通道和出入口通道；面积超过200m²的同一个防火分区内地下车站设备及管理用房，或者面积超过50m²的经常有人停留的单个房间
火灾自动报警系统	地铁控制中心、车辆设施与综合基地、区间隧道、停车场、主变电所、车站等场所应设置火灾自动报警系统
消防通信系统	车辆段（停车场）信号楼控制室（兼消防控制室）、车站控制室、消防值班室应设消防专用电话总机。信号设备室、通信设备室、公网引入室、整流变压器室、车站、车辆段（停车场）的消防泵房、控制中心大楼、开关柜室、气体灭火钢瓶间及环控电控室、屏蔽门设备室等所有气体灭火保护的设备用房，宜设置固定消防专用电话分机

5.3.4　地铁火灾人员疏散逃生方法与注意事项

1）地铁列车发生火灾时，车厢内人员应尽快取出座椅下的灭火器进行灭火，并尽快按下紧急报警按钮，报告列车厢内的火灾状况。听到疏散广播后，应按照次序向指示的方向疏散：若列车停靠在隧道区间内，应向列车前后部进行疏散，按照逆风方向疏散至前方车站；若区间两侧存在疏散平台，则可通过侧门疏散至疏散平台。

2）若是列车在区间隧道内发生火灾，且距离车站较近，列车未停止运行，则按照广播的指示向远离火灾的位置进行靠拢，但不到紧急时刻不要砸门逃生，等列车进站后再进行疏散。

3）若列车内发生火灾，此时列车停靠在地铁站台，车门未及时打开，则可通过车内的紧急开门装置打开车门，进行疏散。

4）当地铁车站内或停靠在地铁站台的列车发生火灾时，站台层人员应根据广播提示以及疏散指示标识，尽快疏散至地面。

5）事故场所烟雾较大时，应采用防毒面罩、湿毛巾等捂住口鼻，选择逆风方向的疏散出口进行疏散；地铁站内由于火灾导致停电时，不可用明火进行照明，应迅速寻找应急疏散指示标识。

6）若在事故中受伤，则需尽快移动到疏散指示标识、应急照明灯明显的位置，保护自己，并等待救援。

5.4　人民防空工程消防

5.4.1　人民防空工程火灾的特点与危害

人民防空工程（简称人防工程），又称为人防工事，主要用途是在战争发生时，保障人员与物资掩蔽、医疗救护、人民防空指挥等，多用于战争需求的地下防护建筑或地面建筑与地下室相结合的建筑。由于它的特殊功能，必须保证相关的配置满足战时的相应需求。人防工程的设计还必须结合城市发展的需求，开发其在和平年代的使用价值，促进其适应发展变化的新形式。

随着经济、科技的迅猛发展，人防工程逐渐增多，如图 5-12 所示。目前人防工程正从规模较小、功能单一的模式逐渐向规模大型化、功能多样化的模式发展。它与普通建筑在功能、结构、用途等方面有许多不同，主要包括：人防工程往往修建在地下的岩层或土层内部，空间相对封闭，与外界连通的通道少；建筑面积相对较小，所以与普通建筑相比，人防工程的火灾影响更为严重。人防工程的火灾特点与危害有以下 4 个方面。

图 5-12 某车库人防工程

1. 储存物品多，可燃物多

随着对人防工程使用功能的开发，当前的人防工程面积越来越大，内部可燃物品也越来越多。尤其是人防工程改造的地下商品批发市场或是商业街，平均火灾荷载较高，一旦发生火灾就会造成极其严重的后果。

2. 火场温度高，产生大量浓烟及有毒气体

人防工程多处在地下，而且建筑的绝大部分都被岩石和覆土包围，只有少数通道与外界相连。因此，人防工程建筑大多相对封闭，外部空气很难进入，内部空气有限，这就决定了一旦人防工程发生火灾，可燃物的燃烧极易不充分，也就是说人防工程的火灾极易出现燃烧速度慢、阴燃时间长等现象，同时还有可能产生大量浓烟和有毒气体，由于与外界相连的通道较少，就会造成热量迅速积聚，出现高热烟气流。如果进行灭火或者救援行动时有空气涌入，会导致阴燃状态的部位复燃，阻碍火灾扑救活动，也会威胁扑救人员的人身安全。

3. 内部结构复杂，人员逃生困难

由于当前的需要，多数人防工程建筑都会对其使用功能进行改造，如将人防工程改造为地下商场等，这些改造会导致人防工程的结构更为复杂，甚至会出现大面积互相贯通的情况，这也会影响内部人员的方位判断，尤其是环状地下商城。除此之外，人防工程多修建在地下，无开口结构与外界相通，若发生火灾，内部人员的逃生方式有限，只能选择安全逃生通道进行疏散；其次，外界的自然光无法进入建筑，所以人防工程通常采用人工照明，发生火灾后，由于氧气不充分，会有大量的烟气难以有效排出，使得原本就照度不够的空间能见度更低，严重影响人员的安全疏散。一方面是火灾烟雾会遮挡建筑内的疏散指示标志，造成疏散逃生人员视线不明，影响对逃生方向以及疏散路径的准确判断，另一方面火灾烟气可能含有一氧化碳、二氧化硫等有毒有害气体，会严重危害人员的人身安全。而且人防工程火灾的疏散逃生时间也极为有限，若疏散过程中人员由于恐惧、紧张或是判断失误而浪费了逃生时间，就会造成严重的后果。

4. 内部纵深大，灭火救援困难

人防工程与地下商城或是汽车库使用时，由于功能的需求，多具有较大的长度，一旦发生火灾，浓烟、高温、通信中断、能见度低、缺氧、毒性气体等因素都会严重影响灭火救援，难以及时消灭初期火灾，无法及时近距离判断火灾发展状况。

5.4.2 人民防空工程的分类

人防工程可按构筑形式和战时功能分类，如图5-13所示。

1. 按构筑形式分类

人防工程按构筑形式分类包括以下几种：

1）坑道工程通常为大部分建筑主体地面高于最低出入口的暗挖工程，常见于山地或丘陵地地区。

2）地道工程通常为大多主体部分地面低于最低出入口的暗挖工程，常见于平地地区。

3）堆积式工程通常为大部分结构在地表以上且被回填物覆盖的工程。

4）掘进式工程通常为采用明挖法施工而且大部分结构处于地表以下的工程，常见的掘进式工程主要有单建式工程和附建式工程。单建式工程的特点为上部没有与其直接相连的建筑物；附建式工程的特点为上部有坚固的建筑，附建式工程也称防空地下室。

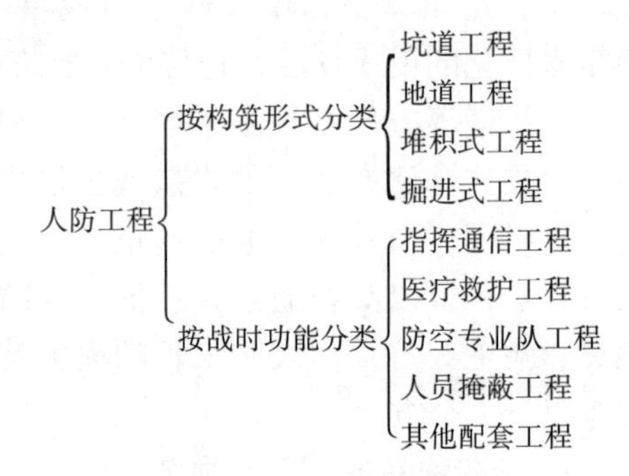

图5-13 人防工程分类

2. 按战时功能分类

人防工程按战时功能分类包括以下几种：

1）指挥通信工程通常作为各级人防指挥所及其电源、通信、水源等配套的工程。

2）医疗救护工程为战时提供医疗救护的地下中心医院、医疗救护点、地下急救医院等，根据等级还可以将其分为中心医院、急救医院和救护站等。

3）防空专业队工程又称防空专业队掩蔽所，主要用来保障防空专业队进行掩蔽工作和执行某些勤务，通常由专业队队员掩蔽部和专业队装备（车辆）掩蔽部两部分组成，也可以分开修建。

4）人员掩蔽工程是主要用来保障人员掩蔽的人防工程，根据等级又可将其划分为一等人员掩蔽所和二等人员掩蔽所。

5）其他配套工程则是除上述几种以外的战时保障性人防工程，主要指食品站、区域电站、生产车间、区域供水站、人防交通干（支）道、人防物资库、人防汽车库、警报站以及核生化监测中心等工程。

5.4.3 人民防空工程系统组成与设计要求

现行的《人民防空工程设计规范》（GB 50225）等是人防工程防火设计的主要依据。

1. 防火分隔

人防工程常用的防火分隔设施的设计要求主要包括：防火分区的划分、防火分区的建筑面积、防火门、防火卷帘、其他防火分隔要求等，具体见表5-6。

2. 安全疏散设施

（1）安全出口设置要求　每个防火分区的安全出口数量不应少于2个。相邻防火分区之间防火墙上的防火门可作为安全出口扩充。

表 5-6 人防工程防火分隔设施的设计要求

防火分隔设施	设 计 要 求
防火分区的划分	防火分区分隔物通常为防火墙，难以采用防火墙的区域满足相关要求时可采用防火卷帘等防火分隔设施。水泵房、厕所、污水泵房、水池、盥洗间等可燃物较少的房间，可不进行防火分区划分
防火分区的建筑面积	人防工程防火分区的建筑面积不应大于 $500m^2$，设置有自动灭火系统时，防火分区的建筑面积可增加 1 倍；自动喷水灭火系统局部设置时，局部面积可增加 1 倍
防火门	防火分区分隔处安全出口的门应为甲级防火门；功能上确需采用防火卷帘时，其旁边应设置与相邻防火分区的疏散走道相通的甲级防火门；人员频繁出入的防火门，应设置能在火灾发生时自行关闭的常开式防火门
防火卷帘	难以采用防火墙划分防火分区时，可采用防火卷帘分隔，但应满足防火分隔部位的宽度不大于 30m 时，防火卷帘的宽度不应大于 10m；防火分隔部位的宽度大于 30m 时，防火卷帘的宽度不应大于防火分隔部位宽度的 1/3，同时不应大于 20m
其他防火分隔要求	消防控制室、消防水泵房、通信机房、灭火剂储瓶室、排烟机房、变配电室、通风和空调机房等的分隔，其隔墙的耐火极限不低于 2.00h 且楼板的耐火极限不低于 1.50h，若需设门，应采用常闭的甲级防火门

（2）安全疏散距离　人防工程房间内房门与房门最远点的距离不应大于 15m；观众厅、餐厅、多功能厅、营业厅、展览厅和阅览室等房间内的最近安全出口和最远点之间的直线距离不应大于 30m；若防火分区内安装了自动喷水灭火系统，其疏散距离可增加 25%。

（3）疏散宽度　人防工程每个防火分区的安全出口疏散楼梯和疏散走道的最小净宽见表 5-7。

表 5-7 安全出口、疏散楼梯和疏散走道的最小净宽　（单位：m）

工程名称	安全出口和疏散楼梯净宽	疏散走道净宽	
		单面布置房间	双面布置房间
商场、公共娱乐场所、健身体育场所	1.4	1.5	1.6
医院	1.3	1.4	1.5
旅馆、餐厅	1.1	1.2	1.3
车间	1.1	1.2	1.5
其他民用工程	1.1	1.2	—

3. 消防设施配置

人防工程常用的消防设施主要有消防给水系统、室内消火栓系统、自动喷水灭火系统、灭火器、火灾自动报警系统、消防疏散照明和消防备用照明系统、防烟系统、排烟系统等，其配置要求见表 5-8。

表 5-8 人防工程常用消防设施的设计要求 （单位：m）

消防设施	配置要求
消防给水系统	人防工程的消防用水可通过市政给水管网、消防水池水源井或天然水源来提供。利用天然水源时，应确保在枯水期水位最低时的消防用水量；若利用市政给水管网直接供水，消防用水水压应能满足用于室内最不利点的灭火设备的要求
室内消火栓系统	建筑面积大于 300m^2 的人防工程中的设施，如礼堂、电影院、消防电梯间前室和避难走道等，应设置消火栓系统
自动喷水灭火系统	建筑面积大于 100m^2，且小于或等于 1000m^2 的影剧院、礼堂、健身体育场所、旅馆、医院等；建筑面积大于 100m^2，且小于或等于 500m^2 的地下商店和展览厅；建筑面积大于 100m^2，且小于或等于 500m^2 的丙类库房均宜设置自动喷水灭火系统
灭火器	灭火器可依据现行国家标准《建筑灭火器配置设计规范》的有关规定进行配置
火灾自动报警系统	建筑面积大于 500m^2 的展览厅、地下商场和健身体育场所；重要的通信机房和计算机机房，柴油发电机房和变配电室；重要的实验室和图书、资料、档案库房；还有歌舞、娱乐、放映、游艺场所；建筑面积大于 1000m^2 的丙、丁类生产车间和丙、丁类物品库房
消防疏散照明和消防备用照明系统	备用电源应能在工作电源断电后自动投入使用，保证消防设备的正常运作。蓄电池消防疏散照明和消防备用照明的连续供电时间不应少于 30min。人防工程避难走道、配电室、柴油发电机室、通风空调室、消防水泵房、电话总机房、消防控制室、排烟机房以及火灾时需坚持继续工作的其他房间应设置消防备用照明系统
防烟系统	避难走道的前室、防烟楼梯间及其前室或使用前室应设置机械加压送风防烟设施。丙、丁、戊类物品库房应采用密闭防烟系统
排烟系统	建筑面积大于 50m^2，且经常有人停留或可燃物较多；总建筑面积大于 200m^2 的人防工程；丙、丁类生产车间；歌舞、娱乐、放映、游艺场所；长度大于 20m 的疏散走道；中庭位置等应当设置排烟设施。每个防烟分区内必须设置排烟口，且排烟口的位置应设置在顶棚或墙面的上部

第6章 工业消防

6.1 工业场所的火灾特点与消防类型

6.1.1 工业场所的火灾特点

工业场所在经济发达的今天非常普遍，这类场所具有人员密度大、可燃物多、火灾危险性大、安全隐患多、易发生大规模爆炸、工艺装置及设备造价昂贵等特点。这类场所发生火灾、爆炸等事故的后果往往十分严重，造成的经济损失巨大且灾后恢复非常困难。因此，工业场所火灾一直是人们关注的消防安全重点问题之一，要着重研究此类火灾的特点并采取恰当的控制手段，尽可能地把潜在的火灾隐患、事故发生的可能性和造成的损失等降到最低。工业场所的火灾不仅具有民用建筑的火灾特点，还有其自身的特殊性，这也增加了工业场所消防工作的复杂性。

1. 易燃、易爆炸

一些工业场所用来生产和储存火灾危险性较大的物品，而这些物品具有易燃、易爆炸等特性，一旦因操作不当等原因引发火灾，火势就会迅速蔓延，立刻发展为大规模的火灾或爆炸事故，造成难以预料的后果。工业场所的生产工艺一般包含高温、高压、蒸馏、裂解等过程，这些工艺过程大部分都会积聚较大的能量，这些能量一旦失去控制，就极可能引起大规模的火灾、爆炸事故。2015 年 8 月 12 日，位于天津市滨海新区天津港的瑞海国际物流有限公司危险品仓库发生火灾爆炸事故，造成 165 人遇难，其中参与救援处置的公安、消防人员 110 人，后果极为惨重。常见的工业厂房泄爆窗如图 6-1 所示。

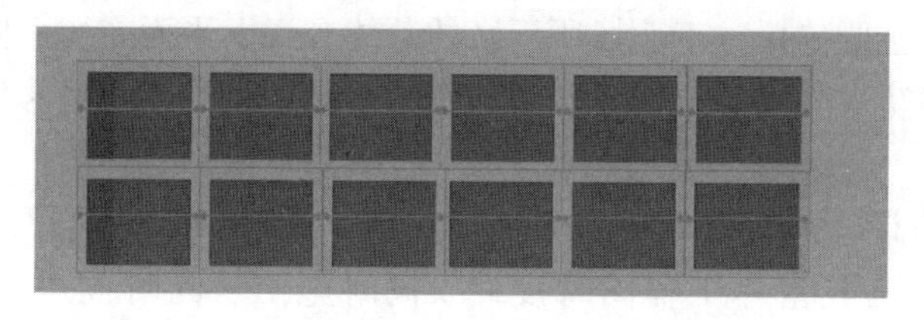

图 6-1　常见的工业厂房泄爆窗

2. 火灾规模大

在城市总体规划布局时，为了实现对危险区域的统一管控，通常会将具有较大生产和储存功能区的工业场所集中安排，一方面有利于实现对风险的整体管控，另一方面这也使风险过于集中，一旦发生火灾或爆炸事故，其规模也会是巨大的。尤其要注意的是，一些石油化工企业生产和储存可燃物的量极大，一旦某一单元发生火灾，会以辐射热的形式对相邻的单元产生作用，从而引发连锁反应。同时石油化工企业的可燃物多为液体和气体，发生泄漏后一旦遇到一定能量的点火源，极易发生火灾或爆炸事故，而且火势会随着地势或是风力作用向其他区域蔓延，极易引燃周围的可燃物，造成更大规模的火灾。2015 年 7 月 16 日山东日照发生石油储罐泄漏着火事故，着火储罐连续发生 3 次爆炸，大火蔓延至 9 个储罐，造成了极大的经济损失。

3. 火灾扑救困难

工业场所火灾具有发展快、涉及范围广、极易爆炸等特点，这无疑给消防救援工作带来了极大的困难。工业场所内的可燃物多且热值高，使得火场的温度非常高，这对通用的救援设备的使用性能影响很大，而且给消防人员进入火场进行火灾扑救带来了困难。特别是石油化工场所一旦发生火灾，极易形成大规模的立体火灾，消防作战人员很难置身火势凶猛的地点进行扑救。

4. 火灾后果严重

工业场所通常会储存大量的原料、中间产物和成品，这就使得可燃物的基量很大且比较集中。发生火灾后，由于可燃物数量巨大，有可能使厂区内储存的物品损毁殆尽，从而造成极大的经济损失。另外，工业场所的火灾还极易演变为爆炸事故，极强的冲击压力会使周围地区建筑物的损毁进一步加大，造成更大的经济财产损失和人员伤亡。同时，工业场所中的生产工艺链往往由一个个具有不同的功能的子系统构成，当其中的一个厂区或功能区发生火灾事故而无法正常运作时，会使整个生产线停工，造成难以估量的财产损失。值得注意的是，若火灾的发生波及有关科研资料或者其他的机密文件等信息，其损失根本无法衡量。

6.1.2 工业消防介绍

近年来，我国工业发展迅速，工业生产的组织结构向着大型化、复杂化、现代化的方向演化，生产工艺也随之发生了很大的改变，朝着高精尖的方向不断推进。其中最具有代表性的如石油化工、危化品生产和储存等工业场所规模越来越大、形式越来越新、特殊工艺的应用也越来越多，现有的工业消防水平难以满足迅速发展的工业的要求。针对当前工业领域存在的消防问题和严峻形势，如何有效地排查工业场所安全隐患、控制火灾爆炸危险等成为新时期工业消防急需解决的问题。

工业消防的设计主要包括：工业场所厂区的总体布局、平面布置、防火间距控制、室外消火栓分布、室内消防水灭火系统设计、防烟及排烟系统设计、自动报警系统设计及联动控制系统设计等。

工业建筑的消防设计与民用建筑的消防设计有类似之处，如都要满足“三同时”要求，即消防设计必须与其主体工程同时设计、同时施工、同时投产使用，另外也有许多不同之处，如在选址规划时，应将工业厂区布置在城市最小频率风的侧风向或上风向；

在平面布置时，应将各大功能区合理布置，大型容器、储罐等应远离人员活动的场所等。工业场所的火灾危险性，可按照现行的《建筑设计防火规范》中规定的生产和储存场所的火灾危险性分为甲、乙、丙、丁、戊五类，不同类型的建筑可以根据各自的使用性质、火灾危险性、建筑面积等因素来共同确定其耐火等级。工业场所的火灾除了具有民用建筑的火灾特点外，还有其特殊性，因此其消防设计也有与民用建筑消防设计不同的地方，如针对一些具有爆炸危险性的厂房或厂房内有爆炸危险的部位应设置专门的泄压设施，这些泄压设施可以是轻质顶棚、房间的开口，或是专门设置的泄爆窗等。常见的工业厂房泄爆窗如图6-1所示。

6.2 工业场所防火防爆措施

工业场所中的爆炸危险源多来自生产工艺过程中的高温、高压等工序，一旦疏于控制，发生大规模燃烧和爆炸的可能性就会大大增加。除此之外，许多工业生产过程中的各环节所需要的生产原料也多属于易燃易爆物，这些易燃易爆物在火灾、爆炸事故中极有可能为“链式反应”的发生提供条件，从而进一步加剧人身伤亡和财产损失，也给灭火救援工作带来极大的阻碍。

6.2.1 生产和储存物品火灾危险性分类

工业场所的生产和储存过程中往往伴随着较大的火灾危险性，进行合理的生产和储存物品火灾危险性分类，可以很好地帮助我们在火灾发生时采取合适、有效、经济的应急措施。生产和储存物品火灾的火灾危险性与工业建筑的耐火等级、建筑构件的耐火等级、建筑间距、防灭火措施等密切相关，同时不同的火灾危险性所对应的灭火救援措施、防护等级都有区别。因此，对工业场所内的生产、储存等空间进行合理的火灾危险性划分是对该类场所进行火灾防范的首要任务。

1. 生产的火灾危险性

《建筑设计防火规范》（GB 50016）是现行工业生产的危险性分类的主要依据。固体物质火灾危险性的划分主要根据其自身的理化性质，而液体的火灾危险性根据其闪点进行划分，气体火灾的危险性是通过其爆炸极限来进行划分的。生产的火灾危险性分类应根据生产中涉及的物质的性质及数量等划分，具体可以分为甲、乙、丙、丁、戊五类，见表6-1。

表6-1 生产的火灾危险性分类

生产的火灾危险性类别	使用或产生下列物质生产的火灾危险性特征
甲	1）闪点小于28℃的液体 2）爆炸下限小于10%的气体 3）常温下能自行分解或在空气中氧化能导致迅速自燃或爆炸的物质 4）常温下受到水或空气中水蒸气的作用，能产生可燃气体并引起燃烧或爆炸的物质 5）撞击、遇酸、摩擦、受热以及遇有机物或硫黄等易燃的无机物，极易引起燃烧或爆炸的强氧化剂 6）受撞击、摩擦或与氧化剂、有机物接触时能引起燃烧或爆炸的物质 7）在密闭设备内操作温度不小于物质本身自燃点的生产

（续）

生产的火灾危险性类别	使用或产生下列物质生产的火灾危险性特征
乙	1）闪点介于28℃和60℃之间的液体（包括28℃） 2）爆炸下限大于等于10%的气体 3）不属于甲类的氧化剂 4）不属于甲类的易燃固体 5）助燃气体 6）能与空气形成爆炸性混合物的漂浮状态的粉尘、纤维、闪点不小于60℃的液体雾滴
丙	1）闪点不小于60℃的液体 2）可燃固体
丁	1）对不燃烧物质进行加工，并在高热或熔化状态下经常产生火焰、火花，或辐射热的生产场所 2）利用气体、液体、固体作为燃料或将气体、液体进行爆炸作其他用的各种生产 3）常温下使用或加工难燃烧物质的生产
戊	常温下使用或加工非燃烧物质的生产

当同一座厂房或厂房的任一防火分区的火灾危险性划分不同时，生产火灾的危险性类别应按火灾危险性较大的部分确定；当生产过程中涉及的易燃、可燃物的量较少，不足以构成爆炸或火灾危险时，可按实际情况确定；符合下述条件之一时，可按火灾危险性较小的部分确定：

1）类别划分为火灾危险性较大的生产部分占本层或该防火分区建筑面积的比例小于5%，或丁类、戊类厂房内的油漆工段部分占本层或该防火分区建筑面积的比例小于10%，且火灾事故不足以蔓延至其他生产部分或该生产部分设置有效防火措施时。

2）丁类、戊类厂房内的油漆工段，当采用封闭喷漆工艺，并设有可燃气体探测报警系统或自动抑爆系统，且该工段部分占所在防火分区建筑面积的比例小于20%时。

2. 储存物品的火灾危险性

生产的火灾危险性需要综合考虑生产过程、生产工艺等各个生产环节中涉及的原材料、产品及副产品的性质划分。与生产的火灾危险性划分方式不同的是，储存物的火灾危险性划分只与物品自身的性质及包含可燃物的数量有关，即其火灾危险性由储存物品的性质及储存物品中的可燃物数量共同决定，按照相关规定可分为甲、乙、丙、丁、戊五类，储存物品的火灾危险性分类见表6-2。

表6-2　储存物品的火灾危险性分类

储存物品的火灾危险性类别	储存物品的火灾危险性特征
甲	1）闪点小于28℃的液体 2）爆炸下限小于10%的气体，以及受到水或空气中水蒸气的作用能产生爆炸下限小于10%气体的固体物质 3）常温下能自行分解或在空气中氧化能导致迅速自燃或爆炸的物质 4）常温下受到水或空气中水蒸气的作用，能产生可燃气体并引起燃烧或爆炸的物质 5）撞击、摩擦、遇酸、受热以及遇有机物或硫黄等易燃的无机物，极易引起燃烧或爆炸的强氧化剂 6）受撞击、摩擦或与氧化剂、有机物接触时能引起燃烧或爆炸的物质

（续）

储存物品的火灾危险性类别	储存物品的火灾危险性特征
乙	1）闪点不小于28℃，但小于60℃的液体 2）爆炸下限不小于10%的气体 3）不属于甲类的氧化剂 4）不属于甲类的易燃固体 5）助燃气体 6）常温下与空气接触能缓慢氧化，积热不散引起自燃的物品
丙	1）闪点大于等于60℃的液体 2）可燃固体
丁	难燃烧物品
戊	不燃烧物品

当同一座仓库或仓库的任一防火分区内储存不同性质的物品时，该场所对应的火灾危险性应根据其储存物品火灾危险性最大的单元确定。在丁类、戊类储存物品仓库划分中，当可燃包装重量大于物品自身重量1/4或可燃包装体积大于物品自身体积的1/2时，火灾危险性划为丙类。

6.2.2 工业生产过程的防火防爆措施

工业生产过程一般含有众多环节，任一生产环节中发生问题都有可能引起重大的生产事故。特别是对于一些火灾爆炸危险性较高的厂房和仓库，一旦发生火灾爆炸，可造成无法估量的生命和财产的损失。因此，事先采取有效的防爆措施可较大程度地降低事故的发生概率，并大幅降低事故造成的损失。制定防爆技术措施的根本原则就是从爆炸发生的条件入手，限制其爆炸的引发条件，即控制可燃爆炸物的浓度、降低周围环境的压力及温度、消除隐蔽的点火源。

1. 预防爆炸产生的措施

预防爆炸的产生需要从消除引起爆炸的基本要素出发，预防爆炸产生的措施主要包括防止形成爆炸混合物、消除点火源、控制反应工艺参数等。

（1）防止形成爆炸混合物　防止形成爆炸混合物就是预防易燃易爆的物质和助燃物质存在于同一空间，或者将两者的浓度控制在的一定范围内，即将易燃易爆物的浓度控制在爆炸下限以下。除此之外，尽可能地不使用或者少使用易燃易爆的物质也能大大降低爆炸混合物的形成，比如提高生产过程中不燃或难燃物质的使用率；在可燃物周围设置有效的封闭措施，尽量阻隔可燃物与空气的接触；设置通风排气系统，有效的通风将可燃物或易燃物的浓度控制在爆炸下限以下；同时，还可在工业生产中注入惰性气体，起到降低爆炸极限、控制反应物浓度的作用。

（2）消除点火源　点火源是火灾发生的一个必要条件，消除点火源可从根本上预防火灾爆炸事故的发生。工业场所区域内常见的点火源有：摩擦或撞击产生的火花、高温、强光、电气蓄热、电火花和电弧、明火等，消除或者控制点火源是预防火灾和爆炸发生的有效措施。

（3）控制反应工艺参数　在工业生产过程中，存在一些控制反应的工艺参数，若这些参数偏离设定的范围，极易导致生产中的能量失去控制，从而引发大规模的火灾爆炸事故。这些工艺参数主要包括压力、温度、流量等，将这些工艺参数控制在正常的范围内可以大大降低火灾爆炸事故的发生概率。

2. 降低火灾爆炸事故损害程度的措施

降低事故损害程度与预防爆炸的产生是两个不同的概念，预防是在火灾发生之前的孕育阶段采取有效措施，而降低事故损害程度是事故发生之后的补救控制方案，处于火灾爆炸的发展阶段。简而言之，预防就是尽可能地降低火灾爆炸的发生概率，但是由于不可控因素众多，如大量化工产品的生产在高温高压的环境中进行，预防的效果往往不尽如人意。而降低事故带来的损害程度则可在事故发生前对事故情景做较为准确的预测和推演，并预估其影响范围，做好事先的事故控制措施准备，从而在事故发生后能有效地降低人身伤亡和财产损失。常见的降低火灾和爆炸事故损害程度的有效措施有设置泄压装置、设置安全防护、采取合理的建筑布置等。

（1）泄压措施　泄压措施是指在火灾爆炸危险性较高的区域外的围护结构中设置一些薄弱的构件。一旦围护结构内部发生火灾爆炸，可通过这些薄弱的构件，如轻质屋顶、泄爆窗等泄压装置将失控的能量及时有效地释放出去，即通过人为的引导控制了能量的泄放方式，从而大大减轻对主体构件的破坏程度。

（2）安全防护　预先在重要或是易发展成为点火源的设备表面设置防护装置，阻止点火源与可燃物接触，可极大程度地避免爆炸事故的发生，同时也可大大减少设备在爆炸中受到的危害，如在工业场所采用防爆电器、防爆开关等。图 6-2 所示为防爆开关，图 6-3 所示为防爆灯具。

图 6-2　防爆开关

图 6-3　防爆灯具

（3）合理的建筑布置　在工业生产厂区的设计规划阶段，将厂区的功能区进行合理的划分，可有效降低厂区的火灾危险性，减少爆炸事故发生的概率。例如，针对一些火灾爆炸危险性较高的甲类、乙类生产设备、建筑物，宜将它们的位置安设在厂区的边缘；涉及有毒的化工原料等危险物质加工生产的工艺设备，应布置在操作地点的下风侧。

6.3 石油化工消防

石油化工也称为石油化学工业，兴起于 20 世纪 20 年代，主要以石油、天然气为原料，生产和加工石油化工产品。随着科学技术的发展，人们对石油化工产品的种类和功能的需求也越来越高，为了紧跟市场的需求，石油化工企业的生产规模也越来越大，伴随而产生的安全等问题也越来越受到人们的关注和重视。其中一项重要的问题就是石油化工的消防问题。众所周知，石油化工的原料、中间产品、产品等多是易燃性物品，所以存放这些物品的场所属于火灾发生的高危场所，一旦发生火灾就极有可能导致一系列的连锁反应，不仅会造成大规模、立体性的火灾，而且还有可能引发爆炸，所以危险性极大。

6.3.1 石油化工火灾特点

石油及其制品大多为流淌状的黏稠液体，其流动性决定了其扩散能力要比固体强得多，加之易燃易爆的特点，决定了石油化工企业的火灾一旦发生，就极有可能直接演变为大规模的火灾。另外，石油化工企业的生产工艺具有很多的诱导性因素，如：分馏、蒸馏及其他需要高温或高压环境的工序，这在一定程度上增大了火灾发生的可能性。由于以上石油化工企业火灾的主要特点，石油化工企业属于火灾和爆炸发生的高危企业，而且一旦发生火灾，火势会随着液体的流动迅速蔓延，形成大规模的立体火灾。石油化工企业火灾特点介绍如下。

1. 易发生火灾，并易引起爆炸

石油化工企业的生产原料、中间产物、成品和各种添加剂等多具有可燃性、挥发性。一旦发生泄漏，挥发物聚集，接触一定能量的点火源就有可能引起火灾和爆炸。大多数情况下，石油化工企业的火灾是燃烧和爆炸并存，相比火灾而言爆炸危险性更大，不仅有高温辐射作用，还有伴随产生的强大冲击波，这都会使火灾的规模和破坏力倍增。

2. 易形成大面积流淌性火灾

石油化工企业生产、储存场所多存在大量的易燃液体和气体，尤其是储罐区，一旦发生泄漏，可燃性的液体或气体会顺着地势或风向向周围蔓延，接触点火源就会引起火灾。而且火灾会沿着可燃物的分布迅速蔓延，并引燃其他可燃物，形成大面积流淌性火灾。

3. 易形成沸溢、喷溅

石油等重油多具有较宽的沸程，当重质油品储罐区等发生火灾时，由于其含有水分且黏度大，所以极有可能导致沸溢或喷溅。由于原油的沸点高于水沸点，当原油起火受热后产生的热波会向下层运动，并会使油品中的水汽化，形成“油包气”，同时向上层运动，从而导致油品体积膨胀，向外溢出，火焰通过溢出的油向四周蔓延，这种现象叫作沸溢；喷溅是指产生的热波下降到水垫层，致使水垫层的水迅速蒸发，蒸汽压迅速升高，把上部的油品抛出罐外的现象。出现沸溢和喷溅现象使火焰波及范围扩散，造成火势快速蔓延，直接威胁消防人员、车辆和其他装置、设备的安全。

4. 易形成立体火灾，扑救难度大

石油化工企业多具有较高的反应塔、储罐等装置，当可燃液体或气体从这些装置的上部发生泄漏时，一旦接触点火源就会形成自上而下的火灾。石油化工企业的生产设备多相互关联、集中布置，发生火灾后火焰会横向蔓延，这样就会形成立体火灾，这种火灾的主要特点是：火场温度极高，热辐射极大，扑救难度非常高。

5. 会产生有毒气体和不完全燃烧产物

石油化工的中间产物、添加剂、催化剂等多为具有毒性的物质，且化工原料、中间产品、产品等的燃烧也会带来各种气态分解物和大量烟雾，产生大量的一氧化碳、硫化物、氮氧化物、氨气、氢气、氰化氢等有毒有害气体和不完全燃烧气体，最后这些热分解产物、有毒有害气体和烟雾颗粒等都会滞留在空气中，严重威胁火场人员的逃生，也阻碍了救援灭火行动。

6. 火灾损失巨大

石油化工企业的最终产品往往是经过一系列复杂、精密的工序加工得来的，其中涉及的一些高新设备、珍贵添加剂等材料的价值高达几千万甚至是上亿元，一旦发生火灾，无论是损坏的设备还是浪费的材料，对于企业来说都是巨大的损失。而且石油化工企业的火灾损失不仅包括上述的直接经济损失，还有因火灾导致停工停产所导致的间接经济损失，以及对环境的污染等。

7. 扑救难度大

石油化工企业火灾如果不在火灾初期阶段进行控制，后期会以更大的火场形式出现，而且火势会发展迅速猛烈，因此火灾一旦发生，应立即调动周边消防力量进行扑救。石油化工企业火灾多数情况下属于化学危险物质火灾，而且燃烧方式区别很大，导致火场态势极其复杂，消防人员只有采用相应的灭火剂和适当的灭火处置方法，才可以控制火灾。

6.3.2 石油化工企业的防火布置

1. 石油化工企业的火灾危险性

石油化工企业的火灾危险性可根据现行的《石油化工企业设计防火规范》（GB 50160）进行划分，可燃气体的火灾危险性以爆炸下限作为分类指标，具体分类见表6-3。

表6-3 可燃气体的火灾危险性分类

类　别	可燃气体与空气混合物的爆炸下限
甲	<10%（体积）
乙	≥10%（体积）

常见的可燃气体的火灾危险性分类举例见表6-4。

表6-4 常见的可燃气体的火灾危险性分类举例

类　别	名　称
甲	乙炔，环氧乙烷，乙烯，氰化氢，丙烯，丁烯，氢气，合成气，硫化氢，丁二烯，顺丁烯，反丁烯，甲烷，氯乙烯，异丁烷，乙烷，丙烷，丁烷，环丙烷，甲胺，甲醛，甲醚（二甲醚）异丁烷，异丁烯等
乙	一氧化碳，氨，溴甲烷等

液化烃、可燃液体的火灾危险性分类应按表6-5分类，操作温度超过其闪点的乙类液体应视为甲$_{B}$类液体；操作温度超过其闪点的丙$_{A}$类液体应视为乙$_{A}$类液体；操作温度超过其闪点的丙$_{B}$类液体应视为乙$_{B}$类液体；操作温度超过其沸点的丙$_{B}$类液体应视为乙$_{A}$类液体。

表 6-5 液化烃、可燃液体的火灾危险性分类

名称	类别		特征
液化烃	甲	A	15℃时的蒸气压力 > 0.1MPa 的烃类液体及其他类似的液体
可燃液体		B	甲$_A$类以外，闪点 < 28℃
	乙	A	28℃ ≤ 闪点 ≤ 45℃
		B	45℃ < 闪点 < 60℃
	丙	A	60℃ ≤ 闪点 ≤ 120℃
		B	闪点 > 120℃

常见的液化烃、可燃液体的火灾危险性分类举例见表 6-6。

表 6-6 常见的液化烃、可燃液体的火灾危险性分类举例

类别		名称
甲	A	液化氯甲烷，液化顺式-2 丁烯，液化新戊烷，液化丁烯，液化丁烷，液化氯乙烯，液化乙烯，液化乙烷，液化反式-2 丁烯，液化环丙烷，液化丙烯，液化丙烷，液化环丁烷，液化环氧乙烷，液化异丁烯，液化石油气，液化二甲胺，液化二甲基亚硫，液化甲醚（二甲醚）等
	B	异戊二烯，异戊烷，汽油，戊烷，二硫化碳，异己烷，己烷，环戊烷，环己烷，辛烷，异辛烷，苯，庚烷，原油，甲苯，乙苯，邻二甲苯，间、对二甲苯，乙胺，二乙胺，丙酮，丁醛，三乙胺，醋酸乙烯，异丁醇，乙醚，环氧丙烷，甲酸甲酯，乙胺，甲乙酮，丙烯腈，醋酸乙酯，二氯乙烯、醋酸丙酯、丙醇、醋酸异丁酯，甲酸丁酯，吡啶，二氯乙烷，甲酸戊酯，液态有机过氧化物等
乙	A	丙苯，环氧氯丙烷，丁醇，氯苯，乙二胺，戊醇，喷气燃料，煤油，环己酮，冰醋酸，异戊醇等
	B	轻柴油，硅酸乙酯，氯乙醇，氯丙醇，二甲基甲酰胺，二乙基苯等
丙	A	重柴油，苯胺，辛醇，单乙醇胺，丙二醇，甲酚，糠醛，20 号重油，苯甲醛，环己醇乙二醇丁醚，甲醛，乙二醇等
	B	蜡油，100 号重油，渣油，变压器油，润滑油，二乙二醇醚，邻苯二甲酸二丁酯，甘油，二氯甲烷，三乙二醇，液体沥青，液硫等

石油化工企业的固体的火灾危险性按照现行的《建筑设计防火规范》（GB 50016）执行。生产场所设备的火灾危险性应按其生产、储存或输送介质的火灾危险性类别确定。当同一场所内有不同火灾危险性类别设备时，其火灾危险性类别应按其火灾危险性最高的设备确定；当场所中火灾危险类别最高的设备所占面积比例小于 5%，且燃烧不足以蔓延到其他部位或采取防火措施能防止火灾蔓延时，该场所的火灾危险性可根据其他类别设备的火灾危险性来确定。

2. 石油化工企业的区域规划

石油化工企业的区域规划要考虑多方面的因素，如：石油化工企业自身的火灾特点、相邻工厂的火灾危险性、季节风向、地势条件、天气条件等环境条件。

石油化工企业多集中布置在距居民区有一定距离的区域，企业生产区的位置应选取在邻近城镇或居民区全年最小频率风向的上风侧，且尽量避免布置在通风不良的区域，除此之外还要防止可燃物大量聚集，降低可燃物的燃烧、爆炸危险性。为了给火灾的防治和扑救提供便利，这些厂房一般靠近水源布置，但是在布置时要注意宜位于邻近江河的城镇、重要桥梁、大型锚地、船厂等重要建筑物或构筑物的下游。

3. 石油化工企业的总平面布置

石油厂区一般可划分为工艺装置区、罐区、公用设施区、运输装卸区、辅助生产区和管理区六个区域，在进行工厂总平面布置时，应注意按照工厂的工艺流程、各区域的生产特点、火灾危险性等对各大功能区进行设计，同时还要考虑地势和风向，把不安全的因素降到最低。对于可能散发可燃气体的罐组、工艺装置、装卸区或全厂性污水处理场等适宜布置在远离人员集中的场所，且尽可能位于散发火花地点的全年最小频率风向的上风侧。

在山丘地区建厂多以阶梯式布置，若可燃性罐区或生产装置位于上层，一旦发生泄漏，泄漏的物质就有可能蔓延到下面的阶梯，给阶梯下的工艺或作业人员带来极大的安全隐患。所以液化烃罐组或可燃液体罐组不应毗邻或布置在高于工艺装置、全厂性重要设施或人员集中场所的阶梯上，确有困难时要有防止液体泄漏到下一阶梯的措施。罐组内相邻可燃液体地上储罐的防火间距不应低于图6-4注明的防火间距。油库油罐布置及防火防护如图6-5所示。

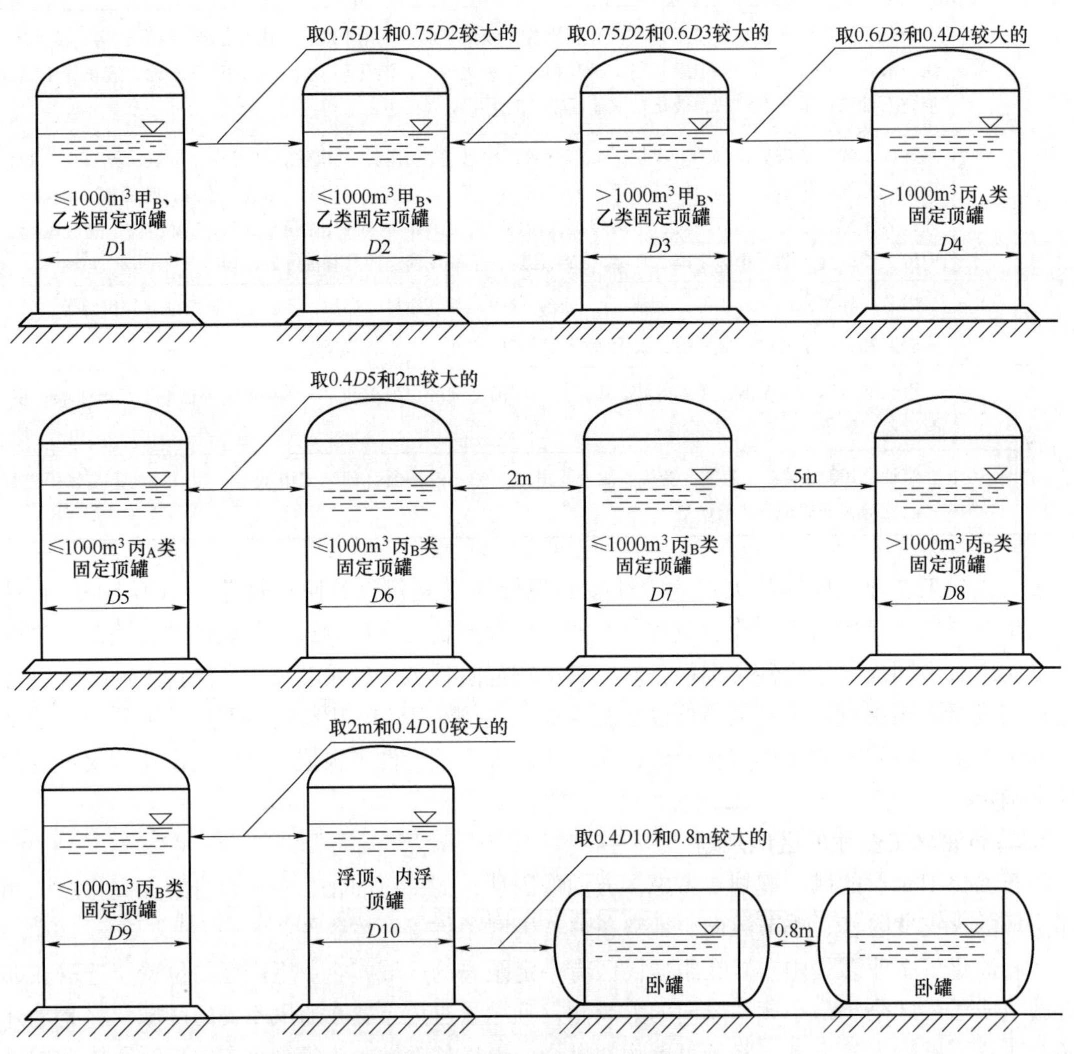

图6-4　罐组内相邻可燃液体地上储罐的防火间距

图6-5 油库油罐布置及防火防护

全厂性高架火炬宜位于生产区全年最小频率风向的上风侧，以避免高架火炬引燃生产区、工艺装置区和储存罐区等泄漏出来的可燃气。汽车装卸区、液化烃灌装站及各类物品仓库等机动车辆频繁进出的区域火灾危险性较高，所以应将其布置在厂区边缘或厂区外，并宜设围墙独立成区。

6.3.3 石油化工企业消防设计

石油化工企业在建筑消防设计时，必须认真执行现行的《石油化工企业设计防火规范》（GB 50160）、《建筑设计防火规范》（GB 50016）等规范中的规定。建设项目中的消防安全设施，应与主体工程同时设计、同时施工、同时投产使用。这不但是保障企业在生产活动中尽量避免或者减少火灾爆炸危害的需要，而且是使相邻区域内其他企业和设施不受或少受火灾爆炸威胁的需要。

石油化工企业在建设、生产、储运等过程中也应该充分考虑与消防相关的问题，主要涉及以下六个部分：区域规划与工厂总平面布置、工艺装置和系统单元设计、储运设施设计、厂内管道设计、消防设计、电气设计。

1. 区域规划及工厂总平面布置

石油化工场所的区域规划、工厂总平面布置、厂内道路及厂内铁路的内容应满足相关规范的要求。区域规划和工厂总平面布置在前面已经提到，厂区内部的道路及铁路设置应避免出现厂内主干道与厂内道路、铁路线平交的现象，应充分考虑灭火救援活动，同时消防车道的设置宜采用环形设计。此外，应综合考虑厂区的整体火灾危险性以及生产装置的布置等要求来进行厂区内部的道路和铁路的设计。

2. 工艺装置和系统单元设计

厂区内的相关装置布置、泵和压缩机设计、污水处理厂和循环水场设计、泄压排放和火炬系统及钢结构耐火保护设计均应满足相关规范的要求。设备和建筑物平面布置的防火间距应符合相关规范的要求；厂区内的可燃气体压缩机宜布置在敞开或半敞开式的厂房内，液化烃泵、可燃液体泵宜露天或半露天布置；污水处理厂和循环水场隔油池的保护高度应不小于400mm；对于一些工作状态可能出现超压或需要紧急泄压的特殊设备应设有安全阀，且安全阀的设置要求应符合现行的规范的规定；高架火炬周围30m内禁止出现可燃气体放空的现象且火炬辐射热不应威胁人身和设备的安全；对于一些关键的承重部位，其结构应进行特别防火保护。

3. 储运设施设计

对于可燃液体的地上储罐，液化烃、可燃气体、助燃气体的地上储罐和可燃液体、液化烃的装卸设施，以及灌装站，厂内仓库等，其相关的设计均应符合现行相关规范的要求。可燃气体、助燃气体、液化烃和可燃液体的储罐基础、防火堤、隔堤及管架（墩）等均应选用不燃或者抗燃的材料制作；可燃液体应采用钢罐储存，罐组的容量、大小、防火间距应满足相应的消防要求；对于相邻罐组，应设置防火堤隔开，防火堤的高度应根据实际计算来确定。

4. 厂内管道设计

厂内管线综合设计、工艺及公用物料管道设计及含可燃液体的生产污水管道的设计均应满足相关规范的要求，对于全厂性的工艺及热力管道，宜在地上进行敷设；当可燃气体、液化烃、可燃液体的管道必须横穿道路或者铁路线时，应当预先将这些管道敷设在管涵或套管内，再进行横穿工作；可燃液体的排放，其排放量和相关物的浓度等均应满足要求。

5. 消防设计

石油化工企业的消防设计包括消防站设计，消防水源及泵房设计，消防用水量设计，消防给水管道及消火栓设计，消防水炮、水喷淋和水喷雾设计，低倍数泡沫灭火系统设计及火灾报警系统设计等多个部分，具体见表6-7。

表6-7 石油化工企业的消防设计要求

消防设施	消防设计要求
消防站	消防站的规模应根据石油化工企业的大小、消防设施布置情况、火灾特点，周边消防协作条件等因素来综合确定
消防水源及泵房	由工厂直接提供消防用水的进水管的数量不应小于两条，且当其中一条发生故障时，另一条应能满足100%的消防用水和70%的生产、生活用水总量的要求；消防水泵房的耐火等级不应低于二级
消防用水量	应根据同一时间内发火场所的数量以及相应场所一次灭火所需用的水量来确定
消防给水管道及消火栓	管网设计宜选用环状布置，且进水管不应小于两条；环状布置的管道应分成若干独立管段，每段管段的消火栓的数量应小于等于五个；当某个环段发生事故时，独立的消防给水管道的其余环段应能满足100%的消防用水量的要求，并保持充水状态。消火栓宜选用地上式消火栓；必须使用地下式消火栓时，消火栓应有明显的标志
消防水炮、水喷淋和水喷雾	甲类和乙类可燃气体、可燃液体等相关设备的高大构架和设备群应设置水炮保护，水炮的设置位置距保护对象不宜小于15m；对于固定水炮无法有效保护的具有特殊危险性的工艺装置设备和场所，宜设置水喷淋系统或水喷雾系统
低倍数泡沫灭火系统	可能发生可燃液体火灾的场所宜采用低倍数泡沫灭火系统
火灾报警系统	石油化工企业的生产区、公用及辅助生产设施、全厂性重要设施和区域性重要设施的火灾危险场所应设置火灾自动报警系统和火灾电话报警系统

6. 电气设计

消防配电及电源设计、静电接地设计和防雷设计应满足相关规范的要求。仅采用电源作为消防水泵房设备的动力源时，应满足现行《供配电系统设计规范》（GB 50052）所规定的一级负荷供电要求。消防水泵房、配电室中的应急照明系统连续供电时间不应少于30min，为满足要求可选用蓄电池作为备用电源。对于消防低压用电中的重要设备的供电，应在最末一级配电装置或配电箱的位置实现自动切换的功能。工艺装置内所有建筑物和构筑物的防雷分类及防雷安全措施都应按现行国家标准《建筑物防雷设计规范》（GB 50057）的有关规定执行。火灾、爆炸危险场所内可能产生静电危险的设备和管道，均应采取静电接地等相关措施来防止静电外泄。

6.4 发电厂与变电站消防

发电厂也称为发电站，其作用是将一次能源转化为二次能源。它起源于十九世纪的电力需求，在1881年，著名的发明家爱迪生开始建造第一个中央发电厂。刚开始电力来自蒸汽驱动的直流发电机，到现在发电方式变得多样化，发电厂有火力发电厂、水力发电厂、风力发电厂、太阳能发电厂、潮汐发电厂以及核能发电厂等。

改变电压的场所是变电站，它主要由变压器、开关、电缆、电容器等电气设施组成，这些设施在运行中易发生火灾进而造成重大损失。为了尽可能降低输电过程中的电力损失，会设置升压变压器，把低电压提高到高电压。高电压不适合城市的各种电器。这时有必要设置相应的降压变电站，使高压被降低到可用符合城市电器使用的低电压。

6.4.1 发电厂的火灾特点

1. 火力发电厂的火灾特点

大量的可燃物质存在于火力发电厂的主要设备中，如变压器、断路器、汽轮发电机组等存有一定的燃油，氢冷发电机组中有一定的氢气，还有脱硝还原的液氨等，而且发电设备存在明火、存在大量的电气设备和电缆等，因此火力发电厂的火灾危险性极大。

新中国成立以来，国内火力发电厂发生过多次火灾，如，2014年3月24日，嘉兴港区的发电厂发生火灾，烟气蔓延非常广泛，先后出动5辆消防车；2015年3月13日14时左右，位于北京市朝阳区王四营地区的华能热电厂发生技术性故障，引起火灾并引燃建筑结构彩钢板，导致厂区产生大量黑烟，4台机组被迫停运，91部消防车参与救援。

火力发电厂发生火灾，不仅会造成人身伤害和财产损失，而且还会发生环境污染；不仅影响人们的生活和工厂的正常运作，而且可能带来后续危害。火力发电厂的火灾危险性主要体现在以下几个方面：

（1）原料易发生自燃　煤是大多数火力发电厂的原料，大量煤炭堆积容易引起自燃，在湿润的空气状况下，煤吸收空气中的水分可能产生热量，当热量达到一定水平时，煤会吸附氧气产生过氧化物，当温度达到70℃时分解并发生自燃，煤炭自燃火灾极其危险，且难以完全扑灭。

（2）发电厂存在大量的燃油　发电厂内的汽轮机组需要润滑油来润滑，每个机组存在上万公斤的燃油，而汽轮机的润滑油具有极低的燃点，（200℃以内）。一旦发生火灾，火势将迅速大面积蔓延。此外，大量的燃油充斥于发电厂内部的变压器、断路器等中，发生火灾时也需要采取紧急措施迅速处理。

（3）可能发生爆燃　以前的发电厂使用的锅炉点炉方法是先用轻柴油点燃，再逐渐增加煤粉降低轻柴油的使用量。此种方法存在一定危险性，若操作不当就有可能发生爆燃。此外，如果煤粉供应突然减少或煤粉质量降低且空气供应不合理时，则可能引起炉子熄火，此时若加入煤粉并达到一定浓度，会发生爆震。

（4）易发生氢气爆炸　氢气是火力发电厂发电机组冷却的重要物质，氢气在生产、储存、运输和使用的过程中都容易发生泄漏事故，氢气的爆炸极限范围广且爆炸下限极低，如果接触火源较容易发生爆炸事故，后果非常严重。

（5）存在大量的电气设备和电缆　发电厂所产生的电力需要运输、储存，发电厂内部有大量的设备，这些电缆和电气设备具有可燃性并成为潜在的引火源，一旦电线超压，就可能发生火灾，火灾将沿着电线蔓延，导致严重的后果，从而使整个电力系统失效，产生一系列的连锁反应。

（6）液氨的使用　当今社会各国都非常注重保护环境，烟火脱硝装置普遍被安装在火力发电厂中用来减少氮氧化物的排放。烟气脱硝装置主要原料是液氨，液氨不仅具有毒性且爆炸下限低，一旦发生泄漏，不仅可能造成毒气蔓延，还有可能引发爆炸。

2. 核电厂火灾特点

核电站的原理决定了其火灾特点，核电厂的火灾特点主要体现在以下几个方面：

（1）可燃物种类多、多具有放射性　核电厂内部存在多种、大量的可燃物，其中一部分带有放射性，灭火救援时须注意辐射防护。在进行火灾救援时，应遵循“核安全第一”的原则，在核电站运行安全的前提下，应首先隔离核安全的重要项目，然后进行灭火。

（2）易发生燃烧和爆炸　核电站中的一些系统和设备的使用会产生爆炸性气体，一旦发生火灾，危险性大、易产生爆炸，而且有些区域存有大量的油类，如盛装大量绝缘油的主变压器和柴油机厂房的油罐区等，如果发生火灾，救援难度大。

（3）扑救难度大　辐射控制区内碘吸附器含有活性炭，具有较高的火灾危险性和放射性，一旦发生火灾，很难扑救。

（4）火灾损失严重　核电站内存在较为复杂的仪器，造价很高，一旦发生火灾，损失惨重。

（5）可能导致中毒　核电站存在大量的有毒有害物质，为实现放射性隔离，厂房设计难度高，大多采用封闭和半封闭式，因此，在火灾扑救过程中，制定安全的战斗策略和防止中毒非常重要。

6.4.2　发电厂消防设计

1. 火力发电厂消防设计

火力发电厂包括燃煤电厂和燃机电厂，其防火设计要满足《火力发电厂与变电站设计防火规范》（GB 50229）的规定。

（1）燃煤发电厂消防设计

燃煤发电厂的消防设计应满足相关的设计要求，包括火灾危险性及耐火等级，总平面防火设计，安全疏散，建筑构造，消防给水，火灾自动报警，采暖、通风、空气调节，供电和照明等方面的要求，具体见表6-8。

表6-8　燃煤电厂的消防设计要求

消防设计类型	设计要求
火灾危险性及耐火等级	根据建筑物（构筑物）的使用性质，氢气供应站的火灾危险等级为甲级，特殊材料库存为乙级火灾隐患，其他场所的火灾危险多为丙级、戊级和丁级。建筑物（结构）的耐火等级不得低于二级
总平面防火设计	“重点防火区”是指在施工、设计、生产过程中应特别注意防火问题的重要领域。消防车道的宽度不应小于4.0m。路障、栈桥等障碍物的净高不应小于4.0m，厂区建筑物（构筑物）之间的防火间距应符合相关规范。甲、乙类厂房和非常重要的公共建筑之间的防火间距不应小于50m
安全疏散	主厂房车间的安全出口不应少于2个。从主厂房最远的工作位置到外部出口或楼梯的长度不应大于50m。在集中控制建筑中，至少有一个通向每个楼层的封闭楼梯间。主控楼、配电设备楼及电缆夹层的安全出口不少于2个

（续）

消防设计类型	设计要求
建筑构造	变压器室、发电机出线小室、电缆夹层、配电装置室、电缆竖井等室内疏散门应为乙级防火门。主厂房隔墙门应使用乙级防火门。主要建筑物疏散楼梯间不得通过易燃气体管道、蒸汽管道和甲、乙、丙类液体管道。当特殊材料库与通用材料库结合时，应该在两者之间设置防火墙
消防给水	消防给水系统的设计要和主体设计同步实行。消防用水要与全厂用水统一规划，水源要可靠保障。100MW 及以下机组燃煤电厂供水系统应与生活用水或生产用水相结合。125MW 及以上燃煤电厂的消防给水采用独立的消防给水系统。消防给水系统的设计压力应使消防总水量达到最大时，水枪的水柱在任何建筑物的最不利点位置，水枪的充实水柱不应小于 13m
火灾自动报警	单机容量在 50 ~ 135MW 的燃煤电厂，在电缆夹层、电缆竖井、电缆隧道、控制室、室内配电设备上设置自动火灾报警系统。本单位火灾自动报警系统的探测器应根据建筑物的结构类型和容量确定。单机容量为 50 ~ 135MW 的燃煤电厂，应安装区域报警系统。机组容量在 200MW 及以上的燃煤电厂，应设置相应的报警系统
采暖、通风、空气调节	电池房、氢气站、供（卸）油泵房、油处理室、汽车仓库、煤（煤粉）系统建（构）筑严禁使用明火采暖。室内供暖系统的配件、管道、保温材料应采用不燃材料。机房、控制室、电子设备室应设置排烟设施；机械排烟系统的排烟量可按每小时不少于 6 次的房间换气量计算。配电装置和油断路器室应安装事故排风机。泵房应配备机械通风系统。煤炭运输楼采用机械通风时，通风设备的电机应防爆。氢冷发电机组的蒸汽机机房应配备氢气放电装置；氢气放电装置为电动或有电动执行机构时，应采取防爆直接耦合措施
供电和照明	单个发电机容量在 200MW 以上时，应按安全负荷供应；单机容量小于 200MW 时，按一级负荷供电。单机容量为 25MW 或以上的发电厂，消防泵和主厂房升降机应以一类负荷为动力。单机容量在 25MW 及以下的发电厂，消防泵及主厂房升降机的动力应不少于第二类负荷。200MW 及以上燃煤电厂机组控制室、网络控制室、柴油发电机房的应急照明采用蓄电池直流系统供电。主厂房出入口、通道、楼梯井及远离主厂房的重要工作场所的应急照明，应使用自备电源的应急灯。其他场所的应急照明应采用安全负载供电。单位容量在 200MW 以下的燃煤电厂的应急照明应采用蓄电池直流系统供电

（2）燃机发电厂消防设计

燃气轮机发电厂的消防设计应符合燃煤发电厂的火灾危险性及耐火等级，并符合总平面布置、安全疏散、防火、消防供水、火灾自动报警等方面的要求，具体见表 6-9。

表 6-9　燃机电厂的消防设计要求

消防设计类型	设计要求
火灾危险性及耐火等级	根据建筑物的位置和使用特点，耐火等级不应低于二级
总平面布置	燃气轮机电站总体布局时，燃料加工间、氢气补给站、天然气调压站、其他辅助建筑物应分开布置。燃气轮机电站或主厂房、燃料处理厂、天然气调压站、余热锅炉、其他建筑物（构筑物）之间的隔火距离按现行的规范设计
安全疏散	燃气轮机发电厂主厂房疏散楼梯的设置应不少于 2 个。其中一个楼梯应该直接通向室外入口和出口，另一个可以是室外楼梯
防火	当燃气轮机使用的燃料是天然气或其他类型的气体燃料时，壳体应装有相应气体探测器。火焰熄灭时，燃气轮机的进气口关闭阀应在 1s 内关闭
消防供水	消防用水要与全厂用水同步设计，水源充足。向厂房供应的消防水量，按照火灾发生时的最高灭火水量计算。建筑物的灭火用水量应当是室内外消防用水量的总和

（续）

消防设计类型	设计要求
火灾自动报警	燃气轮机发电机组（包括燃气轮机、发电机、变速箱、控制室）应采用全淹没式燃气灭火系统，并配备自动火灾报警系统。燃气轮机发电机组及其附属设备、火灾自动报警系统应配备成套的相关设备。燃气轮机控制室可设置火警控制器，火警信号上传至集中报警控制器。室内燃气轮机、天然气调压站、联合循环发电机组应设置易燃气体泄漏检测装置，报警信号指向集中火灾报警控制器

2. 核电厂消防设计

核电厂的消防设计应符合总平面布置、安全疏散、消防供水系统、火灾自动报警系统、通风系统、排烟系统等方面的要求（表6-10）。其设计主要依据《核电厂防火设计规范》（GB/T 22158）等标准。

表6-10 核电厂的消防设计要求

消防设计类型	设计要求
总平面布置	火灾发生时为了能够限制火灾的蔓延，核电厂应划分相应的防火分区，且防火分区面积应符合规范要求，核电厂内部重要的机械运转设备应单独分隔布置，且应设置耐火极限不低于1.5h的防火分隔设施。核电厂内部的电气系统应设置满足规范要求的隔热防火套，其耐火极限不应小于防火分隔设施的耐火极限
安全疏散	核电厂应设置一定数量的安全疏散通道，安全出口和疏散楼梯间。疏散楼梯间根据要求应采用防烟楼梯间，以满足内部工作人员安全疏散和消防人员应急救援的要求。针对核电厂内部火灾危险性较大的区域还应设置多个主疏散通道，并根据实际情况在相应区域内进行合理布置
消防供水系统	为满足火灾事故发生的灭火需求，核电厂应设置两个泵站为消防灭火提供消防用水。为了满足消防水量的要求，两个泵站应设置两台功率满足要求的消防水泵，还需要配置独立的消防应急电源，以确保应急救援时的电力需求 为安全起见，还需要设置两个独立的消防水源，还可以根据实际需要，设置一定数量的消防水池，消防水池的设计要满足地震抗震要求。每个消防水池的储水量不应小于1200m^3，还应保证消防水泵能够根据火灾发生位置从任一消防水池吸水用于消防灭火，并能在8h内将消防水池再充满 消防供水管网还要设置水泵接合器，由于消防水泵启动需要一定的时间，因此为保证安全，供水管网内还应始终保持高压状态。在核电厂顶部还要设置消防水箱。消防水箱主要用于冲洗管网，在管网有压状态下还可进行各自的隔离检查
火灾自动报警系统	核电厂应设置独立火灾自动报警系统，还应设有手动触发装置和自动触发装置。火灾自动报警系统线路上所连接控制模块或信号模块的地址编码总数的火灾探测器数量不应超过火灾报警控制器的设计容量，且宜留有一定余量 核电厂内部设置的火灾自动报警系统应具有以下功能： （1）能够在第一时间内探测到火情，确定火灾事故发生的起始位置 （2）能够迅速将火情信号传递给消防控制室 （3）能够启动火灾报警装置和火灾警报装置，发出声光报警信号，通知内部工作人员进行安全疏散 （4）具备联动控制功能，联动控制相关的消防灭火系统，如水灭火系统、气体灭火系统、防排烟系统等，并能够控制各种消防设备和阀门的开启，如消防水泵、排烟管道上的排烟阀、防火阀等 （5）能够对核电厂内部火灾的发生发展过程进行实时监测，以便于安全疏散与应急救援行动的开展 火灾自动报警系统应设置消防应急电源，以满足火灾发生后引起电力故障的用电需求，火灾自动报警系统的供电方式为集中供电，正常工作状态下的工作电压一般为直流电压24V

（续）

消防设计类型	设计要求
通风系统	核电厂内部设置通风管道时不宜穿越防火分区的防火分隔设施。当通风系统的管道需要穿过房间时，需要在通风管道上设置相应防火阀。遇到特殊情况，通风系统的通风管道不得不穿越防火分隔设施时，应做好防火措施，以防止火灾通过通风系统蔓延到另外的防火分区
排烟系统	核电厂内部区域排烟方式可采用自然排烟和机械排烟两种。当采用自然排烟方式时，该区域设置的排烟口的总面积应大于该防烟分区总面积的2%。自然排烟口的设置还应满足设计高度要求，其底部距室内地面的高度不应小于2m。自然排烟口应保证其处于常开状态或在火灾发生时打开。当内部区域不满足自然排烟要求时或火灾危险区域如汽轮机房、仓库等应采用机械排烟方式 核电厂内部不同的防烟分区应设置独立的排烟系统。设置排烟风机时，不同防烟分区内设置的排烟风机可以共用配电系统

6.4.3 变电站的火灾特点

变电站主要由开关、电缆、变压器、电容器等相关设备构成，这些设备存在一定的火灾危险性，一旦发生火灾易造成大规模的区域停电，造成工业用电和生活用电困难，造成严重的经济损失。变电站火灾特点一般体现在变电站的各种电气设施中。

1. 变压器火灾

变压器由于长期风吹日晒，有可能产生绝缘损坏，从而造成相间短路、层间短路、匝间短路等，这些问题都易引发火灾事故，变压器长期工作时会产生大量的热量，并且这些热量难以及时散失，同时引起其他设备的燃烧，此外，变电站的防雷设计不健全也有可能导致变压器火灾。

2. 油断路器火灾

油断路器具有灭弧功能，当油断路器油位过低或油质受损时，电弧不能被切断，可能导致油断路器燃烧或爆炸。

3. 电缆线路火灾

变电站外部及内部有许多电缆和线路，当变压器的压力变化时，或是电缆绝缘遭到破坏时就有可能积累大量的热量，引起电缆火灾事故。

4. 其他火灾

当开关切断电流的能力不可靠时，强电弧会引起燃烧爆炸；如果电池通风不良或调节不当，会导致充电过程中硫酸或氢气释放而造成爆炸。

6.4.4 变电站的消防设计

变电站的消防设计应满足建筑防火、安全疏散、灭火设计、通风排烟设计、消防供电设计等方面的相关要求，具体见表6-11。其设计主要依据《火力发电厂与变电站设计防火标准》（GB 50229）。

表6-11 燃机电厂的消防设计要求

消防设计类型	设计要求
建筑防火	根据变电站建筑物（构筑物）的使用性质，进行火灾危险性的分类和耐火等级的确定。变电站建筑物（构筑物）的防火性能不低于二级。建筑物（结构）的燃烧性能和耐火性应符合现行规范。变电站建筑（施工）与民用建筑（结构）及变电站外各类仓库、厂房、堆场、储罐之间的防火隔离应符合《建筑设计防火规范》（GB 50016）

（续）

消防设计类型	设计要求
安全疏散	电缆夹层、电池室、电容器室、变压器室、配电装置的门应向疏散方向打开；当门外是公共走道或其他房间时，该门应采用乙类防火门。主控制室、电容室、配电设备室、电缆夹层施工面积大于 $250m^2$ 的，疏散出口不小于2个，楼层第二出口可位于固定楼梯室外平台。当配电装置长度大于 $60m^2$ 时，需要增加1个中间疏散出口
灭火设计	应根据变电站的设计和规划，按照相关要求设计变电站的消防给水系统。消防水源应安全可靠。变电站内建筑物达到不少于二级的防火要求，体积不超过 $3000m^3$，且火灾危险性为戊类时，可不设消防给水。变电站同时发生火灾的次数应确定为一次。单台容量为125MV·A及以上的主变压器应设置合成型泡沫喷雾系统、水喷雾灭火系统、其他固定式灭火装置。其他带油设备应设置干粉灭火器。对于地下变电站的油浸变压器，应按要求采用固定灭火装置
通风排烟设计	严禁所有加热区域使用明火；放电装置应配备机械排气装置，相关房间的排烟要求符合《建筑设计防火规范》（GB 50016）的规定；当火灾发生时，排风系统、送风系统、空调系统应能自动停止运行。当使用气体灭火系统时，通过保护区内的通风或空调管道上的消防风门应立即自动关闭
消防供电设计	电动阀门、火灾探测报警、灭火系统、消防水泵、火灾应急照明按照Ⅱ类负荷供电；消防电源设备采用双电源或双回路电源时，应在配电箱最后一层自动切换；照明可采用电池作为备用电源，其连续工作时间不少于20min；消防设备应采用单独的电源电路，火灾切断生产和生活用电时，应保障消防供电，相关标志要明显；消防电路应满足相关要求

6.5 危险化学品消防

6.5.1 危险化学品的分类和定义

1. 危险化学品的分类

危险化学品（以下简称危化品），是指具有燃烧、毒害、腐蚀、爆炸、放射性等性质，对设施、人体、环境具有危害的化学品。危化品的种类繁多，性质复杂，生活中常见的危化品主要有农药、化工原料、试剂、炸药、油漆等。近年来，相关事故多次发生、危害极大，2015年发生相关事故25起、死亡33人。

《化学品分类和危险性公示 通则》（GB 13690—2009）是我国危险品分类现行执行标准，按照危险化学品主要的危险性和具体的危险性，可分成爆炸品，压缩气体和液化气体，易燃液体，易燃固体、自燃物品和遇湿易燃物品，氧化剂和有机过氧化物，有毒品，放射性物品，腐蚀品八大类。

2. 各类危化品的定义

各类危险化学品的定义见表6-12。

表6-12 各类危化品的定义

危化品分类	定　义
爆炸品	指在外部作用下（如受热、摩擦、撞击等）能发生剧烈的化学反应，瞬间产生大量的气体和热量，使周围的压力急剧上升，发生爆炸，对设备、周围环境、人员造成破坏和伤害的物品

（续）

危化品分类	定　义
压缩气体和液化气体	指压缩的、液化的或加压溶解的气体。这类物品当受热、撞击或强烈振动时，容器内压力急剧增大，致使容器破裂，物质泄漏或发生爆炸等
易燃液体	指易燃的液体、液体混合物，在常温下是液体，但易挥发，其蒸气与空气混合能形成爆炸性混合物。本类物质在常温下易挥发，其蒸气与空气混合能形成爆炸性混合物
易燃固体、自燃物品和遇湿易燃物品	易燃固体：指燃点低，对热、撞击、摩擦敏感，易被外部火源点燃，迅速燃烧，能散发有毒烟雾或有毒气体的固体； 自燃物品：指自燃点低，在空气中易发生氧化反应放出热量而自行燃烧的物品； 遇湿易燃物品：指遇水或受潮时，发生剧烈反应，放出大量易燃气体和热量的物品，这些物品不需明火就能燃烧或爆炸
氧化剂、有机过氧化物	氧化剂：指具有强氧化性，易分解放出氧和热量的物质，对热、震动和摩擦比较敏感。 有机过氧化物：指分子结构中含有过氧键的有机物，其本身是易燃易爆、极易分解，对热、震动和摩擦极为敏感
有毒品	指进入人（动物）肌体后，累积达到一定的量能与体液和组织发生生物化学作用或生物物理作用，扰乱或破坏肌体的正常生理功能，引起暂时或持久性的病理改变，甚至危及生命的物品
放射性物品	它属于危险化学品，但不属于《危险化学品安全管理条例》的管理范围，国家还另外有专门的“条例”来管理
腐蚀品	指能灼伤人体组织并对金属等物品造成损伤的固体或液体

6.5.2　危化品的危险性

1. 可燃气体的危险性

通过爆炸极限可以确定可燃气体的火灾危险性。一般情况下，爆炸极限越宽、爆炸下限越低，该气体的危险性越大，这是因为爆炸下限越低越容易形成爆炸条件，爆炸极限越宽，越易发生爆炸。可燃气体的点火能量越小，引起火灾的可能性越大，风险越大。一般情况下，易分解的可燃气体（如环氧乙烷）危险性大，这类可燃气体与其他可燃气体混合容易引发爆炸事故，所以要严格防止该类物质泄漏或与其他可燃气体混合。可燃气体质量越轻、相应的密度越小，就越容易迅速上升和扩散，因此火灾危险性相对较小；如果可燃气体的密度接近空气密度或比空气重，则易聚集并形成爆炸混合物，遇到点火源就有可能发生爆炸，因此火灾危险性相对较高，例如液化天然气小于液化石油气的危险性。

2. 易燃液体的危险性

易燃液体的危险性主要可以根据其闪点进行判断，具有闪点越低、火灾危险性越大的特性。按规范，液体可燃物可按闪点分为甲类火灾危险性（闪点小于等于28℃）、乙类火灾危险性（闪点28～60℃）以及丙类火灾危险性（闪点大于60℃）。此外，液体越易反应、密度越小、蒸发速度越快，也相对越易燃烧，风险也越大。

3. 易燃固体的危险性

易燃固体的氧化还原反应越易进行则危险性越大。易燃固体性质不稳定，且具有还原性，容易发生氧化还原反应，这是非常危险的。相关试验表明，易燃固体在燃烧时越容易发生分解反应，则危险性越大，所以粉末状物质容易和空气中的氧气发生作用，火灾风险非常高。

4. 爆炸品的危险性

爆炸物品对撞击、摩擦敏感度越高，对温度越敏感，其爆炸风险越大。从化学角度分析，爆炸物品分子结构中官能团的性质越不稳定，其分解就越容易，风险也就越大。

5. 氧化性物质的危险性

氧化性物质是指本身一般不会燃烧，但可释放出氧，而引起或促使其他物质燃烧的一种化学性质比较活泼的物质。一般情况下，对元素而言，非金属性越强，捕获电子的能力越强，氧化性就越强，风险越大；而对于离子，带正电荷越多，则氧化性越强，风险也就越大。此外，有机过氧化物含有过氧基，反应中释放出氧，同样有氧化作用，因为其分子结构中含有碳、氢原子，本身可进行氧化还原反应，容易产生燃烧、爆炸，危险性较大。

6. 遇湿易燃物品的危险性

遇湿易燃物品的化学物质越活泼，它与水的反应就越强烈，在短期内释放的热量和氢气就越多，燃烧和爆炸的可能性就越大，风险就越大。

7. 毒害物质的危险性

一般说来，均能溶解于油中和水中的毒害物质，可能造成的伤害最大；能溶解于水而不溶解于油的毒害物质的毒性次之；能溶解于油而不溶解于水的毒害物质的毒性第三；均不溶于油和水的毒害物质毒性最小。此外，毒害物质的危险性和毒性并非严格成正比关系，而是与颗粒大小、沸点和气味有关。相关试验表明，毒害物质沸点越低、挥发性越高，空气中的浓度越高，人在此环境中就越容易中毒；毒害物质粉尘越细小，越容易被人体吸入肺部造成中毒；在日常生活中可以很容易得出无味无色的物质越容易中毒；毒物越容易被人体皮肤吸收，风险就越大；如果毒害物质具有腐蚀性，那么毒害物质对皮肤的腐蚀性、刺激越大，则风险越高。

8. 腐蚀品的危险性

水溶液中腐蚀品的电离程度越高，产生的氢离子或氢氧根离子浓度越高，酸性和碱性越强，风险越大。一般情况下腐蚀品的氧化性越强，风险就越大；与水反应越剧烈，风险就越大；和蛋白质反应越激烈，风险就越大。

6.5.3 危化品厂房的火灾特点

1. 易发生燃烧和爆炸

危化品在生产和储存过程中很容易达到燃烧和爆炸的条件，甲类和乙类危化品容易发生火灾，当危化品的工厂发生易燃气体泄漏时，气体一旦碰到点火源就会发生爆炸，而且往往是先发生爆炸，随后发生燃烧，导致连锁反应。另外，爆炸时会产生巨大的压力，导致房倒屋塌，给人们带来永久性的伤害和财产损失。

2. 生产、储存、运输危险性大

危化品的生产过程主要是在高温高压环境下进行的，这些危化品本身带有巨大的能量，如果生产过程发生变化或泄漏，可能会造成巨大的火灾危险，因此，危化品的生产区域要统一规划。危化品在储存的流程中也易发生事故，因此，不同的危化品要按照相关规定进行储存。此外，危化品在运输过程中，也容易产生火灾或者爆炸。

3. 易造成环境污染和中毒事件

相当一部分危化品具有毒害和腐蚀作用，当人体吸入或是与之接触就可能给人体带来巨大的伤害。部分危化品自身没有危险性，但是发生火灾时可能产生有毒有害物质，从而带来很大的危险。此外，有毒有害物质的随意蔓延，会对当地的环境造成一定的危险性。如1984年12月3日，印度中央邦博帕尔市的一所农药厂发生氰化物泄漏，造成大约2.5万人直接死亡，55万人间接死亡，此外导致20多万人永久伤残。至今当地居民的癌症患病率和儿童死亡率仍然远远高于印度其他城市。

4. 火灾蔓延速度快

危化品的特点是沸点低，同时挥发性强，大多数易爆炸、易燃烧，因此危化品的燃烧速度非常快，特别是轻质油和易燃气体的浓度积累到爆炸极限时，可能发生爆炸事故，对周围环境产生影响。还有一些液体危化品易流散，发生燃烧时，会导致火灾大规模蔓延。

5. 火灾现场情况复杂

危化品的生产过程复杂，会产生大量的中间产物，这些中间产物可能发生化学反应，容易发生火灾，导致建筑坍塌、工艺设备损坏，同时火灾和烟气的蔓延，给人员疏散和逃生带来极大的困难，也给救援增加很大的危险。

6.5.4 危化品的消防应急措施

1. 爆炸品的着火应急措施

爆炸品的着火应急措施主要包括以下几点：①当发生火灾、爆炸时，必须迅速确定再次发生爆炸的概率，并制止爆炸的再次发生；②判断爆炸品着火时加入适量的水能够降低爆炸可能性（水能渗入到爆炸品的内部使爆炸品钝感）；③应使用二氧化碳、干粉、空气泡沫（高倍数泡沫较好）等灭火剂进行施救，尤其注意不要用干沙进行掩盖，以免扩大爆炸事故的危害；④灭火救援时，应迅速组织力量疏散着火点周围的爆炸物品，并设置隔离带；⑤进行消防救灾时，应采用吊射方式进行灭火，尽量避免水流对爆炸品的直接冲击。

2. 压缩气体和液化气体泄漏、着火的紧急措施

（1）泄漏处理　当易燃易爆气体发生泄漏时，应根据实际情况及时切除火源，观察泄漏的位置，迅速控制泄漏源并采取措施加以阻止；对于已经泄漏的气体，必须先进行稀释，然后及时采取措施降低其浓度；此外，相关救援人员在进行救援行动时应穿戴专用的防护服和防护面具，以免受到腐蚀性气体伤害，或者受到窒息、中毒等危害。

（2）着火处理　液化类气体的火灾，在采取有效的封堵措施之前，应确保液化气的稳定燃烧，切勿盲目灭火，当气瓶泄漏的气体在空气流动的环境中可以快速消散时，可以用正常方法灭火；否则，需要预先大量喷水来冷却钢瓶内部，防止瓶内压力上升而发生爆炸。如果气缸周围存在着火物质，首先要用大量的水冷却气缸，如果可能的话，应将钢瓶从着火点或危险区域移开；但对于加热过的乙炔瓶，即使冷却后仍存在爆炸的危险性，因此应待乙炔瓶或类似容器完全恢复到环境温度，并保证其温度不再升高，再重新采取措施。

3. 易燃液体的着火应急措施

易燃液体一旦发生着火，火灾会随着易燃液体的流淌而蔓延，形成流淌火，易形成大规模的火灾，因此应根据易燃液体的性质（相对密度的大小、能否溶于水等）和灭火剂的类型等来确定灭火措施。

一般来说，比水轻且微溶于水或不溶于水的烃基化合物（如石油、乙醚、煤油、柴油、苯、汽油石油醚等）发生火灾，可用干粉、泡沫、卤代烷等灭火剂扑救；部分溶于水或能溶于水的易燃液体（如甲醇、丙酮、乙醇、丁酮等）着火时，可用抗溶性泡沫、干粉、雾状水、卤代烷等灭火剂进行扑救；不溶于水、密度大于水的易燃液体（如二硫化碳等）着火时，可使用水进行救援。

4. 遇湿易燃物品的着火应急措施

有遇湿易燃物品存在的场所发生事故时禁止用水救援，如消防水系统、泡沫灭火系统、水基灭火器等。例如，火场中如果存放有电石，会与灭火用水发生化学作用，将导致爆炸，使火灾范围进一步扩大。

5. 氧化物和有机过氧化物的泄漏、着火应急措施

（1）泄漏处理　当过氧化物和氧化物泄漏时，应采取一定措施将泄漏物收集起来。为避免发生火灾，严禁采用易燃的物质作为吸收材料，并且尽可能使用大量的水进行救援。

（2）着火处理　氧化物和过氧化物着火时应防止用大量的水进行救援，以避免过氧化物的剧烈反应。当消防人员有个人防护时，应采取措施将氧化物和过氧化物移除，之后才可用大量的水灭火。不应采用窒息法控制氧化物和过氧化物的燃烧，因为在火灾中氧化物和过氧化物会形成一定的氧气，从而维持自身的燃烧。

6. 毒害品的着火应急措施

大多数有机毒药是可燃物质，发生火灾时形成一定量的有毒有害气体，当此类毒害品着火时应当注意以下几点：①人们逃离时，应该逃向逆风方向，并且采取一定的防毒措施；②进行扑救时，应根据毒物自身的特点采取相应的消防措施；③当液体毒害品着火时，可根据液体的性质（有无水溶性和相对密度等）用砂、粉、石粉等进行抗溶剂泡沫或机械泡沫、化学泡沫处理；④当无机毒害品中的氰、磷、砷或硒的化合物着火时，可用干粉、石粉、砂土等进行扑救，不可使用酸碱灭火剂和二氧化碳灭火剂，也不宜用水施救；⑤当固体毒害品着火时，可用水或雾状水扑救；⑥用大量水扑救氰化物火灾时，应采取相关措施防止灭火人员接触含有氰化物的水，尤其是严禁破损的皮肤与之直接接触，并防止有毒物质泄漏而造成环境污染。

7. 放射性物质的着火应急措施

放射性物质的泄漏会对相关人员和环境造成严重的影响，当放射性物品着火时，应该注意以下几点：①人员应采取相应的个人防护措施，站在上风向并迅速采用雾状水扑救；②用水灭火时，为避免造成更大范围的污染，应尽量减少水的使用；③人体被放射性物质污染时，应用肥皂水快速冲洗至少 3 次，并进行冲洗淋浴；④此外，使用过的个人防护用品应在防疫部门的监督下进行清洗。

8. 腐蚀性物品的着火应急措施

腐蚀性物品一旦发生火灾，会产生有害气体，因此进行救援时，应该先穿戴防毒服装和设备，再采取相关措施进行灭火。对于普通的腐蚀品着火，可用雾状水或泡沫、干砂、干粉等扑救，为避免火灾范围的进一步扩大，不可用高压水扑救。当一些遇水会发热、分解或产生酸性烟雾的特殊腐蚀性物品（如硫酸、卤化物、强碱等）着火时，不能用水施救，可选用泡沫、干砂、干粉等。

6.6 矿井工业消防

矿井火灾是指发生在矿井下或是矿井井口附近，造成人员伤亡、威胁生产安全的失去控制的灾害性燃烧。以煤矿为例，火灾是煤矿生产的主要灾害之一，根据火灾发生的原因，主要可以分为内因火灾和外因火灾两种。内因火灾是指因煤的自燃引起的火灾，外因火灾是指由外部点火源引起的火灾。煤矿井下的可燃物主要有三类：固体可燃物、液体可燃物和气体可燃物。固体可燃物主要包括煤、输送带、坑木等；气体可燃物主要包括瓦斯、乙烯、一氧化碳、硫化氢、乙烷、氢气等；液体可燃物主要包括井下使用的各种油料。矿井火灾不仅会损坏矿井、浪费大量资源，还会产生大量有毒有害气体，威胁矿工的生命安全，若处置不当还有可能引发其他灾害，比如瓦斯爆炸、粉尘爆炸等更为严重的灾害，危害极大。

6.6.1 矿井工业火灾分类

近年来，我国矿井火灾的发生次数以及带来的损失总体上呈下降趋势，但仍时有发生，造成的伤亡和损失往往令人难以接受。矿井火灾具有蔓延迅速、情况复杂等特点，并时常伴有爆炸，因此其波及范围和危害程度难以得到有效控制。表 6-13 为 2004 ~ 2016 年我国煤矿发生的典型爆炸事故。

表 6-13　2004 ~ 2016 年我国煤矿发生的典型爆炸事故

时　间	煤矿名称或单位	死亡人数（人）	简　况
2016. 10. 31	重庆市永川区金山沟煤业有限责任公司	33	因为超层越界、违法开采而导致特别重大瓦斯爆炸事故，共造成 33 人死亡、1 人受伤，直接经济损失 3682 万元
2014. 06. 03	重庆市南桐矿业公司砚石台煤矿	22	井下发生瓦斯爆炸事故，造成 22 人死亡、1 人受伤
2012. 08. 29	四川省攀枝花市西区正金工贸公司肖家湾煤矿	48	井下发生瓦斯爆炸事故，共造成 48 人死亡
2011. 08. 14	贵州六盘水盘县过河口煤矿	10	当班下井共 11 人，通过救援，1 人生还、10 人遇难
2010. 12. 07	河南义马煤业集团巨源煤业公司	26	矿主未经相关可行性认证私自打开密封的工作面，命令工人下井作业，最终引发瓦斯爆炸事故。当班矿工 46 人，20 人升井，26 人遇难
2009. 11. 21	黑龙江龙煤集团鹤岗分公司新兴煤矿	108	三水平二石门后组 15 层探煤道发生煤与瓦斯突出，引起风流逆向，瓦斯随逆向风流进入二段钢带机机头硐室发生爆炸。事故发生时全矿井下作业人员 528 人，108 人遇难
2007. 12. 05	山西省临汾市洪洞县瑞之源煤业有限公司新窑煤矿	105	井下发生瓦斯爆炸事故，105 人遇难
2005. 11. 27	黑龙江省龙煤集团七台河分公司东风煤矿	171	皮带井发生一起爆炸事故，当班井下有 242 人，其中 73 人生还，169 人遇难；事故同时造成地面 2 名工人死亡
2004. 11. 28	陕西铜川矿务局陈家山煤矿	166	井下发生瓦斯爆炸事故，当时井下有 293 人作业，127 人升井，其中 41 人受伤（5 人重伤），166 人死亡

矿井火灾的分类有很多种，其中比较常见的分类方法有：按照火灾的发生地点分类、按照点火源分类、按照发火地点对矿井通风的影响分类以及按照火灾燃烧地点的供氧情况分类等，如图6-6所示。

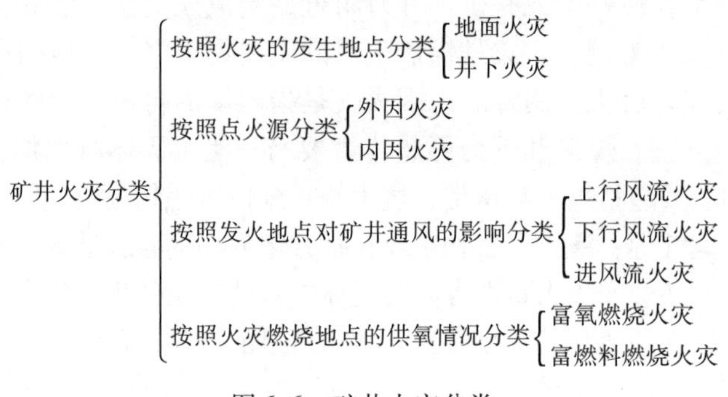

图6-6　矿井火灾分类

1. 根据火灾的发生地点分类

（1）地面火灾　地面火灾是发生在矿井出口附近，或者是地面以上的火灾。地面火灾发生的位置多有人员生活，附近还有工人在内工作的建筑物或堆放坑木场、矸石山、储煤场等。地面火灾具有易于发现、容易发展成明火燃烧的特点，可以及时扑救。

（2）井下火灾　井下火灾是发生在矿井井口以下或井口附近并威胁井下安全的火灾。井下火灾可以发生在井口房、井筒、爆炸材料库、井底车场、掘进面和回采工作面、进风和回风大巷、采空区等地点。由于井下的巷道复杂，所以井下火灾多具有隐秘性，而且井下火灾会产生大量有毒有害气体，随着井内通风迅速蔓延，严重威胁井下人员的生命安全。

2. 根据点火源分类

（1）外因火灾　外因火灾是指由外部点火源引起的火灾。外部点火源主要有：由瓦斯或爆破带来的爆炸、电气设备故障、机械摩擦热以及其他明火（如烟头）等。外因火灾多发生在电气设备、机械设备密集的地方，当电气设备运行出现故障时就有可能引起火灾。外因引起的火灾一般演变发展较快，容易蔓延成大范围火灾，但同时由于火焰明显所以也易于发现。

（2）内因火灾　煤矿的内因火灾一般指的是煤的自燃。煤在一定条件下吸附空气中氧气并发生缓慢的氧化反应，产生大量的热，当热量不断积聚达到某一临界值时，煤就会发生自燃。煤的自燃危害巨大，一般没有明火显现，难以发现，而且着火点即高温中心也不易找到，所以很难采取有效措施灭火，火灾发生后一般只能进行密闭处理。这类火灾一般持续的时间都很长，短的能达到几个月，对于一些扑灭难度太大、无法熄灭的矿井火灾，采取密闭处理灭火的周期可能长达几十年之久。在一定条件下，由煤层自燃引发的火灾还有可能转化为大规模的明火燃烧，造成大量的资源浪费。

3. 根据发火地点对矿井通风的影响分类

（1）上行风流火灾　上行风流是指沿着倾斜或垂直井巷、回采工作面自下而上流动的风流，上行风流火灾即发生在风流从标高低点向高点流动的区域的火灾。

（2）下行风流火灾　下行风流是指沿着倾斜或垂直井巷道、回采工作面自上而下流动的风流，下行风流火灾即火灾发生在风流由标高高点向低点流动的区域。

（3）进风流火灾　发生在进风路内的火灾，如进风井、进风大巷、采区进风上山等。

4. 根据火灾燃烧地点的供氧情况分类

（1）富氧燃烧　火源燃烧产生的挥发性气体完全燃烧即为富氧燃烧，燃烧通过热对流和热辐射加热周围可燃物来维持。这种燃烧的特点是燃烧范围小、耗氧量少、蔓延速度快，在下风侧的氧浓度一般保持在15%（体积浓度）以上，故称为富氧燃烧。

（2）富燃料燃烧　富燃料燃烧的燃烧面积比较大，而且火场温度较高，火源周围存在大量的挥发性气体。这些挥发性气体不仅供燃烧消耗，还会继续加热周围可燃物，进而产生更多挥发性气体，如此不断向周围扩散。由于其下风侧烟气中的氧气浓度接近零，一般称之为富燃料燃烧或贫氧燃烧。

6.6.2　矿井工业的火灾特点及危害

1. 矿井工业火灾的特点

（1）可燃物种类和数量多　近年来我国的矿井开采已经开始向着机械化和自动化的方向发展，由于电气设备的不断增多，导致矿井火灾的发生概率也在增加。除此之外，矿井内含有大量的可燃物，如各类可燃气体、煤粉等也给火灾的发生提供了必要条件。特别的，对于煤矿井，由于井下环境的特殊性，煤层本身在一定条件下就有可能发生自燃。井下火灾属于受限空间火灾，所以火灾的发生与蔓延与井下的通风系统息息相关。矿井火灾产生大量的热气，并且大量耗氧，这些都可能导致井下通风系统紊乱，影响工人的正常工作环境。不仅如此，燃烧产生的有毒有害气体还会导致井下工作人员窒息或者中毒。某些情况下，矿井火灾还有可能演变为爆炸，产生的冲击波会损坏井底设备、巷道，严重威胁井下人员的生命安全。

（2）易发生爆炸　矿井内多存在易燃易爆气体（如瓦斯等），这些气体一旦接触火源就极有可能引发爆炸。悬浮的煤粉颗粒接触点火源可能发生粉尘爆炸。扑救矿井火灾时，若盲目使用水来灭火，则可能产生煤气从而引发爆炸。在矿井内，爆炸带来的危害远大于火灾，爆炸产生的强大冲击波会引起地下空间变形、倒塌，影响矿井内人员的生命安全。

（3）易产生有毒气体　若是矿井下发生火灾，会在巷道中生成大量二氧化碳、一氧化碳等窒息性气体或有毒有害气体，难以冲淡和排除，再加上井下火灾大多具有隐秘性，可能会导致大量井下人员中毒、窒息而死。

（4）易发生回燃　地下无人的发火空间常采用窒息灭火，即控制地下空间的空气来源，使其缺乏助燃物达到窒息而灭火的效果。但这种灭火方式极易导致灭火不彻底，往往表面看火是被扑灭了，但实际上可燃物一直处在阴燃的状态，若密闭质量不好、密闭时间不够久，或启封的时间不当，一旦发火点重新接触到空气，就极易发生回燃。

2. 矿井工业火灾的危害

（1）产生有毒有害气体　矿井火灾发生后，会产生大量的有毒有害气体，威胁井底人员的生命安全。如，煤自燃、橡胶燃烧、坑木燃烧等都会产生一氧化碳、二氧化碳、硫化物等，这些有毒有害气体会随着矿井的通风系统到处蔓延，威胁矿工的生命安全。有资料表明，矿井火灾事故中，95%以上的遇难者死于烟雾中毒。

（2）引起瓦斯、粉尘爆炸　矿井中由于开采扰动而解析出来的瓦斯气体和粉尘充斥着整个巷道，一旦这些气体和粉尘遇到一定的能量，例如，煤层自燃聚集热量和煤自燃产生明火，或是用于井下工作的电气设备由于长期工作出现故障而发热，或是任何金属摩擦产生火花，都有可能引起瓦斯和粉尘的爆炸。

（3）烧毁和冻结煤炭资源　某些特殊情形下，井下发生煤层自燃，此时若采取已知的手段无法灭火，就不得不采取密封灭火。据不完全统计，我国每年由火灾引起的煤炭资源冻结量超过6000万吨，造成了极大的资源浪费。

（4）使设备和财产遭受损失　井下用于开采或者掘进的设备大多都比较昂贵，动辄上千万，一旦发生火灾，这些设备或是面临损坏，或是只能被遗弃在井底巷道中等待报废，其他一些电气设备、运输工具等大多也是同样的情况。这些设备的损毁和因火灾延误正常生产的经济损失，以及采区重启生产的资金投入，都是比较巨大的。

（5）破坏了井下作业环境　煤层发生火灾后，火灾难以完全熄灭，可能会存在阴燃，使井内温度不断升高，同时，煤层自燃也会导致井内温度升高，这些都会使井下工人的作业环境变得极差。温度过高会使工人身体感到不适，出现代谢紊乱、无力、脱水等现象，影响工人的工作效率。

6.6.3　矿井火灾防治

1. 矿井内因火灾防治

矿井内因火灾难以扑灭，有的能够持续数年甚至数十年不灭，严重影响矿井的安全生产。因此采取矿井火灾防治措施是十分必要的，以下主要从三个方面介绍。

（1）开采技术措施　对我国煤矿自燃火灾发生规律的研究和总结发现，开采技术和管理水平对煤矿火灾的发生有很大的影响。因此在矿井开采过程中，应确定合理的开拓方式，遵循少切割煤层、保持完整煤层的原则，并合理进行巷道布置，选择合理的采煤方法。

（2）预防性灌浆措施　预防性灌浆是我国煤矿当前应用较为广泛的一项预防煤炭自燃的措施。灌浆基本流程为加压供水、制作泥浆、输送泥浆、灌注和井下脱排水。灌浆方法主要有采前预灌、随采随灌和采后封闭灌浆三种。

（3）阻化剂防火措施　阻化剂防火主要应对于缺土少水地区，灌浆用水无法得到保证。阻化剂是抑制煤氧结合、阻止煤氧化的药剂。在矿井开采过程中，将阻化剂喷洒在煤壁、采空区或注入煤体内，从而达到抑制或延缓煤炭氧化的目的。

2. 矿井外因火灾防治

矿井外因火灾发生突然，蔓延迅速，如果不及时采取合理方式扑灭，极易对矿井造成严重的破坏和发生人员伤亡。通过分析众多矿井火灾案例可以看出，外因火灾的主要引火源有明火、电气设备和机械摩擦火等。以下从三个方面介绍外因火灾的防治方法。

1）外因火灾应从人、技术和管理三个方面采取对策。首先，应对相关人员进行各种形式的安全教育和训练，使矿井工人熟练掌握基本的知识和技能，提高安全素质。同时，建立一套合理的应急预案，组织开展应急演练，提高应急能力。然后，在技术生产过程中从工程设计开始，对生产设施和设备的不安全状态做好全面掌控。最后，管理人员应制定相关的法制和规定，约束人的行为，使其按规律行事。

2）煤矿火灾事故原因中电气设备故障占很大一部分，因此需加强矿井电气设备的管理。首先应严格按《煤矿安全规程》中的电气设计及防火的要求选用和安装电气设备，并做好日常的检查和维护工作。然后要加大电气设备管理的力度，提高人员的防火意识。最后要积极应用新的技术和设备，提高火灾预防和扑救的能力。

3）随着机械化程度的不断提高，巷道输送带火灾越加频繁，因此需加强带式输送机火灾的防治。矿井输送带可安装带式输送机火灾测报和灭火系统，用于检测和扑灭火灾。

6.6.4 矿井工业消防系统组成与设计要求

矿井工业消防系统由矿井通用消防系统（主要针对矿井外因火灾）和矿井专用消防系统（主要针对矿井内因火灾）组成。其设计主要依据《煤炭矿井设计防火规范》（GB 51078）等相关标准。

1. 矿井通用消防系统

对于矿井通用消防系统设计的相关要求应包括井下消防器材和设施、矿井消防给水系统、矿井火灾预测预报系统等方面的要求，具体见表 6-14。

表 6-14 矿井通用消防系统

矿井通用消防系统名称	消防系统的设计要求
井下消防器材和设施	灭火器设置、灭火材料、消防车、避难室及消防器材库应满足相关消防规范的要求
矿井消防给水系统	消防水泵、消防水池、井下输水管道、消火栓给水系统及井下自动喷水灭火系统应满足相关规范的要求。井下消防、洒水宜采用消防与洒水合一的给水系统，优先采用静压给水。矿井必须设置地面消防水池，并且还要与井下消防、洒水系统相连，特殊情况下采用其他供水设施代替地面水池时，其可靠性及供水能力均必须大于地面水池。井下消防、洒水系统的管道能够延伸到矿井所有需要进行供水的位置，供水系统宜设计成环状管网
矿井火灾预测预报系统	矿井外因火灾监测和位置识别系统、用于外因火灾识别早期识别的离子及光电感烟传感器识别系统、主要应用于早期的红外图像探测系统等都应满足相关规范的要求。井下的喷雾防尘系统宜采用自动控制装置，整个系统应尽量满足防尘效果好、可靠性好，以及探测灵敏、技术先进的要求。采煤工作面和掘进工作面上的放炮喷雾系统宜采用放炮声控自动喷雾装置和爆破冲击波感应自动喷雾装置，对于对自动化要求不高的场所，可自行选择合适的自动控制装置

2. 矿井专用消防系统

矿井专用消防系统主要是指在发现煤层自燃后，用于控制着火点范围，或是降低高温区域的温度，达到灭火目的的一些措施和手段。主要有均压防灭火系统、注浆防灭火系统、阻化剂防灭火系统、凝胶防灭火系统、氮气防灭火系统、泡沫防灭火系统等（表 6-15）。

表 6-15 矿井专用消防系统

矿井专用消防系统名称	定义及特点
均压防灭火系统	均压防灭火系统建立在科学合理的风网关系基础上，它通过调整井下风流，改变有关巷道风压分布，均衡火区或采空区进、回风侧的风压差，减少和杜绝漏风，使火区内空气不产生流动和交换。它经济可行，具有隔绝氧源，达到窒息火区或抑制煤炭自燃发火的效果
注浆防灭火系统	注浆防灭火系统是将不燃性注浆原料细粒化后与水按一定比例混合后制成悬浮液，利用静压或动压，经由地面钻孔或输浆管路水力输送至矿井防灭火区域。它的主要作用是隔绝具有自燃倾向性或者已经开始自燃的煤体与氧气的接触，防止煤体进一步氧化升温，或是直接对已自燃的煤体进行降温和灭火

（续）

矿井专用消防系统名称	定义及特点
阻化剂防灭火系统	阻化剂防灭火系统是将能够抑制煤炭氧化的无机盐类化合物（如氯化钙、氯化镁等）在进行开采工作前注入煤体，或是在开采进行的同时同步的喷洒于采空区，防止或抑制煤体堆积后发生氧化升温反应
凝胶防灭火系统	通过多功能胶体压注机把各种胶体材料按比例混合、搅拌、输送到火源点。具有使用方便灵活的特点，适用于于局部火区、高温区
氮气防灭火系统	氮气防灭火系统是通过在防灭火区域注入氮气这种惰性气体冲淡氧浓度，使其小于煤炭自燃发火的临界氧浓度，或是隔绝氧气，从而保护受自燃威胁的煤体。通过制氮系统将空气中的氮气分离提纯，制得的氮气检验达标后方可用于井下的防灭火。整个注氮系统从空间可以分为开放式注氮系统和封闭式注氮系统；从时间可以分为连续式注氮系统和间断式注氮系统；从输送通道可以分为采空区埋管注氮和钻孔注氮
泡沫防灭火系统	泡沫是不溶性气体分散在液体或熔融固体中所形成的分散物系，可由溶体膜与气体构成，也可由液体膜、固体粉末和气体构成。它的主要作用是封堵采空区，防止漏风，或者填充整个采空区，隔绝氧气，从而达到防灭火的目的

7

第7章 城市消防

7.1 城市火灾

目前还没有严格的城市火灾的定义。从广义上说，城市火灾应该是指违反人的意愿，时间和空间上失去控制的燃烧在城市内部造成的灾害。它涵盖了城市内部发生的各类火灾，包括城市内的建筑火灾、工业火灾等。城市内特定类型火灾的具体特点在其他章节已经有所涉及。历史上曾发生过很多波及范围广、危害大的城市火灾，给人类造成了巨大的伤害。公元64年罗马发生大火，烧毁了约4.7万栋房屋。1657年3月2日，日本江户（即东京）发生大火，烧毁了该城三分之二的房屋，烧死三分之一的人口（约10.7万人）。1666年9月2日，伦敦发生了严重的火灾，烧毁了该城约1.3万间民房与87座教堂。1923年，日本东京因大地震而引发大火，因台风又导致火灾蔓延至城市周围，共导致14.2万人的死亡，而其中因火灾丧生的人就有3.8万人。在我国，早在清代，毛奇龄就针对杭州城火灾严峻的形势，通过调查研究，撰写了城市火灾治理的专著《杭州治火议》，提出了一整套防救火措施。

随着先进的建筑防火技术与科学的城市消防规划方法的不断应用，目前基本上已经很少发生大面积的城市火灾。但近年来，我国城市化建设发展迅速，超高层建筑、综合体建筑、加油加气站、码头、地铁、车站、机场、城市燃气管道等城市建（构）筑物不断增多且规模不断扩大，特大工矿、石化企业等不断呈现。一旦发生城市火灾，仍然有可能造成大量的人员伤亡，带来巨大的经济损失和严重的环境污染。由于城市是人们进行政治、经济和文化活动的中心，所以火灾还会造成严重的社会影响。针对城市进行科学的消防规划、消防安全评估对于保障城市安全极为重要，这也是本章重点介绍的内容。

7.1.1 导致城市火灾的因素

与其他类型火灾一样，城市中引起火灾的因素主要可以分为两类：客观因素和人为因素。

1. 客观因素

导致城市火灾的客观因素是由于物的不安全状态引起的，常见的能引起火灾的因素有电气设备、易燃易爆物品、气象因素等。

（1）电气设备引起火灾　根据对以往的火灾统计可知，电气设备引起的火灾事故数量占首位。如2017年11月18日，北京市大兴区某地下冷库制冷设备在调试过程中因供电的铝芯电缆发生故障，造成短路继而引燃周围的可燃物，导致大规模火灾，共造成19人死亡。

对以往的电气火灾事故进行分析，电气火灾事故主要由以下几种原因造成：

1）电气设备与供电设施不匹配。在设计和安装电气设备时，选择与实际供电设备不匹配的用电设备或者电气设备安装过载等。

2）电火花和电弧。一旦电路连接松弛或者出现短路，在连接点处就可能产生电火花和电弧。电弧的温度极高，通常可以达到3000～4000℃，可以在瞬间点燃周围的可燃物。

3）电气发热。长时间工作的电气设备会积蓄大量的热，一旦这些热量不能及时、有效地散出，就有可能导致绝缘材料的损坏，或导体接触部分电阻增大等，使热量进一步积聚，到达材料的燃点后就会引发火灾。

4）电气设备接触电阻过大。当两个导体接触时，在接触部位就会形成接触电阻，由于导体间的接线点受振动或冷热变化影响导致接头松动等问题会引致接触电阻增大，接触电阻过大会引起设备接触点发热，严重时可造成火灾。

5）劣质电气设备火灾。建筑装修过程中采用不符合标准的劣质电气设备或电缆，长期使用就会发生漏电或是过载而引起火灾。

6）加热型的电气设备引燃可燃物。如电熨斗、电热水棒、发热的灯具等，一旦出现人为失误，使这些电气设备的高温部位接触可燃物，就有可能引发火灾。

7）高压开关的油断路器中的油量过高或过低而引起气体爆炸起火。

（2）易燃易爆物品引起火灾　城市的周边或内部多存在储存可燃物品的场所，如化学危险品库、石化企业仓库、城市燃气管道、加油加气站等。这些场所内储存的物质都是易燃易爆物品且具有较大的能量，一旦接触点火源就有可能引发火灾甚至是爆炸。如2017年6月5日山东省临沂市发生一起液化气罐车重大爆炸事故，共造成10人遇难，15辆危险货物运输罐车、1座球罐和2座拱顶罐毁坏，6座球罐过火，经估算，爆炸总能量相当于1吨TNT当量。

（3）气象因素引起火灾　气象因素也是导致火灾发生的原因之一，如：强风可能损坏电气设备，导致电气设备短路，并给火灾带来一定的助力，使之发展成为大面积火灾；降水可能导致遇水极易发生剧烈反应并释放大量热量的化学物品着火，从而引发火灾和爆炸；雷击作用于地面建筑等可燃物体，如树木、房屋等，可能引发大火；持续的高温天气也会导致一些燃点低的物质着火并逐渐引燃周围的可燃物，带来火灾。

2. 人为因素

（1）用火不慎引起火灾　用火不慎主要是指人们在炊事、取暖、宗教等活动中使用火源不当。主要表现为液化气、煤气等泄漏，家庭炒菜油锅过热起火，明火照明失火等。2016年5月21日，位于大连市长兴岛经济开发区的一家商店着火，起火原因为有人使用电炒锅致油温过高着火后处置不当，热油洒落引燃周围的可燃物进而发生火灾。此事故过火面积80m^2，共造成3人死亡。

（2）不安全吸烟引起火灾　烟头表面温度可达200～300℃，中心温度一般在700℃左右，可引燃纸张、棉、麻绳、家具、秸秆、布匹、橡胶、化学纤维、木屑等可燃物。2004

年2月15日，吉林省吉林市中百商厦发生特大火灾，此次特大火灾的起因是有人不慎将烟头掉落在仓库地面，并在未确认烟头是否被踩灭的情况下离开仓库，后烟头引燃仓库内可燃物后引发火灾，共造成54人死亡，70余人受伤，直接经济损失426万元。

（3）人为纵火　人为纵火也是近年来火灾发生次数居高不下的原因之一。2016年1月5日，银川市公交公司301路公交车行驶时突发人为纵火，导致多名乘客伤亡。2017年7月16日，江苏省常熟市虞山镇因有人故意纵火引发火灾，造成22人死亡。

（4）违反安全生产法规　对于生产或存放易燃易爆物质的厂房，都需要禁用明火、高温设备或导致静电的物品等。如果违反安全生产法规，在存有可燃物的场所使用明火或未穿戴防静电服就有可能引起火灾，带来极其严重的后果。2017年12月17日，位于烟台市某机械有限公司因有人违反规定使用明火作业，引燃泡沫夹芯板引发火灾。

7.1.2　城市火灾的特点

研究城市火灾发生的特点，有助于认清火灾发生的形势、预防同类火灾的发生，并为火灾相关法律法规的制定提供依据。

1. 小火亡人

近年来，城市火灾的形式多为一些小规模的火灾，即小火亡人事故。主要是城市居民对消防安全不够重视，私拉电线、在家中私自存放可燃物、易燃物或者阻塞逃生通道等不安全行为导致，大多数的居民缺乏灭火与逃生的相关知识，所以火灾突发极易导致人员的伤亡。上海市消防支队对2017年上海发生的亡人火灾进行统计发现，75%的亡人火灾的过火面积不到$20m^2$，其中不少是民宅、街边商铺、店面之类的普通房间。历年的数据也显示，“小火亡人”已成为上海火灾的一大特点。

2. 火灾损失明显增多

由于我国城市化的发展，居民生活质量不断提高，大型综合体建筑应运而生。大型综合体建筑多具有多种功能，如公寓住宅、商业零售、酒店餐饮、商务办公、综合娱乐等，这些复杂功能的组合使得火灾发生的可能性大大增加。而且，综合体的建筑面积较大，各功能区相互连通，一旦发生火灾可能造成重大的经济损失和人员伤亡。

3. 电气火灾居多

由于居民生活水平的提高，电气设备的种类和数量不断增多，电气设备带来的火灾也不断增多。据统计，2017年我国共接报火灾21.9万起，亡1065人，伤679人，直接财产损失26.2亿元，其中因电气引发的火灾共有7.4万起，造成370人死亡、226人受伤，直接财产损失11.2亿元，分别占总数的33.8%、34.7%、33.3%和42.7%。

4. 易造成群死群伤事件

现代化城市人员聚集场所不断增多，如大型商场、酒店、剧场、电影院、礼堂、大型会议室等。一旦发生火灾人员疏散就会是很大的问题，并有可能带来大规模的人员伤亡。据统计，1997~2016年，我国共发生111起重大火灾，共造成2320人死亡、1422人受伤，直接财产损失17.5亿元，其中城市火灾75起，1668人死亡，958人受伤，起数占总数的67.6%、亡人占总数的71.9%、伤人占总数的67.4%。表7-1列出了我国1997~2016年发生的典型城市人员聚集场所特大火灾。

表 7-1 我国 1997 ~ 2016 年典型城市人员聚集场所特大火灾

时　间	火灾发生场所	死亡人数（人）	受伤人数（人）	财产损失（万元）
1997. 12. 12	黑龙江省哈尔滨汇丰大酒店	31	17	61. 9
1999. 1. 10	四川省达川市通州百货商场	10	20	3163. 1
2000. 3. 29	河南省焦作市天堂音像俱乐部	74	2	20. 0
2000. 4. 22	山东省青州市肉鸡加工车间	38	20	95. 2
2000. 12. 25	河南省洛阳市东都商厦	309	7	275
2002. 6. 16	北京市海淀区学院路蓝极速网吧	24	12	20
2003. 11. 3	湖南省衡阳市衡州商业城	20	15	350
2005. 6. 10	广东省汕头市潮南区华南宾馆	31	28	1200
2008. 9. 20	深圳市龙岗区龙岗街道舞王俱乐部	43	88	1589
2010. 11. 5	吉林省吉林市河南街商业大厦	19	24	3000
2013. 6. 10	吉林宝源丰禽业公司	121	70	18200
2015. 8. 12	天津市滨海新区	165	798	686600

5. 灭火救援困难

由于人口的增加与城市化的发展，现今的建筑朝着高层或地下发展。截至 2017 年，我国已有高层建筑约 34. 7 万幢，百米以上超高层建筑约 6000 幢，数量均居世界第一。高层建筑及超高层建筑多存在上下连通的竖井，如电梯井、楼道等，一旦建筑的下部发生火灾，火势就会沿着竖井蔓延，灾情发展迅猛，难以扑救。建筑层数越多，垂直疏散距离就越长，疏散到室外地面、屋顶直升机停机坪或避难层所需要花费的时间也就越久。不少高层建筑还存在耐火等级低、疏散楼梯数量不足、缺少防排烟设施、建筑材料防火性能不达标等问题。而且现有的消防救援设备难以达到部分高层建筑所需的灭火救援高度，若高层建筑发生火灾只能靠人员自救。例如，2003 年衡阳“11. 3”特大火灾坍塌事故（图 7-1）造成了 20 名消防人员牺牲；2017 年 6 月 14 日，位于英国伦敦西部一栋 24 层公寓大楼（格兰菲尔塔）发生大火，火势猛烈，当地政府部署出动了 40 辆消防车和 200 多名消防员参与灭火，最终共有 71 人遇难，68 人重伤。

图 7-1　2003 年衡阳“11. 3”特大火灾坍塌事故

为了缓解城市人员分布密集、交通不畅等带来的压力，城市地下建筑物的数量也在不断增多，如地下通道、地下车库、地下商场等。由于地下场所使用的增多，火灾发生次数也在不断增加，且地下建筑具有烟气不易排出、封闭性强、通风口少等特点，发生火灾极难进行救援和灭火行动。

7.1.3 城市火灾的危害

改革开放以来，我国经济建设不断发展，城市发展规模也不断扩大。城市人员密集，可燃物较多，一旦发生火灾会带来较大的危害，主要体现在以下几方面：人员伤亡严重，火灾损失大；社会及政治影响大；环境污染严重。

1. 人员伤亡严重，火灾损失大

随着社会整体经济水平的不断发展以及人们对于精神生活的追求，现代城市出现了许多集购物、娱乐、餐饮、住宿于一体的综合性建筑、高层建筑、地下建筑等，这也给重大和特别重大火灾的发生提供了物质条件。重大和特别重大火灾是根据 2007 年国务院颁布的《生产安全事故报告和调查处理条例》进行划分的火灾等级，当死亡人数、重伤人数、直接财产损失三项指标任何一项满足条文规定即可定义为相应级别的火灾等级，具体的火灾等级的划分见表 7-2。

表 7-2 火灾等级的划分

火灾等级	死亡人数（人）	重伤人数（人）	直接财产损失（亿元）
特别重大火灾	≥30	≥100	≥1
重大火灾	≥10	≥50	≥0.5
较大火灾	≥3	≥10	≥0.1
一般火灾	<3	<10	<0.1

随着人员密集场所的不断增多，火灾带来的损失和人员伤亡情况也不断增高。如 2013 年 6 月 3 日，位于吉林省长春市宝源丰禽业有限公司主厂房发生特别重大火灾爆炸事故，共造成 121 人死亡、76 人受伤，17234m^2 的主厂房及主厂房内生产设备被损毁，直接经济损失 1.82 亿元。2015 年 5 月 25 日，河南省平顶山市某老年公寓发生特别重大火灾事故，造成 39 人死亡、6 人受伤，过火面积 745.8m^2，直接经济损失 2064.5 万元。

2. 社会及政治影响大

城市是政治文化中心，其中人口及工厂、商铺、仓库，企业等各类场所分布密集，交通网纵横交错，是新闻传播的焦点。城市内部一旦发生火灾，易造成较大的人员伤亡和财产损失，但其造成的政治影响和后果往往比经济损失更为严重。1994 年新疆克拉玛依友谊宾馆的火灾导致 300 多人死亡，其中包括 280 多名小学生，给死亡学生的家庭造成无法弥补的创伤，社会影响极其严重。2000 年河南省焦作“3.29”火灾事故和洛阳“12.25”火灾事故在社会产生了极大的影响，全国各界都很关注事故责任人的处置情况以及处置力度，这足以说明火灾对社会影响的严重性。2003 年 11 月 3 日，湖南省衡阳市衡州商业城发生火灾，夺去了 20 名消防员的生命。2015 年 1 月 2 日，哈尔滨市道外区太古街 727 号日杂物品仓库发生火灾，造成 5 名消防员遇难，14 人受伤，给公众造成巨大的心理创伤。2015 年 8 月 12 日天津滨海新区爆炸事故以及 2018 年 12 月 26 日北京交通大学实验室爆炸事故都受到了社会各层群体的广泛关注，暴露出相关单位消防安全主体责任的落实不到位，日常消防器材管理混乱，员工消防安全意识淡薄、对消防器材的使用方法和知识匮乏等问题。

3. 环境污染严重

工业园区往往修建于城市边缘，而且存在大量可燃物的生产和储存场所，一旦发生火灾，仓库和生产车间中可燃物的大规模燃烧就会给环境带来极大的危害。

7.2 城市消防类型

城市消防管理是一种以减轻火灾对城市损害为目的，采取各种有效预防措施的城市公共安全管理行为。城市消防工作贯彻“预防为主、防消结合”的方针。不同城市类型的火灾有不同的特点，比如火灾隐患的类型，以及防灭火侧重点等。本节给出了城市消防的基本措施以及火灾特点，并在此基础上给出了大城市、小城镇、城中村的相应消防对策和措施。

7.2.1 城市消防网格化管理

为保证街道、乡镇的消防安全，落实基层消防工作责任，2012年5月21日，中央综治办、公安部等印发《关于街道乡镇推行消防安全网格化管理的指导意见》。该《意见》指出，城市内部的消防管理要以基层政府和社会组织为主，充分发挥其领导作用，合理地整合规划社会资源，坚持“专群结合、群防群治”的原则，将城市街道和乡镇分别以社区和村屯为单元，划分成若干个消防安全管理网格，按街道（乡镇）、社区（行政村）、小区（楼院、单位、村组）的等级划分为大网格、中网格、小网格并实施动态管理，构建“全覆盖、无盲区”的消防管理网络。

城市消防安全网格化管理的工作主要分为三类。

1. 开展常态化消防安全检查

乡镇人民政府或是街道办事处每季度都要对所辖区域进行有针对性的消防安全检查，在一些特殊的时期或节日要加强消防安全检查，如农业收获季节、重大节假日、夏季高温日等。对于“三小场所”（图7-2），即小档口（建筑面积在300m^2以下，具有销售、服务性质的商店，汽车摩托车维修店，洗衣店，营业性的饮食店等场所）、小作坊（建筑高度不超过24m，且每层建筑面积在250m^2以下，具有加工、制造、生产性质的场所）、小娱乐场所（建筑面积在200m^2以下，具有休闲、娱乐功能的酒吧、洗浴中心、茶艺馆等场所），负责的社区居委会或村民委员会每月都需要进行防火检查。除了季度检查、月检查，各小区、单位的管理人员要结合职责，开展日常防火检查。对于检查发现的火灾隐患要登记并进行整改，难以整改的要移交公安消防部门处理。

a) 小档口　　b) 小作坊　　c) 小娱乐场所

图7-2 “三小场所”

2. 开展经常性消防宣传教育

街道、乡镇在农忙季节、重大节日期间、民俗活动季节等火灾高发时节要开展消防相关的宣传教育活动，普及消防和自救常识。深化消防宣传“五进”活动，即“进社区、进企业、进学校、进农村、进家庭”。除此之外，还要在各场所的明显位置设置消防宣传橱窗。

3. 消防安全重点单位实行“户籍化”管理

消防部门根据各省市实际情况，按照分级管理的原则，划定消防的重点单位，以加强消防监管，同时建立消防安全“户籍化”档案以便管理。各单位应落实消防安全的相关责任人、管理人，并建立健全消防安全“四个能力”，即检查消除火灾隐患能力、组织扑救初期火灾能力、组织人员疏散逃生能力和消防宣传教育培训能力。除此之外，各单位还需要建设自我评估制度，并实施动态管理。对于易发生重特大火灾的高危单位，消防相关部门要督促其落实更加严格的各类措施，定期开展消防安全评估，采取有针对性的消防安全培训。

7.2.2 城市公共消防规划

为增强城市抗御火灾的能力和应急救援的能力，城市消防规划应根据现行的《城市消防规划规范》执行。城市消防规划的目的应与消防工作贯彻的“预防为主，防消结合”的方针一致，遵循“科学合理、经济适用、适度超前”的原则。城市公共消防规划主要包括城市消防安全布局和城市公共消防设施两个方面。

1. 城市消防安全布局

城市消防安全布局是指应根据城市火灾安全和综合防灾的要求，对危险化学品场所、耐火等级低或是消防安全条件差的区域、历史文化场所、城市地下空间、避难场所、人防工程等进行合理的规划和布局。危险化学品场所的布局、规划和设计应符合建筑总平面布局以及平面布局的要求；耐火等级低的建筑应纳入旧城改造规划项目中，从而降低火灾隐患；对于历史文化场所，应该因地制宜，直接对其现有的消防安全布局和消防设施等进行改造；对于城市地下空间，应制定安全保障措施，避免出现大规模的连接；对于避难场所，应控制好其服务半径，以保证能够最大限度地满足城市消防避难需求。

2. 城市公共消防设施

（1）消防站　城市消防站（图 7-3）应从其责任区的火灾危险性出发，根据各自责任区内的人员密度、企业数量、建筑状况、交通、水源、地形等情况合理设置消防站。消防站根据责任区的类型可分为陆上消防站、水上消防站和航空消防站。陆上消防站根据城市的规模、执行任务的类别等又可分为普通消防站、特勤消防站和战勤消防站。普通消防站根据消防站设施的不同可以分为：一级普通消防站和二级普通消防站。城市建设用地的范围内应建立一级普通消防站，确有困难时，可协商建立二级消防站。陆上消防站应保证消防车在收到指令后 5min 之内到达，辖区面积应该小于等于 $7km^2$。陆上消防站应建立在交通便利的位置，与人员密集场所的疏散出口间的距离应大于 50m，与危险物品设施或厂房间的距离应大于 200m。水上消防站与航空消防站应满足相关规范的要求。

（2）消防供水　城市的消防供水水源必须保证常年有充足的供水量。消防水源应无污染、无腐蚀、无悬浮物，水的 pH 值应在 6.0～9.0。城市消防用水量应根据城市内同一时间的着火次数和一次灭火的用水量进行确定。城市的市政消火栓和消防水鹤应按合理的要求进行设置。

图 7-3　消防站

（3）消防车道　消防车道是专门供消防车灭火救援时通行的道路。消防车道要求不被占用，目的是保证火灾发生时，消防车能够畅通无阻、快捷通行，从而为火灾的扑灭创造良好的条件。消防车道可直接利用市政交通道路，但在通道的净高、净宽、坡度、地面承载力、转弯半径等方面，应能够满足消防车通行与转弯的需求。消防车道的宽度应根据当地消防部队使用的消防车辆的技术参数以及周围建筑的特征等因素来确定。

（4）消防通信　城市内部应设置消防通信指挥中心。消防通信指挥系统应能覆盖全市，能联通城市内部的所有消防指挥中心和消防站，并具有接受火灾信号、进行火警处理、消防信息管理及其他灾害的报警、救援及信息收集与发送的功能。

7.2.3　城市灭火救援措施

1. 消防救援车

消防车，又称为救火车，是专门用作救火和其他紧急抢救的车辆。消防车是装备各种灭火和救援设备的各类消防车辆的总称，是灭火救援的主要工具，也是最基本的移动式消防装备。消防车的数量和类型应根据城市建筑的火灾危险性、建筑规模、建筑特点、人口数量等相关情况来配备。

2. 消防空气呼吸器

消防空气呼吸器是一种自给开放式的空气呼吸器。它可以让消防员在进行灭火救援时免受高温蒸气、浓烟、毒气泄漏、缺氧等恶劣环境的危害，保证其自身生命安全和救援的顺利完成。空气呼吸器的配备率反映了消防队员基本防护装备的配备情况。

3. 抢险救援器材

抢险救援器材包括生命探测仪、气体探测仪、液压破拆工具等，抢险救援器材的配备率反映了消防队在应对交通、爆炸、辐射、毒气泄漏、建筑倒塌等特殊灾害及事故时的抢险救援能力。

7.2.4　大城市消防

近 40 年来，我国城市化进入了快速发展的时期，城市数目从 1978 年的 193 个上升到 2016 年末的 655 个，按行政区域规划，包括地级及以上的城市 287 个，县级城市 368 个。随着我国城市的规模迅速扩张，人口密度增加，高层和超高层建筑不断增多，出现了许多大型综合体建筑和地下建筑，工业园区不断增多、扩大。但城市公共安全基础建设火灾防御体系未及时完善。目前城市火灾仍常有发生且难以扑救，极易产生恶劣的社会影响。

针对大城市的发展特点，大城市除需要采取城市消防的基本措施，还需要重视以下几点。

1. 消防规划和设计

大城市的综合性建筑、高层建筑、地下建筑、超高层建筑等均具有火势发展快、扑救难度大的特点，针对这种建筑特点和火灾特点，最有效的应对方法就是能够在火灾发展的初期及时发现并扑灭，避免其发展成为大型火灾。一旦高层建筑、超高层建筑发生火灾，建筑外部的灭火救援设施很难有效地发挥作用，往往只能依靠建筑内部的消防设施。城市在规划时需注意尽量建设耐火等级为一、二级的建筑，控制三级耐火等级的建筑数量，严禁建造耐火等级为四级的建筑。完善消防设施，安装合适的自动报警及联动系统，配备合理的灭火系统和防烟及排烟系统，建立完整的安全疏散系统。按照相关规范、标准设计合理的消防系统，定期巡查、维护、保养相关的消防安全设施，确保火灾发生时能及时发出警报，并迅速扑灭初期火灾，同时保障建筑内的人员能够在可用疏散时间内疏散。

2. 消防技术装备

精良、充足的消防技术装备是消防员灭火救援的基本保障，也是灭火战斗成败的关键。近年来，城市的规模扩大，导致出现了消防技术装备难以达到救援需求的情形。比如上海“11.15”火灾就是典型。2010 年 11 月 15 日，上海市静安区胶州路某住宅楼施工现场由于 4 名电焊工无证违规操作，引燃周围的易燃物，火蔓延至脚手架发生大火。在救援过程中，消防车的云梯高度不能达到着火大楼顶部，高压水枪无法对着火区域进行灭火，再加上火势太大使直升机不能靠近，无法顺利进行救援工作，最终酿成 58 人遇难、70 余人受伤的悲剧。

3. 消防安全管理

（1）加强社会单位的消防安全管理　城市社会单位实行网格化管理，网格不断细化，网格长来负责大网格、网格员控制小网格，实行层级化管理。明确社会单位的消防安全主体责任，落实消防安全责任制，完善单位的监督管理制度，提升单位的自我管理能力，加强管理人员的消防安全教育，向民众普及消防安全知识。

（2）应急预案编制与演练　应急预案是发生危险时人员的操作规程，编制合理、有效的应急预案是灭火救援的关键。2010 年 7 月 16 日，大连新港发生火灾爆炸事故，造成大量原油泄漏。事故发生的一部分原因是原油脱硫剂的加入方法没有正规设计，没有制定安全作业规程。应急演练可以保证危机发生时，火场人员能够冷静、合理地按照应急预案进行指挥、引导、疏散。编制合理的应急预案、经常进行应急演练，能够有效整合人力、物力、信息等资源，能够在火灾发生时进行及时的扑救和人员疏散，减少人员恐慌，除此之外还能避免贻误灭火的最好时机，总体上减少人员伤亡和财产损失。

（3）大型群众性活动的消防安全管理　大型群众性活动是个人或组织面向社会举办的参加人数达到 1000 人及以上的社会活动，如体育比赛、演唱会、音乐会等。大型群众性活动消防安全管理的特点是：人员密度大且人员多不熟悉场地，难以协调和管理，一旦发生火灾，难以进行有效的人员疏散。因此，举办大型群众性活动前，应首先在当地消防部门进行报备，并制定合理的管理措施，加强管理人员的应急处理能力。

7.2.5　小城镇消防

随着城市化进程的推进，我国小城镇建设得到了快速发展。小城镇的数量和城镇人口都不断增加。但部分小城镇的建设缺乏合理的规划，而在消防方面大多存在着布局结构不合理、公共消防基础薄弱、人员的消防安全知识水平不高、建筑消防设施缺失等问题，以致小城镇的火灾发生频率和经济损失不断增加。

针对小城镇的特殊特征和火灾特点，小城镇的消防工作除需满足城市规划的基本要求，还应加强以下几方面工作。

1. 小城镇的规划布局

（1）小城镇各项建设要整体规划　小城镇的规划布局应以城镇安全为前提，不得污染、破坏环境。带有危险气体的工厂应布置在城镇全年最小频率风的上风向；靠近河流的工厂，应布置在河流的下游方向，不应污染河流。

（2）合理进行功能分区划分　小城镇的功能区可分为居住区、仓储区、商业区、工业生产区等。整体规划时，要进行充分考虑，要对功能区进行合理的划分，例如，人员居住区、商业区应与工业生产区、仓储区等火灾危险性大的区域分开。

2. 公共消防设施

（1）消防水源　小城镇的消防用水可以由小城镇的天然水源、人工水池或市政管网提供，实行多水源供水，以保证消防用水的可靠性。目前城镇消防管网分布多为枝状管网，应加强消防管网的规划，使其朝着供水更可靠的环网结构发展。

（2）消防站　小城镇的消防站数量应根据城镇内的人口数量、火灾危险性、建筑特点等确定。消防站的灭火救援设备应按照相关的规范要求设置，消防站的位置应选择在交通便利的地点且远离人员密集场所的出口。

（3）消防车道　应按照小城镇内现有消防车的特征以及通行特点进行消防车道的规划，并保证消防车道不被占用。

（4）消防通信　受经济限制，小城镇的消防通信大多不健全，所以建立、完善消防通信网络是当下工作的重点。消防通信网络应能够连接重点防火单位、社区、消防站等，其功能应侧重调度、接警和联络。

3. 建筑防火设计

1）小城镇中新建、改建、扩建的工程项目需按相关规定上报相关部门，建筑内部的消防设施要满足“三同时”的要求，即城镇建筑消防相关的安全设施要与建筑主体同时设计、同时施工、同时投入生产和使用。建筑的耐火等级、防火防爆、防火分区、平面布局等要满足相关规范的要求。

2）为了保证室外消防车道与室内安全疏散通道的畅通无阻，在消防总平面设计时要提前充分考虑城镇建筑的消防救援场地、消防车道的相关需求。

4. 消防安全管理

城镇的消防安全管理实行“网格化”管理，要努力增加城镇消防基础建设的力度，加强管理人员对消防安全的重视程度，培养消防管理人员的“四个能力”，落实城镇消防安全责任制，加强民众的消防安全教育，培养民众的消防安全意识和疏散逃生能力。

7.2.6　城中村消防

城中村是农村向城市的转变过程中，由于全部或大部分耕地被征用，农民转为居民后仍在原村落居住而演变成的居民区，如图7-4所示。城中村的消防安全发展极大地滞后于城市，其主要特点有：经济水平差、建筑结构复杂、建防火间距严重不足、灭火设施缺失，火灾发生后易造成严重后果。2016 年 4 月 2 日，广西壮族自治区南宁市某城中村出租房发生火灾，消防支队接警后，调动 4 个中队的 12 辆消防车和 62 人前往现场处置，最终才控制住火情，事故造成 3 人死亡，21 受伤。2017 年 11 月 18 日，北京市大兴区西红门镇新建村发生火灾，共造成 19 人死亡、8 人受伤，根据通报，起火建筑为“三合一”建筑——地下室为冷库区，一层为商户、二层和局部三层为出租房，共 305 间房，租户 400 余人。

图 7-4　城中村

城中村的消防设施及管理均存在很多问题，主要体现在以下几个方面。

1. 消防站

根据城市消防规划的相关要求建设城中村消防站，消防站内的各类消防技术设备应能满足城中村所需。进行消防站的设计与建设时必须满足相关要求，以实现城中村建筑消防面积的全覆盖。

2. 消防水源

要严格按照城市的消防水源要求对城中村的消防水源进行建设和改善，消防水源的选取也应按照相关规定执行。室外的消防管网宜采用环状消防供水管网，按照相关的距离要求设置市政消火栓、消防水鹤，保证其数量满足需求。城中村内建筑按照环状消防给水管网供水压力不足的，应根据《建筑设计防火规范》的相关要求布置消防水箱和消防水池。

3. 消防车通道

城中村内新规划的区域应按照要求设计消防车道和消防救援场地，并保证消防车道的畅通；对于因空间不足无法设置消防车道以及开展救援的区域，应按照相关消防要求采购小型消防车辆，消防车供水水源等均需满足消防管理制度的要求，以保证火灾发生时能够提供足够的消防供水量。

4. 配置相应的消防设备、设施和灭火器材

按照相关规范的要求，对新建或已存在的建筑配备一定量的灭火设施，不能配备灭火设施的，要设置一定量的灭火器，并根据相关要求进行检修和保养。

5. 建筑防火

不满足建筑防火要求的场所要按照要求进行整改，如改变建筑的使用性质、提高建筑的耐火等级；建筑群内工业区要同生活区和居住区分开设置；改造消防疏散通道；改造建筑内部装修材料；不属于古文化建筑且防火间距严重不足的建筑要进行拆除。

6. 消防安全管理

城中村的消防管理严格按网格化管理进行落实，制定合理的消防规划，健全消防安全管理机制，落实消防安全责任制度；对城中村火灾隐患进行排查，不符合要求的要责令整改和拆除；提高消防安全管理水平及相关人员的知识和技能，保证专业性和正确性；经常对民众进行消防安全教育和培训；制定合理的消防应急预案，并定期组织人员进行应急演练，不断进行改进和落实。

7.3 大规模城市群消防

城市群（Urban Agglomeration）是以中心城市为中心，并向周围辐射构成中心城市群的集合。在一定的区域范围内，一般以1个以上特大城市为核心，由至少3个以上大城市为构成单元，依托发达的交通、通信等基础设施网络形成空间组织紧凑、经济联系紧密，并最终实现高度同城化和高度一体化的城市群体。

目前在全球范围内公认的大型世界级城市群有6个，分别是：美国东北部大西洋沿岸城市群、北美五大湖城市群、日本太平洋沿岸城市群、英伦城市群、欧洲西北部城市群、长江三角洲城市群。我国经济迅速发展，截至2017年3月底，已形成长江三角洲城市群等12个国家级城市群。但是，目前我国城市群高效率的协同合作基本仅存在于经济层面，而消防安全层面的合作效率低下，特别是我国的普通消防技术设备重复配备率较高，特种技术设备配备率较低，不利于消防救援过程中的沟通合作。

7.3.1 国内外各大城市群消防相关建设现状及特点

目前国内外在城市群层面的消防救援相关体制、机制的建设还不普遍，下面主要对6个大型世界城市群的消防现状与特点进行简要介绍。

（1）美国东北部大西洋沿岸城市群：美国消防管理分层次　美国是一个联邦制国家，在消防管理上，联邦政府并不直接领导州县的消防机构，总统下属的联邦灾害事故处理委员会下设国家消防管理局，该局经费来自政府财政预算拨款。拨款大部分用于支持政府和私人的消防研究项目，还有一部分拨款用于支援州的消防组织，少部分用于消防局的开支。同时，美国的消防员人数比较充裕，平均每千人配有一名消防员。

（2）北美五大湖城市群：加拿大最重视森林防火　在加拿大990多万km^2面积中，约有45.3万km^2森林，加拿大也是全球森林火灾最多的国家之一，因此举国上下都十分重视森林防火部署工作。每到火险季节，就会在交通干线和林区道路上设置专门的告示牌和宣传画，并设置监控火灾的金属结构防火台，严密监视火情。加拿大的森林防火措施主要依靠空中优势，在森林防火航空队中，大型飞机一次可以装运4t水，当飞临林火上空时，自控系统启动，消防水排出机舱，可使大火在短时间内熄灭。

（3）日本太平洋沿岸城市群：日本消防人员公开聘用　东京消防厅是日本国东京都厅的内部机关，管辖区域为东京都23区的消防本部，同时东京都其他市、町、村（稻城市和岛屿部除外）的消防本部也委托给东京消防厅管理。日本东京的消防工作由消防总队统一领导，消防总队下辖4个区级消防机构。除了城市消防和救灾任务，工作内容还包括负责29个卫星城和1个农庄的防火安全工作。除了正常的消防监测站外，还有多辆专用火灾监测车全天候对各重点防火部门进行火灾巡查监测工作，及时发现火灾并及时灭火。东京市区消防队员公开招募，有文凭、年龄等的限制并对体育和文化进行测试，条件合格者还需要进行相关的知识培训，通过后才能上岗。

（4）英伦城市群：英国议员参与消防工作　按照英国地方政府法的规定，伦敦地方议会建立消防和民防局。英国消防法规定灭火和防火归属于内务大臣的职责范围。内务部消防局由助理国务秘书任局长负责，伦敦地区的多数党指定 1 名议员组成其成员，此外，由 33 人（大伦敦地区 33 个选区的多数党委派）组成伦敦消防和民防当局，伦敦消防总队同时是消防和民防当局的最大组成部分。

（5）欧洲西北部城市群：法国分级管理责权清晰　民防总局隶属内政部，下设行政及现代化管理、灾祸预防及急救计划、急救行动和消防队员及急救 4 个分局，民防总局负责全国消防救援工作，涉及立法、协调、规划、指导和组织指挥。全省（以及省级市）建立消防救援队，设置救援、火灾预防、兵员宣传、人员培训、技术、情报信息、医疗等部门，专门负责全省的消防救援工作。各市、镇设置消防救援队（站）。同时，法国全国还建立有 9 个消防救援中心和 4 个急救分队，由民防总局领导。救援中心负责监督和报告该地区的灾害情况，为灾区提供相关救援服务，为当地消防救援提供技术指导，宣传消防灭火知识，发布紧急情况，同时负责各种救援任务。

（6）我国长江三角洲城市群：上海消防建设靠科技　长江三角洲城市群中心城市上海市的消防建设依靠高科技装备建设和科技干部队伍建设，坚持从实战需要出发，完成了上海市消防通信指挥系统的改造，有效保证消防救护信息畅通。在总结过去经验的基础上，上海市消防系统成功研制了贴近实战的化工装置、烟热训练室模拟训练设施、后援器材车、火场排烟车、内置式重型防化服等，提升了消防队的实战效果。2020 年 3 月 19 日上海市通过了第四次修正的《上海市消防条例》，并于 2020 年 5 月 1 日起施行。该条例增加了一系列新形势下增强城市火灾防控与消防救援能力的新规定，具体如下：鼓励消防科学技术研究和创新，鼓励消防救援机构和社会消防组织运用先进科技成果增强火灾预防、扑救和应急救援的能力，并积极推动智慧消防建设，将其纳入“一网统管”城市运行管理体系，依托消防大数据应用平台，为火灾防控、区域火灾风险评估、火灾扑救和应急救援提供技术支持等。

7.3.2　城市群的消防工作内容

城市群的消防救援应重视城市之间的消防协作，发挥城市群联系密切的优势，开展快速救援，实现城市群的消防安全信息共享。进行城市群的消防工作同时需要注意以下几点：

（1）优化城市群整体消防规划，实现区域消防资源整合　为了提高城市群内部的资源共享水平，可以在城市群边境区域内建立共享消防站；建立公共通信信息平台，建立统一的消防联动指挥系统；实现城市群内部消防水源共享；实现城市群内部各类消防信息共享，同时加强合作。

（2）建立合理的消防设备管理，提高设备管理的合理性　城市消防设备经费有限，可整合城市群的消防资金，采购公共消防设备。城市群所有的消防器材、消防车辆等可建立统一的管理，以便在救援设备不足时实现快速救援。

（3）增强应对危机协同作战能力　定时组织城市群之间的消防救援合作，详细制定相关的灭火救援应急预案，按要求开展消防救援实战演练，实现有效的跨区域消防合作。

7.4　城市消防安全评估

城市消防安全评估是按照相关的消防法律法规和标准，对区域、场所、社会单位等进行综合性的消防安全评估，并对评估的结果提出相应的整改意见。消防安全评估的目的在于提高城市消防安全水平，降低火灾发生频率，找出火灾隐患并进行整顿，降低火灾引起的人员伤亡及经济损失程度，规范城市消防安全的管理体系。

常见的城市消防安全评估大体上可以分为四类：区域消防安全评估、火灾高危单位消防安全评估、建筑防火性能化设计评估、大型群众性活动消防安全评估。

7.4.1 区域消防安全评估

随着我国城市化进程的推进和经济水平的不断提高，我国的城市规模越来越大，城市中出现的不同风格的新建筑，如高层建筑、大型的综合体等与耐火等级较低的老式建筑、地下建筑等建筑相互混合，再加上城市的各类燃气管线、地下管廊和地下交通等密集、复杂，导致城市的火灾危险性不断增加，火灾发生的次数越来越多，且容易造成群众伤亡或造成严重的经济损失。为了确保整个城市或城市部分区域的消防安全，有必要对城市或某个区域进行区域消防安全评估，找出存在的消防隐患，提出相关建议并采取措施予以纠正。

区域消防安全评估是将整个城市或城市中的某个区域作为城市区域消防评估的研究对象，是分析该区域的消防安全状况，找出当前消防工作薄弱环节，评估该区域的火灾风险水平，确定该区域的火灾风险分布，为城市消防规划、城市消防基础设备的优化以及城市消防管理提供支持，从而使公众和消防员的生命、财产的预期风险水平与消防安全设施以及火灾和其他应急救援力量的种类与部署达到最佳平衡，为今后一段时期政府明确消防工作发展方向、指导消防事业发展规划提供参考依据。开展城市区域消防安全评估可检测城市公共消防的水平，推动整个社会消防水平的发展，为相关的规范制定和消防工作的调整提供技术支持。对于被评估的城市而言，有利于发现本城市与国内其他消防水平高的城市的差距，并找到自身的缺点、提升自己的管理水平，加快落实消防安全责任制，从而提高城市的消防竞争力，最大限度地确保广大人民的人身和财产安全。

1. 评估目的和依据

对城市或城市中的区域、场所、建筑进行消防安全评估，是分析该地区消防安全状况以及当前消防工作的薄弱环节的有效手段。通过评估区域范围的火灾风险水平，并建立该范围的火灾风险分析模型，为整个城市、城市某个区域和建筑等的消防规划和消防整改提供依据。进行火灾风险评估的目的在于找出区域内存在的火灾隐患以及可能产生的后果，以便采取措施优化城市消防规划设计，降低城市内部火灾风险危害，为城市的快速发展提供支持。

评估的依据是相关的法律文件、规范、国家标准、行业和评估城市所在地推行的标准等。

2. 评估的内容

消防安全评估的内容主要包括四个方面：

1）分析区域范围内可能存在的火灾危险源、合理划分评估单元，并建立全面的消防安全评估的指标体系。

2）对评估的单元进行定性、定量的评估分级，并结合专家意见建立权重系统。

3）客观公正地评估该地区的火灾风险。

4）对检查中不符合相关标准、规范的指标，提出合理可行的消防安全对策及建议。

3. 评估的范围和程序

消防安全评估的范围是整个城市或城市中某个区域内存在火灾危险的建筑群、交通路网、燃气管网等。

消防安全评估的工作主要有七个步骤：信息收集、危险源辨识、建立评估指标体系、风险定性和定量分析、得出评估结论、进行风险管理、编制评估报告。具体的评估程序如图 7-5 所示。

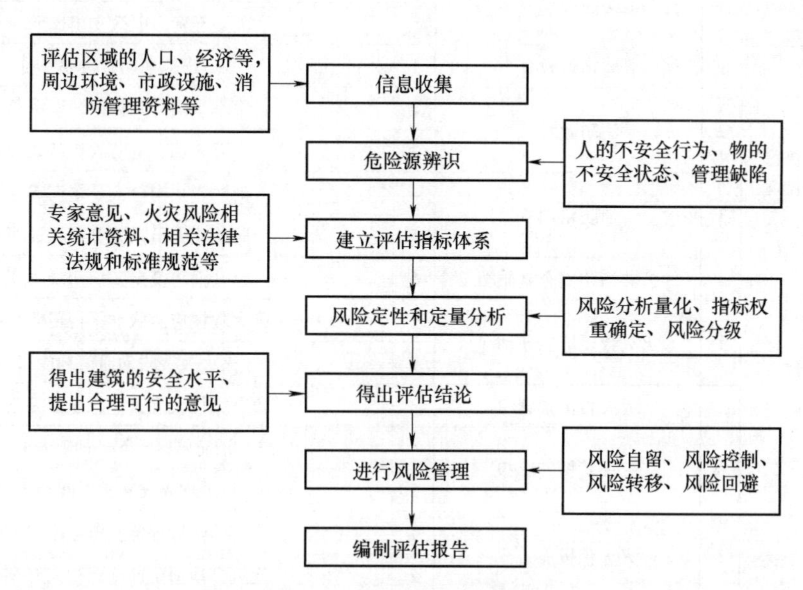

图 7-5　消防安全评估程序

4. 城市消防安全评估指标

2008 年，公安部消防局组织上海消防研究所、天津消防研究所等单位开展了国家软科学研究计划项目《城市消防安全评价指标体系研究》的研究，依据《消防法》等有关法律法规，在对我国东、中、西部 100 个地级及以上城市进行大量调查分析的基础上，提出了城市消防安全评价指标体系，具体见表 7-3。该指标体系可用于城市的区域消防安全评估，有助于城市管理者发现影响城市公共消防安全的主要问题和薄弱环节。

表 7-3　城市消防安全评估指标体系

一级指标/权重		二级指标/权重		指标层/权重	
1	公共消防基础设施/25	1	消防站/7	1	万人拥有消防站/7
		2	消防装备/10	2	万人拥有消防车/5
				3	消防员空气呼吸器配备率/2
				4	抢险救援主站器材配备率/3
		3	消防供水/5	5	市政消火栓平均给水管径/2
				6	市政消火栓覆盖率/2
				7	市政消火栓完好率/1
		4	消防通信/3	8	消防无线通信三级网通信设备配备率/3

（续）

一级指标/权重		二级指标/权重		指标层/权重	
2	公共消防管理保障/20	1	消防法制建设/7	1	消防立法/4
				2	消防执法/3
		2	消防队伍建设/5	3	万人拥有消防队员/5
		3	消防经费投入/8	4	消防员人均基本业务费/4
				5	消防经费占财政支出比例/4
3	消防宣传教育培训/20	1	媒体宣传教育/3	1	媒体消防宣传/3
		2	消防教育/5	2	中小学消防知识课开设率/3
				3	十万人拥有消防教育基地/2
		3	消防培训/7	4	消防相关岗位人员培训率/4
				5	消防执业人员技能鉴定执证率/3
		4	公共消防安全素质/5	6	公共消防安全知识知晓率/5
4	灭火救援联动响应/15	1	灭火救援应急联动/4	1	灭火救援应急联动平台覆盖率/2
				2	灭火救援联动通信响应/2
		2	灭火救援预案/2	3	政府重特大火灾应急预案编制/2
		3	灭火救援响应/9	4	消防辖区 7.5min 响应/4
				5	平均火灾扑救时间/5
5	火灾预警防控/20	1	火灾预警能力/7	1	消防远程监测覆盖率/3
				2	建筑自动消防设施运行完好率/4
		2	火灾防控水平/8	3	万人火灾发生率/2
				4	十万人火灾死亡率/4
				5	亿元 GDP 火灾损失率/2
		3	公共消防安全感/5	6	公共消防安全满意度/5

7.4.2 火灾高危单位消防安全评估

城市中存在很多火灾高危单位，针对城市内火灾高危单位的消防安全评估也是保障城市消防安全的一项重要内容。为了落实《国务院关于加强和改进消防工作的意见》（国发〔2011〕46号），规范消防安全的评估工作，建立火灾高危单位消防安全单位评估制度，2013年3月7日，公安部消防局印发了《火灾高危单位消防安全评估导则（试行）》。目前多数地区已根据《导则》推行了各地的火灾高危单位消防安全评估规程，由于经济水平和消防力量存在差异，因此火灾高危单位的定义略有不同。进行火灾高危单位的消防安全评估有助于进一步落实消防安全责任制，了解火灾高危单位的消防现状，提高单位的消防安全水平，推进消防安全的“户籍化管理”，促进社会公共消防安全。

1. 火灾高危单位的界定

火灾高危单位一般可以分为五类：

1）该地区有较大规模的人员密集场所。

2）该地区有一定规模的易燃易爆危险品的生产、储存和经营单位。

3）火灾荷载较大、人员较密集的高层建筑，地下公共建筑以及地下交通工程。

4）采用砖木结构或木结构的全国文物重点保护单位。

5）其他容易发生火灾的场所，并可能在火灾中造成重大人身伤亡或财产损失的单位。

2. 火灾高危单位的评估内容

目前，各地方对火灾高危单位的评估内容有所不同，但基本都包括消防安全管理制度、建筑的防火特性、消防设施设备、人员消防安全素养、消防救援力量等主要方面。消防安全管理制度包括建筑物或场所的消防合法性、单位消防队伍、消防安全制度、建筑防火能力、消防安全管理组织、消防安全责任、消防安全“户籍化”管理、火灾隐患整改措施、防火安全巡查检查等方面；建筑的防火特性包括灭火救援设施、建筑耐火等级、建筑特性平面布局、平面布置、安全疏散通道、防火分区、建筑装饰等；消防设施设备包括报警系统、消防水灭火系统、应急照明设施、防火分隔设施、灭火设施、防排烟系统、消防供电系统等方面；人员消防安全素养包括消防在岗与非在岗人员的安全素养；消防救援力量包括救援力量的距离和分布、灭火救援的类别和数量、消防演练等方面。

根据《导则》，出现下列问题时，则直接评为“差”（火灾评估结论分为“好”“一般”“差”三个等次）：建筑物和公共聚集场所没有备案手续或消防行政许可的；没有依法建立消防安全管理制度和自动消防系统操作人员的；建筑内消防设施严重损坏，不再具备防火和灭火功能的；不按规定设置自动消防系统的；安全出口数量不足、没有疏散通道或者通道阻塞，不再具备安全疏散条件的；公众聚集场所违反消防技术标准，使用易燃、可燃材料装修，可能导致重大人员伤亡的；人员密集场所违反消防安全规定，使用和储存易燃易爆危险品的；未依法建立专（兼）职消防队的；经消防机构责令改正后，同一违法行为再次发生的；一年内发生一次以上（含）较大火灾或两次以上（含）一般火灾的。

3. 火灾高危单位的评估步骤

火灾高危单位的评估流程如图 7-6 所示。

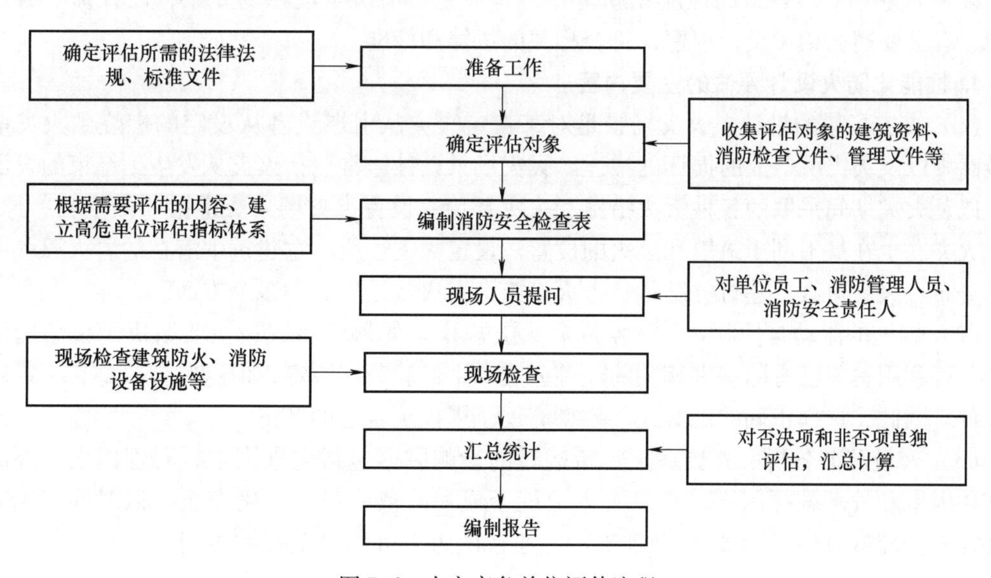

图 7-6　火灾高危单位评估流程

4. 火灾高危单位的评估报告

火灾高危单位的评估报告应包括：火灾高危单位的概况及消防安全基本情况，评估的内容，存在的问题，消防评估的结论，消防安全对策、措施及建议。

7.4.3 性能化防火设计评估

城市中涌现出很多新型特殊功能的建筑，这些建筑的消防设计可能会遇到一些现行标准尚未明确的地方，而性能化防火设计可以适当弥补这方面的问题。性能化防火设计的概念在20世纪就已出现了，到目前为止，成为相关领域研究的热点，而性能化防火设计评估就是性能化防火设计最为重要的部分之一，对设计阶段的建筑进行计算机模拟，选出合适的方案。

1. 性能化防火设计评估对象

性能化防火设计的评估对象主要是那些无法用现行有关国家防火设计规范进行设计的建筑工程部分，例如超出现行国家消防技术标准适用范围的工程项目，以及按照现行国家消防技术标准进行防火分隔、安全疏散、防排烟、建筑构件耐火等设计时，难以满足建筑特殊使用功能的工程项目。其中，下列情况不应采用性能化防火设计评估方法：

1）国家法律法规和现行国家消防技术标准有严禁规定的。

2）现行国家消防技术标准已有明确规定，并且无特殊使用功能的工程项目。

2. 性能化防火设计的核心内容

（1）整体评估　建筑的消防安全评估内容不限于建筑的性能评价，它也是对建筑消防系统、建筑防火、安全疏散、烟气运动等相关指标进行评估，并可用于建筑中新材料的安全性能评估。

（2）专业人员　基于性能的建筑防火安全评价是一项高难度的技术任务，要求从业人员不仅要懂得消防法律标准，还要有对建筑各系统的了解、对火灾的认识以及计算机模拟能力等方面的知识。

（3）程序控制　建筑的性能化安全评估是业主、消防工程咨询专家、设计师等共同参与的，有必要遵循相关设计程序，符合相关的法律和标准。

3. 性能化防火设计评估的主要内容

（1）火灾场景的设计　火灾场景是对某特定火灾从引燃或者从设定的燃烧到火灾增长到最高峰以及火灾所造成的损坏的描述。火灾场景设计通常包括火灾从发生到结束的发展过程，以及火灾期间采取的各种灭火措施和火灾环境。设置火灾场景要遵循“最不利”原则，即让火灾发生在最不利于疏散和灭火的位置。设定火灾还应注意建筑中潜在的着火源、可燃物的分布、火灾荷载、建筑的结构、灭火设施、灭火救援力量等多个方面。

（2）烟气的流动与控制　某一空间和火灾规模下的烟气生成量主要取决于火焰羽流的质量。可利用目前已有的许多相关的经验公式和半经验公式测定，但这些公式都有一定的使用条件。因此，选择正确的烟雾运动模型有助于得出更合适的结论。

（3）人员疏散分析　人员在火灾疏散时的影响因素包括生理因素、心理因素、外部环境变化因素和外部救援因素等。受灾人员能否成功疏散一般由可用安全疏散时间（ASET）和必需安全疏散时间（RSET）两项确定，通常认为当可用安全疏散时间大于必需安全疏散时间时，相关人员可以安全疏散。

（4）软件选取　火灾模拟中常采用的软件有 Pathfinder、EXODUS、FDS、Fluent、

PHOENICS 等。在火灾模拟中，影响模拟结果的因素有很多，如尺寸、网格的大小、数量、类型等。因此在火灾模拟前应着重考虑网格的设计、模型适用性、各参数预测变化能力等。

4. 性能化防火设计评估的步骤

性能化防火设计评估的步骤如图 7-7 所示。

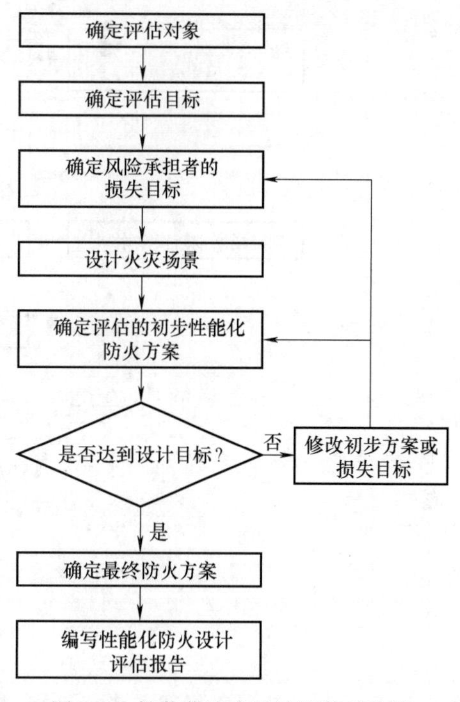

图 7-7 性能化防火设计评估的步骤

7.4.4 大型群众性活动消防安全评估

近年来，城市中企业、团体单位、事业单位以及机关等举办大型群众性活动的数量日益增多，规模越来越大，因此大型活动的火灾次数也相应增加，且损失量也越来越大。对活动的消防安全提前进行合理的安排显得极其重要。例如，2017 年 7 月 29 日晚，西班牙巴塞罗那一场音乐节的舞台发生火灾，根据现场保存的影片显示，舞台火花从上部倾泻而下，浓浓黑烟直冲天际。现场超过 2.2 万人，疏散时人员拥挤不堪，所幸的是此次火灾因消防人员的及时介入，全场观众得以安全撤离而无人受伤。事后调查得知，此次火灾是由于技术故障造成的。我国早已致力于完善大型群众性活动场所的消防安全管理体系，如国务院在 2007 年就签署了《大型群众性活动安全管理条例》，并于当年 10 月 1 日开始施行。

1. 大型群众性活动场所的界定

大型群众性活动场所指法人或其他组织面向社会公众举办的每场次预计参加人数超过 1000 人的活动，包括体育比赛、演唱会、展览、音乐会、花会、游园、庙会、焰火晚会等，以及人才招聘会、现场开奖的彩票销售等。其中，不适用《大型群众性活动安全管理条例》的场所有影剧院、音乐厅、公园、娱乐场所等在其日常业务范围内举办的活动。

2. 大型群众性活动场所的特点

1）规模大且参与人员不熟悉场地。这类活动在短时间内和有限空间内聚集大量人员，这些人员具有某些相关性，但其中的大部分人对场地环境不熟悉，不了解场所安全状况以及活动中应注意的安全事项。

2）设备的临时性。为了满足活动的需求，活动组织人员经常会临时增加设施设备，或搭建舞台、主席台、看台等临时建筑，这些新增的搭建物和设备设施，如果没有经过试运行的安全检验，容易埋下一些安全隐患。

3）管理困难。大型群众性社会活动涉及众多单位和部门多，协调和沟通比较困难，因此容易出现安全管理盲点和死角。

3. 大型群众性活动场所评估的基本流程

大型群众性活动场所评估的基本流程如图 7-8 所示。

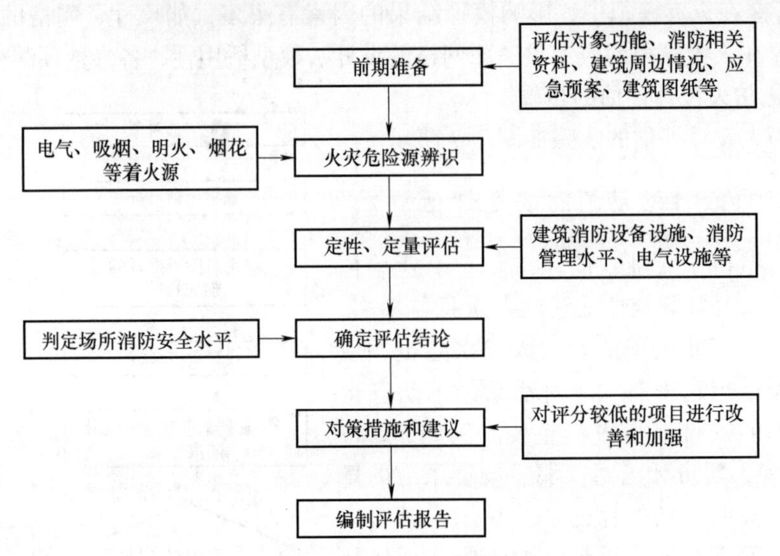

图7-8　大型群众性活动场所评估的基本流程

第8章 森林与草原消防

8.1 森林与草原火灾的特点与危害

8.1.1 森林火灾的特点

我国第九次森林资源清查中（2014～2018年）结果显示，全国森林面积共计2.2亿hm^2，居世界第5位，人工林面积居世界首位，森林总蓄积量为175.6亿m^3，位居世界第6位，森林覆盖率达22.96%。从整体上看，我国森林资源数量在不断增加，质量也在稳健提高，但与此同时也增加了森林火灾发生的可能性。森林火灾一旦发生，将带来巨大的生命和财产损失以及生态环境破坏。所以，研究森林火灾发生及发展的规律，科学有效地对森林火灾进行防控，是保护林业资源及我国森林消防工作的重要任务。

广义上来说，凡是失去人的控制、在森林内部自由蔓延，并对森林及其生态系统造成一定危害和破坏的林火行为均属于森林火灾。狭义上来说，森林火灾是一种突发性强、破坏性严重且处置救援较为困难的自然灾害。

1987年大兴安岭火灾是新中国成立以来我国发生的最为严重的一次森林火灾。此次森林大火不仅使我国境内的728.4万hm^2的森林受到不同程度的破坏，同时影响到了苏联境内的485.6万hm^2森林。2016年5月，位于加拿大艾伯塔省麦克默里堡西南方15km外的偏远地区发生了森林火灾，火势迅速增强。这场大火过火面积至少为505000hm^2，严重影响当地产业，据保险业估算，重建整座城市的费用约90亿加元，是加拿大史上损失最大的灾害，超过1998年北美冰灾（19亿美元）及2013年艾伯塔洪水（18亿美元）。2019～2020年澳大利亚森林大火持续了210多天，导致约10亿野生动物丧命，1170万hm^2土地被烧毁。可以看出，森林火灾一旦发生，后果非常严重。因此，森林火灾防治工作是我国防灾减灾工作的重要组成部分，也是我国公共应急管理体系建设的重要内容。做好森林火灾防治工作是我国社会稳定、人民安居乐业的重要保障，是加强生态环境建设的基础和前提，事关人民群众的生命财产安全、我国森林资源和生态环境安全以及改革发展稳定的大局。

国务院发布的《森林防火条例》将森林火灾按照受害森林面积和事故中的伤亡人数分为

一般森林火灾、较大森林火灾、重大森林火灾和特别重大森林火灾。具体分类标准见表8-1。

表8-1 森林火灾分类

火灾种类	受害森林面积	死亡人数	受伤人数
一般森林火灾	$1hm^2$ 以下或者其他林地起火	1人以上3人以下	重伤1人以上10人以下
较大森林火灾	$1hm^2$ 以上 $100hm^2$ 以下	3人以上10人以下	重伤10人以上50人以下
重大森林火灾	$100hm^2$ 以上 $1000hm^2$ 以下	10人以上30人以下	重伤50人以上100人以下
特别重大森林火灾	$1000hm^2$ 以上	30人以上	重伤100人以上

根据有关森林火灾的统计数据，我国森林火灾呈现以下特点：

1）森林火灾的发生具有一定的周期性。

2）发生次数较多的地区集中于华南地区。

3）受害森林面积较大的地区集中于东北地区。

8.1.2 森林火灾的危害

1. 烧毁林木

森林一旦遭受火灾，最为直接的危害是烧死或烧伤林木，直接破坏森林珍贵的林木资源。火灾一方面使森林的蓄积量下降，另一方面使森林的生长受到严重影响。森林虽然是一种可再生资源，但遭受火灾后短期内无法恢复，经受大面积严重森林火灾之后，由于森林的特性往往需要几十年甚至更长时间的恢复，而且通常会被低价林或灌丛取代。进一步讲，如果森林反复多次遭受火灾危害，还可能成为荒草地，甚至变成裸地，植物都无法生长。例如，在1987年大兴安岭特大火灾，当地生态环境被严重破坏，灾后坡度较陡地段的森林基本变成了荒草坡，极难恢复成林。

2. 烧毁林下植物资源

森林中除了林木可以提供木材之外，还存在其他大量的植物资源，如大兴安岭林区产有营养丰富的红豆（越橘）和都仕（笃斯越橘）等；长白山林区的人参、灵芝、刺五加等植物均是珍贵的药材；我国南方林区的喜树提炼出的喜树碱是疗效很好的抗癌药物；漆树可用于制漆；桉树可提炼出制造香皂、香精等。这些林副产品不仅是基因宝库，同时也是具有较大的经济效益的商品。然而，森林火灾不仅会破坏其生长环境，甚至严重烧毁这些珍贵的野生植物，使其数量减少，甚至可能导致某些种类的灭绝。

3. 危害野生动物

森林中存在着大量的野生动物。森林遭受火灾后，不仅赖以生存的环境被严重破坏，有些野生动物甚至被直接烧死、烧伤。由于山火等原因而造成的森林破坏已导致我国很多野生动物数量大量减少甚至灭绝，如高鼻羚羊、野马、新疆虎等，此外，还包括国家级保护动物，如东北虎、野象、野骆驼、海南坡鹿等。因此，防止森林火灾的发生，遏制其发生后的蔓延，不仅是在保护森林，同时也是在保护其中的野生动物，保持森林生物的多样性。

4. 造成水土流失

森林能够涵养水源、保持水土，极大地保持森林生态。据测算，$1hm^2$ 林地比无林地状态下能够多蓄水约 $30m^3$，同等条件下 $3000hm^2$ 森林的蓄水量和一个小型水库相当。因此，森林有“绿色水库”之美称。此外，树林中的覆盖物（地被物层）能够大大减缓雨水对地表土层的冲击力；林地表面海绵状的枯枝落叶层也能够阻挡雨水的冲击，而且能够吸收大量的水分；此外，森林庞大的根系对土壤的固定作用，能够减弱林地的水土流失。所以，森林若发生火灾，林地就会遭到严重破坏，其防止水土流失的作用就会显著减弱，甚至消失。

5. 致使下游河流水质下降

森林大量分布在山区，这些地区山高坡陡，森林遭受火灾之后，林地土壤侵蚀、水土流失现象要比平原更严重。大量的泥沙在水的冲击作用下会被带到下游的河流或湖泊之中，引起水体中泥沙淤积，导致水体微环境变化，使水质显著下降。水体水质的变化将改变水生生物的生长环境，严重影响湖中生物的生存，如颗粒细小的泥沙会使鱼卵窒息，对鱼苗的发育十分不利，进而影响鱼群的数量；此外，火烧后的黑色物质（灰分等）能够大量吸收太阳辐射能，使得下游水体温度升高，对鱼类的生存造成了重大威胁，特别是喜欢冷水中生存的鱼类会受到严重影响而大量死亡。

6. 造成空气污染

森林火灾后会产生大量的烟雾，主要成分有水蒸气和二氧化碳，约占总烟雾成分的 90%～95%；此外，烟雾中还包括碳氢化合物、一氧化碳、氮氧化物及微粒物质。除了水蒸气以外，其他物质的含量超过某一规定限度时都会造成空气污染，严重威胁人们和野生动物的健康。1997 年印度尼西亚的森林大火持续了将近一年，火灾产生了大量烟雾不仅造成印度尼西亚严重环境污染，而且还影响了众多邻国。

7. 威胁人民生命财产安全

森林火灾常造成人员伤亡。据统计，全世界每年死于森林火灾的人数达上千人。2017 年 10 月 8 日下午，美国加利福尼亚州旧金山湾区北部多地发生森林大火，总过火面积超过 $777km^2$，相当于整个纽约市的面积。山火燃烧形成的大量烟雾和灰烬升入空中，形成一个长度达 160km 的“烟雾带”，浓烟和灰烬遮天蔽日，导致许多当地居民出现呼吸系统疾病；“烟雾带”不仅出现在重灾区，也波及了旧金山和萨克拉门托等城市，当地一些学校被迫停课。截至 10 月 19 日，火灾已造成至少 42 人死亡，逾 7000 栋房屋和商业建筑被烧毁，约 10 万人紧急撤离。2019 年 3 月 30 日，四川凉山木里县发生森林大火，导致 31 人遇难；2020 年 3 月 30 日，凉山西昌市发生森林大火，造成 19 人死亡。

8.1.3 草原火灾的特点

草原火灾是指由于自然或人为原因，在草原或草地上发生的起火燃烧所造成的灾害。草原火灾不仅烧毁草地，严重破坏草原生态环境，降低畜牧承载能力，加速草原退化，还严重威胁人民生命和财产。我国是一个草原资源大国，各类天然草原面积将近 4 亿 hm^2，占我国国土面积的 40%。草原是我国面积最大的陆地生态系统，草原资源是一种十分重要的自然资源，能够保障国家食物安全、提高生态系统服务功能、维护生态平衡和社会和谐稳定。在我国的草原中，火灾易发区占草原总面积的 1/3，频繁发生火灾的草原面积占总面积的 1/6。草原火灾是对草原生态系统破坏较严重的灾种之一，也是我国草原的主要自然灾害形式。草原火灾是影响阻碍草原畜牧业可持续稳定发展的重要因素。草原火灾危害性极大且具有突发性，是我国畜牧业生产稳定发展的隐患。草原火灾一旦发生，势必会给我国的经济建设和社会安定、人民的生存环境乃至国土安全带来不利影响。

2017 年 2 月 28 日，农业部印发实施《“十三五”全国草原防火规划》。该《规划》全面总结了“十二五”期间我国草原防火工作的成效，深入分析了当前草原防火工作面临的严峻形势，提出了全国草原防火的指导思想、基本原则、主要目标、实施内容和保障措施等。截至2016年年底，全国共建设79个草原防火物资储备库，已覆盖100%的极高火险市和67%的高火险市；共建设293个草原防火站，已覆盖88%的极高火险县和49%的高火险县。随着科技的进步，我国研制出一系列新型防扑火装备，如新型草原灭火战车、新一代野外生存装备、新型灭火机及灭火机快速启动装置等并广泛应用，使草原防扑火物资保障能力和装备水平大幅提升。近年来，农业部与中国气象局合作，利用卫星监测，每年获取1000多条草原火情信息，在中央电视台发布30多次草原火情预警预报，效果显著。随着卫星监测预警的针对性、精准性和时效性不断增强，火情热点监测发现时间基本上可以控制在30min以内，其核查覆盖率与精准度达到99%以上，达到了不漏查、不迟查和不错查的效果。但是，目前我国草原火灾造成的损失仍然十分巨大，我国现阶段的草原防火能力远不适应防火工作的需要，草原防火有待加强。

我国主要牧区是草原火灾重点发生的地区，如内蒙古自治区的锡林郭勒、呼伦贝尔，新疆维吾尔自治区的塔城、阿勒泰，黑龙江省的齐齐哈尔、大庆，吉林省的延边、白城，甘肃省的甘南州，青海三江源区及环湖地区等受到火灾的严重威胁。2017年5月17日12时许，内蒙古自治区陈巴尔虎旗那吉林场发生森林草原火灾，经飞机在空中观察，火场火线集中在南侧和东北侧，南侧火线长度约10km，东北侧火线长度约6km。随后国家森防指紧急派出工作组连夜到达火场一线协调指导火灾扑救工作，共投入1205人（森警475人）、8架飞机和6台装甲车，另有1970人（森警500人）也加入了扑救活动。此次火灾的过火区域为次生林及林草接合部，过火面积超过300hm^2。

根据受害草原面积、直接经济损失和伤亡人数等，可将草原火灾分为以下四个等级（表8-2）。

表8-2 草原火灾的等级

草原火灾等级	受害草原面积	直接经济损失	死亡人数	受伤人数	备　注
草原火警	受害草原面积100hm^{2}以下，并且直接经济损失1万元以下				
一般草原火灾	100～2000hm^2	1～5万元	死亡3人以下	重伤10人以下	或者造成重伤和死亡合计10人以下（其中造成死亡3人以下）
重大草原火灾	2000～8000hm^2	5～50万元	死亡3～10人	重伤10～20人	或者造成重伤和死亡合计10～20人（其中造成死亡3～10人）
特大草原火灾	8000hm^{2}以上	50万元以上	死亡10人以上	重伤20人以上	或者造成重伤和死亡合计20人以上（其中造成死亡10人以上）

草原火灾的特点主要包括：

（1）突发性强　草原面积广阔，地势平坦开阔，可燃物众多且十分易燃，一旦发生火灾，在风力的带动下，火势将迅猛扩展，难以控制；此外，由于草原地区风向多变，常常出现多岔火头，火灾蔓延速度较快，十分容易形成火势包围圈，使能见度降低，此种情况下，人、畜转移困难，极易造成伤亡和财产损失，危害较为严重。

（2）季节性明显　每年春季的3～6月和秋季的9～11月是我国草原火灾的多发期。春季，随着草原地区积雪逐渐融化，高温、大风的频率增加，草原火灾进入多发期；秋季，草原植被开始枯黄，降雨减少，天干物燥，也较易发生草原火灾。

（3）易产生暗火　由于牲畜卧盘压得比较严实，空气流通不畅，容易形成暗火，人们不易观察，有时长达几个月，留下火灾隐患。

8.1.4　草原火灾的危害

草原火灾烧毁草地，进而破坏动植物的环境，降低畜牧承载能力，对畜牧业的发展构成重大威胁。还促使草原退化，破坏草原生态环境。

据相关资料统计，我国每年草原火灾受害面积数倍甚至数十倍于森林火灾受害面积，而且有相当一部分的森林火灾是草原火灾引起的；此外，邻国边境草原火会越境进入我国，引起我国草原火灾。

草原火灾毁坏草原宝贵的自然资源，引起严重的生态环境问题的同时，也造成很大的经济损失。除直接经济损失，火灾造成的间接损失往往不易统计，但实际比直接损失更严重，如受灾单位的停工停产、灾后的救济和重建工作等。草原火灾对人民生命财产安全造成威胁，有时还引起严重的社会问题，甚至造成不良的社会和政治影响。

8.2 森林与草原火灾的燃烧类型

8.2.1　森林火灾的燃烧类型

按照不同的发生位置，森林火灾的燃烧类型可以分为地表火、树冠火、树干火以及地下火，如图 8-1 所示。

森林火灾的燃烧类型
- 地表火
- 树冠火
- 树干火
- 地下火

图 8-1　森林火灾的燃烧类型分类

1. 地表火

地表火是指火势能够沿着地表蔓延，烧毁地表植被，危害灌木、幼林，烧伤树干基部及露出地面树根的火，如图 8-2 所示。森林火灾中，以地表火最常见，若火势猛烈、可燃物呈梯度连续分布，则地表火可能向上发展形成树冠火，相应的也可能向下发展形成地下火。地表火按蔓延速度进行分类，可以分为急进地表火和稳进地表火两类。

1）急进地表火是指火势蔓延较快的地表火，其蔓延速度大约每小时几百米或 1km 甚至更快。在大多数情况下，急进地表火燃烧不规则，常常留有一些破坏并不严重的区域，有的树木没有烧伤，危害较轻。急进地表火的火烧迹地一般呈长椭圆形。

2）稳进地表火是指火势蔓延较为缓慢的地表火，其蔓延速度一般为每小时几十米或者慢一些，但是其燃烧时间长，同时温度高，因此燃烧得比较彻底，几乎能摧毁所有的地表植被，甚至能烧毁乔木底层的枝条。因此，在相同的条件下稳进地表火对森林危害较大，严重影响林木生长。一般情况下，稳进地表火的火烧迹地呈椭圆形。

2. 树冠火

树冠火是指森林火灾中树冠层的着火燃烧，地表火遇到大风天气、可燃物成梯度连续分布或者位于特殊地形就有可能向上蔓延引燃树冠，形成树冠火。树冠火燃烧速度较快、温度高、破坏力大，且因其高度较高给救援工作带来一定困难。树冠火可以分为典型树冠火、冲冠火、连续性树冠火、间歇性树冠火等。图 8-3 为地表火受风向上引燃灌木而蔓延的过程。

图 8-2　地表火

图 8-3　地表火引燃灌木

（1）典型树冠火　典型树冠火是指沿着水平方向蔓延的树冠火。典型树冠火按其蔓延速度可分为急进树冠火和稳进树冠火。其中急进树冠火又称狂燃火，其火焰在树冠上跳跃前进，能够形成向前方伸展的火舌，燃烧速度较快，顺风蔓延的速度每小时可达 8～25km 或更快。急进树冠火往往能发展成树冠火和地表火上、下两股火。树冠火能够引起枝叶等燃烧，使树冠层预热，加快树冠火的蔓延，因此通常情况下火沿树冠发展快，而地表火发展较慢。急进树冠火能烧毁树木枝叶，通常情况下，其火烧迹地为长椭圆形。稳进树冠火又称遍燃火，其蔓延速度较慢，顺风为每小时 5～8 千米。急进树冠火燃烧彻底，能将树木的针叶、树枝和枯立木等完全烧尽，造成的损失较大。通常情况下，稳进树冠火的火烧迹地呈椭圆形。值得指出的是，单株树冠着火时火炬状燃烧称烛状燃烧，它是森林火灾中破坏性最严重的火灾形式，它标志着稳进树冠火的形成，若遇到大风天气就会形成急进树冠火。

（2）冲冠火　冲冠火是指由地表火发展而来的部分树冠着火的森林火灾，因而这种火不能脱离地表火而单独地在树冠层横向蔓延。冲冠火一般在树干上方的枝叶末端燃烧，燃烧产生的热量可引燃其他树冠。冲冠火多发生于我国南方松杉林的中龄林中或松林的异龄林中。

（3）连续性树冠火　连续性树冠火是指能够在树冠上持续燃烧的树冠火。一般森林中树木的树冠之间的距离较近时，树冠火能够连续燃烧，因此形成连续性树冠火。

（4）间歇性树冠火　树冠火与地表火交替向前蔓延，这种类型森林火灾则称为间歇性树冠火。如果森林中呈树木的树冠块状分布，某一树群烧完后树冠火暂时熄灭，但地表火继续燃烧；或者当地表火烧至另一树群时，地表火引燃树冠，使树冠火和地表火交替蔓延，就会形成间歇性树冠火。间歇性树冠火转为地表火时是扑救森林火灾的有利时机，可以迅速将之控制进而扑灭。

3. 树干火

树干火是指树干着火燃烧而形成的森林火灾类型。树干着火燃烧可能仅仅是主干的附生生物和树皮的表面燃烧，也可能是地表火的燃烧并且引燃树干基部，进而继续燃烧。一般情况下，树干火主要是由雷击和高强度树冠火引起的。有时也可单独发生，大多数的火灾都是由地表火引起的，地表火、树冠火和树干火这三种类型的火灾形式在特定条件可以相互转换。

4. 地下火

地下火是指在地下泥炭或腐殖质层中燃烧、蔓延的火。其中，在泥炭中燃烧的地下火被称为泥炭火，在腐殖质层中燃烧的地下火被称为腐殖质火。

地下火因在地下燃烧，火焰一般不可见，只有少量的烟。这种火可以一直燃烧至地下矿层或地下水层的上部，其蔓延速度较慢，一般为每小时4～5m，但是救援难度较大。地下火燃烧时产生的热量较大，温度较高，破坏力较强，火灾发生之后树木一般会枯死。由于地下火几乎不受风的影响，因此火场一般呈圆形。地下火燃烧持续时间较长，能维持多天、几个月甚至更长时间。有时发生在秋季的地下火还可能越冬，直到来年春季可能还在燃烧，因此也称为越冬火。越冬火一般多发于高纬度地区，尤其是在干旱季节，如，2015 年6 月 18 日内蒙古大兴安岭奇乾林业局奇乾林场发生的森林火灾，火场以落叶林为主，地形复杂，当地气温较高，据调查此次火灾就是由于地下火所致。

8.2.2 草原火灾的燃烧类型

草原火灾的燃烧类型可按火灾传播的空间位置分为地表火和地下火两种类型，如图 8-4 所示。

草原火灾 { 地表火
地下火

图 8-4　草原火灾的燃烧类型分类

1. 地表火

草原火灾中，火焰在地表蔓延的火称为地表火，受风速和风向的影响较大。草原地表火燃烧过程中火焰明显，且伴随有大量的浓烟。

2. 地下火

草原火灾中，火焰在地表以下蔓延的火称为地下火。地下火不易察觉且燃烧时间较长，有的可持续数年，因此较难扑灭。地下火燃烧过程中地表可见其阴燃火焰及部分烟气。

8.2.3 森林消防

森林消防是指对森林、林木和林地火灾的预防及其扑救。一般情况下，森林最容易发生火灾的时期是森林防火期，即春季森林防火期和秋季森林防火期。春季森林防火期是每年 3 月 15 日至6 月 15 日，秋季森林防火期为9 月 15 日至11 月 15 日。不同地区的森林防火期在时间上有一定差异，各县级以上地方人民政府可根据本地区的自然条件和火灾发生规律调整该区域的防火期。防火期期间，行政区域内的各防火办、瞭望台、检查站均需全天值守，护林员需全天在岗，各个森林消防队要 24 小时值班备勤，使用的各类通信工具要 24 小时保持畅通。在林区违法、违规用火者，对于非政府部门人员要予以经济处罚或按《治安管理处罚法》予以行政拘留；对于公职人员则一律开除公职。若违法、违规用火导致森林火灾，不仅要依法追究肇事者的法律责任，而且要依法依纪追究有关领导和责任人的责任，对较大规模的山林火灾要做到重罚。

森林防火期间，野外火源应严格按照“十不准”的规定执行。扑救森林火灾的基本原则是“打早、打小、打了”。“打早”是指尽量在森林火灾发生的早期扑灭火灾；“打小”是指扑灭发生不久的、火势不大的火灾；“打了”则强调彻底将火灾扑灭。这个原则表明，既要扑灭明火，又要清理暗火，还要消灭一切余火。在扑救森林火灾的过程中，应注意遵守火场纪律，服从指挥部的统一指挥和调度，严禁擅自单独行动；消防人员应时刻保持畅通的通信联系；密切注意观察火场所在区域天气变化，尤其要注意午后易发火灾时段的天气，密切观察火场中可燃物种类及其易燃程度，避免进入易燃区；注意观察火场内部的地形条件。此外，扑救人员必须接受灾前安全培训，并配备必要的装备，注意自身的安全。

扑救森林火灾的方法有以下几种。

（1）扑救地表火　森林地表火可采用土埋、水浇、扑打和使用化学灭火剂等方法直接进行扑灭。当火场风力强、火强度大、蔓延速度快时，可一边采用灭火手段控制燃烧速度，一边在火势发展的下风向，距离火头一定距离处开设隔离带，阻止火势蔓延；当火势较猛且简单的灭火工具无法控制火势的发展，可采用土埋法，若火场附近有水源，还可调动消防车用水枪或干粉枪进行灭火；在对火焰的头部和两翼进行扑灭时，为了防止风向突变使火尾变成火头还应派少数人携带灭火工具对火尾进行扑打消灭残火。

（2）扑救树冠火　树冠火燃烧猛烈、火强度大、火焰高、蔓延速度快，一般不能采用直接灭火的方式。扑救树冠火的较为有效的方法是开辟阻火隔离带阻隔火势的蔓延。在开辟阻火隔离带时，要准确计算火势蔓延的速度以及开辟阻火隔离带所需的时间，进而选择适当的位置安全的开辟阻火隔离带。隔离带的宽度应按照树高和当时的风力大小确定，一般为30～50m。

（3）扑救地下火　地下火具有隐蔽性，因此扑救前应进行详细的火情侦察，准确估计火场面积并确定火的流向和蔓延速度，且应在火场周围划出危险区并进行标记，防止扑救人员不清楚危险区位置而造成烧伤事故。确定了火的流向和火场边界后可挖沟隔火，切断火焰蔓延的路线，将火场划分成若干小区，分片扑灭。特别注意，扑灭完成后还应留下一部分扑灭人员坚守火场，每隔数小时再普查一遍，防止复燃。

8.2.4　草原消防

加强草原火灾防治工作，有利于减少草原火灾的危害。目前我国的草原消防工作还没有统一的模式，大部分是结合当地自然条件和经济发展水平而制定的。草原消防是一个系统工程，要做到预防为主、防消结合。消防工作则是将灾害遏制在源头，及时消灭已发明火，控制火场，防止蔓延，清除暗火。草原火灾难以预测、突发性强、蔓延迅速，容易形成大规模火灾。因此，草原火灾预防工作任重道远。美国每年发生的草原火灾多达11万次，但其中89%火灾能在3h之内扑灭，目前我国还是以群众扑救为主的方式，扑火工具还是以灭火机二号工具等手持工具为主，灭火效率低，远远落后于同期城市消防装备的水平。因此不仅要提高草原火灾的预防水平，还要加强火灾发生之后的扑救能力，做到“防消并重”。另外，新技术也可以应用至草原火灾的扑救中，例如开发和利用计算机辅助消防决策系统，对草原消防工作进行量化管理和分析；利用卫星对草原火灾的扑救情况进行监测和评估；开发先进的设备，提高灭火效率等。

扑救草原火的方法有以下几种。

1）发生在稀薄或低矮的草原地带的低矮草原火，火焰高度不超过50cm，不会对扑救人员形成很大的威胁。一般采用扫帚等简便扑火工具从火场外向火烧迹地内扑打的方法。

2）发生在高草地或塔头草地的火焰高度超过1m的火不易扑打，一般使用风力灭火剂扑火。

3）当火势猛、烟雾大、温度高、扑救人员无法靠近时，果断采用“以火攻火”的方法拦截火头。

8.2.5　森林与城市临界域消防

在森林与城市临界域人类活动较为频繁，为森林火灾的发生提供了很多火源，增大了火灾发生的风险。树木等可燃物连续分布，使临界域成为火灾高发场所，临界域发生的火灾有向森林大火或大规模建筑火灾演化的可能。例如，1983 年 2 月澳大利亚南部发生的森林大火，共计烧毁 40 万 hm^2 森林、7 个城镇、200 套住宅，事故共造成 74 人死亡，经济损失严重。1991 年发生在美国加州奥克兰市和伯克利市之间的森林火灾，造成 150 人受伤，25 人死亡，2449 栋平房和 437 套公寓被烧毁，过火面积超过 647.5hm^2，直接经济损失达 15 亿美元。2005 年 3 月，深圳大南山森林公园发生大火，过火面积达 25hm^2，火头最近时距景区和民航导航站仅数百米，严重危及深圳市居民生命和财产安全。

表 8-3 给出了我国六起典型森林与城市临界域火灾案例，可以明显看出，随着我国经济的快速发展，森林与城市临界域所发生的火灾造成的经济损失呈上升趋势，但同时，我国消防工作水平也在逐步提高，不仅能在较短的时间内控制火情，而且伤亡人数得到了控制。

表 8-3　我国典型森林与城市临界域火灾受灾情况表

森林火灾名称	火灾天数（天）	过火面积（万 hm^2）	死亡人数（人）	受伤人数（人）	经济损失（万元）
1976 年黑龙江抚远县“10·17”火灾	1	2	42	26	660
1987 年大兴安岭“5·6”火灾	28	133	213	226	50000
1996 年内蒙古新巴尔虎左旗“4·23”火灾	10	20.4	9	2	1957
2003 年黑龙江乌伊岭阿廷河“4·25”火灾	7	5.7	—	—	2463.6
2003 年黑龙江大兴安岭“5·17”火灾	9	31.93	—	—	1989.5
2005 年黑龙江呼玛县韩家园“10·23”火灾	8	10.87	—	—	1860.2

总的来说，森林与城市临界域森林火灾传播和蔓延的主要特点包括：

（1）能够向居民住宅传播　森林与城市临界域的森林发生火灾时，居民的住宅由于距离森林太近而受到严重威胁。屋外发生森林火灾时，屋内同样受到一定的影响，住宅的屋檐下、伸出的地板和阳台上热量大量积累，同时窗口附近的窗帘和家具及其他住宅内部的建筑材料可能受到穿过窗户的热辐射而被点燃。若住宅烟囱上或四周有树及枝条，在发生森林与城市临界域森林火灾时，火可能从烟囱进入住宅内部，进而造成火灾。

（2）能够向森林传播　住宅火与临界域森林火灾密切相关。若屋顶堆积有阔叶树或针叶树的树叶，则发生住宅火的可能性会升高。屋顶上的枯枝叶、缠绕于屋顶的树枝及其干枯的枝叶非常容易被飞来的燃烧屑块点燃，进而引发森林火灾。此外，住宅用天然气罐、明火取暖、易燃书籍等也是富含能量的燃烧源，发生火灾后，极易增强火灾的强度，增加灭火难度。

（3）包含飞火的传播　飞火传播是居民住宅火灾与森林与城市临界域森林火灾相互传播的主要形式。从火灾发生的角度来看，住宅最关键的部分是屋顶覆盖物，若住宅屋顶是未经处理的木质屋顶，则它被森林与城市临界域森林火灾的飞火引燃的可能性很大。

8.3 森林与草原消防系统

8.3.1 森林与草原防火林带

在20世纪60年代，德国的Weck提出“绿色防火屏障”这一概念。在林内营造宽25m以上，长度不限的阔叶防火林带被称为“绿色防火屏障”。19世纪60年代苏联与部分欧洲国家选择抗火植物与树种作为防火林带，从而降低森林发生火灾的可能性。在世界上一些森林覆盖面积比较大的国家或地区用防火林带替代防火道。19世纪70～80年代，为控制森林火灾的蔓延，欧洲南部与美国关岛等地区大力种植耐火植物带和阔叶防火林带。东南亚、北欧、东欧和中欧各国在这方面的研究和应用较早。此外现在很多国家都已经开始了防火林带的建设，同时把其当作国家政策来实行。19世纪80年代末期，苏联、中国等国也开始了防火林带的建设，苏联非常重视防火林带的建设，把其作为国家防火管理的主要对策之一。目前，世界各国关于防火林带的研究重点集中于防火机理、防火树种的选择等方面。

防火林带阻火机理分为防火林带树种、防火林带结构和防火林带内火环境三个层次。

1. 防火林带树种的阻火机理

防火林带使用的树种具有比较强的抗火性，此外，树种中叶片的含水量很高，对水源保护具有很强的作用。从燃烧学的角度来看，防火林带的树种具有较强的阻火机理，主要表现在以下几个方面：

1）防火树种的可燃性成分（如挥发油、蜡质、粗脂肪等）较少。

2）防火树种的含水率较高，树种的闪点和燃点较高，且具有较强的阻燃效果。

3）防火树种重要的指标之一是燃烧特性，防火树种被点燃后具有较小的燃烧热。

2. 防火林带结构与阻火效果

防火林带阻火效果的强弱还和防火树种与林带结构有关。

1）枝叶茂盛的树冠可有效阻挡火焰蔓延；不利于可燃物燃烧的环境可由良好的林带结构形成，并使可燃物成不连续分布，从而减少林火的蔓延。

2）防火林带组成的网格结构还对大面积的树林有分隔效果。

3）防火林带不连续的且垂直的易燃可燃物分布可有效地阻止地表火转为树冠火。

4）在近水平方向上，防火林带的枝叶难以引燃，因此大片针叶林被分隔成小块，使可燃物不能直接接触火焰，从而有效地阻止森林火灾的发生与蔓延。

3. 防火林带内火环境

1）防火林带对林火的抵消作用，除防火林带选用树种不易燃烧外，防火林带可以形成林带内火环境，这种火环境可以有效地降低森林火灾发生与蔓延的可能性。此外，多数防火林带位于山脊处，林内的透风性较强，林冠层透光性较差，基本无阳性杂草存在，这种结构不利于燃烧的发生。

2）防火林带内的温度相对较低，可减少地表蒸发，控制森林内的湿度，形成低温高湿的不利于火灾发生和蔓延的环境。

3）防火林带地表凋落物具有较高的含水量，结构相对紧凑，从而有效降低其燃烧的可能性。

4. 防火树种的筛选方法

（1）火场植被调查法　树种的抗火性与耐火性可从历年的火场的植被调查中得出。例如，根据 1987 年大兴安岭特大火灾后，植物的恢复状况，如根系的萌发程度、树冠的恢复状况、树枝的耐火程度等，可以大致判断主要乔木和灌木的耐火性：钻天柳、黑桦、山杨、香杨、白桦、东北赤杨的耐火性较强；兴安落叶松、兴安杜鹃、丛桦、越橘、都柿、金缕梅、极地悬钩子、刺玫果、柳叶锈线菊、大黄柳、蓝靛果、忍冬、偃松、接骨木的耐火性中等；樟子松、红皮云杉等耐火性较差。另外，通过对湖南省的一些火迹地的调查得知，大叶楠、石栎、甜槠、尖叶铃等耐火性和抗火性都比较强。

（2）直接火烧法　某树种的抗火性检验方法如下，称取一定的燃料置于某树种下，并铺设规定的面积，将其直接点燃。通过测定其燃烧时间、蔓延速度、火焰高度和方向，从损伤状态和再生能力来判断树种的耐火性。应该指出的是，这个方法需要设置多个重复和对照试验，应选择适合的季节进行试验。

（3）试验测定法　可以通过测定树木枝叶的水分含量，枝叶的粗细，枝叶的疏密度，枝叶的挥发油和油脂量，树叶的面积、表面积与体积比、厚薄和质地，树叶灰分物质的含量，SiO_2 的含量，燃点和发热量等指标，判断其耐火性。

（4）综合评判法　根据树木的三大特性，即生物学特性、抗火性能、造林学特性，采用模糊数学决策方法，对上述特性进行综合评判，再进行等级划分，并通过多目标决策方法，建造选择防火林带树种相应的数学模型对其综合评判。

（5）实地营造试验　通过观察树种形成的林带是否具有良好的防火和耐火性能来判断防火树种的适应性，这是检验防火树种最佳的方法。目前，我国南方已推广营造的防火树种有大头茶、木荷、银木荷、米老排、火力楠、马蹄荷、杨梅、珊瑚树、红木荷、红花油茶等。

8.3.2　森林与草原火灾隔离带和消防疏散通道

1. 森林火灾隔离带与疏散通道

森林火灾隔离带在山火救援和撤离中作用非常大，可有效、快速地结束灭火战斗。当山火火势过大时，部分森林隔离带可为救援人员提供疏散通道。森林火灾隔离带的类型通常包括天然阻隔带（图 8-5）和人工阻隔网工程（图 8-6）。天然阻隔带包括河流、湖泊、池塘、水库等一切能阻止林火蔓延的天然地形地势，而人工阻隔网工程包括道路网、防火沟、防火墙林缘、防火带网、生土带、林下植被清理带等人为工程。

林火的天然阻隔带（障碍物）包括：

1）沙丘、岩石区等没有植物的裸露地区。

2）河流、湖泊、池塘、水库等水体。

3）河滩、难燃植被、沼泽和能够阻止林火蔓延的复杂地形，如峭壁、悬崖等。

图 8-5　天然阻隔带

道路网是人工阻隔网的重要部分。道路网不仅用于交通运输，还可用于隔火，因此，道路网密度的大小是衡量该地区林区防火能力的指标，道路网能够支持灭火准备工作和撤离的后勤工作。

目前防火推土机是我国建立森林火灾人工阻隔网和消防疏散通道的主要工程机械，它通常由履带式拖拉机和前置推土铲组成，其作用是当灭火人员无法通过复杂地形时开辟防火通道。

图 8-6　人工阻隔网

开设人工阻隔网同时要遵循下列原则：

1）对林火必须有隔离和削弱作用。

2）尽量减少对森林生态系统的破坏，从而保证林木的正常生长和经营活动。

3）人工阻隔网的位置应尽量选取在山背、居民村屯道路两侧、林地边缘、地类分界、生产点的周围。

4）尽量选择地势较为平缓、地拔物少、土质瘠薄的地带。

表 8-4　不同防火阻隔带宽度标准

种类	国界防火阻隔带	林缘防火阻隔带	林内防火阻隔带	道路两侧防火阻隔带
宽度标准	50～100m	20～30m	20～30m	标准铁路：每侧宽度 30～50m（距中心线）
				森林铁路：每侧宽度 20～30m（距中心线）
				林区公路：每侧宽度 8～10m（距中心线）

2. 草原火灾隔离带与消防疏散通道

在火势较大的草原火灾中为防止火势进一步扩大，需要在较短时间内建立防火带。此外，草原火灾隔离带还起着运输灭火装备以及作为后续撤离通道等重要作用。而消防疏散通道则是火场火势突变时，救援人员疏散和撤离的生命通道。为此，开设草原火灾隔离带和消防疏散通道是灭火过程中必不可少的。

在一般情况下，在偏远地区的草原火场中，火灾隔离带和消防疏散通道发挥着同等重要的作用。

目前我国常见的开设草场火灾隔离带与消防疏散通道的方式包括：

1）手工工具开设：利用割灌机、锹、点火器、水枪、风力灭火机、斧、耙等手工机具进行开设，这是一种将未燃烧区域的易燃植被清理到阻火线之外，并开设出生土隔离带达到阻火目的的方法。

2）推土机开设：选择植被稀疏、土质松软的地带作为阻火线的路线。

3）利用化学制剂消除易燃物：如使用除草剂开设阻火线。

8.3.3 森林与草原灭火系统

如图 8-7 所示，森林与草原灭火系统分为地面灭火和航空灭火，具有包括以水灭火、风力灭火、航空灭火、人工扑打、隔离带阻隔等灭火措施。

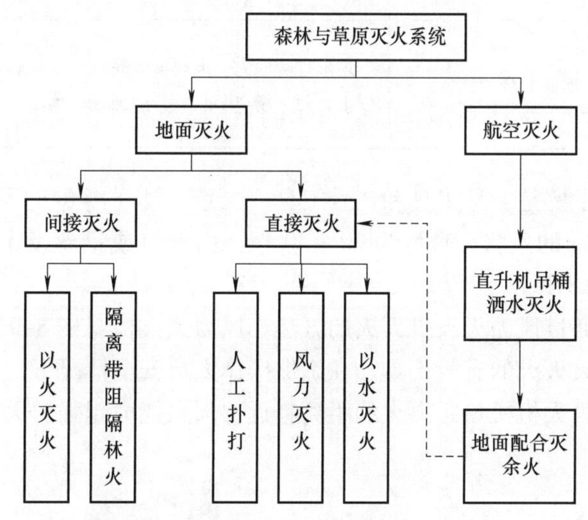

图 8-7 森林与草原灭火系统的组成

应用森林立体灭火系统时，有必要考虑当地的森林分布、森林可燃物状况、地形地势、林火行为等特点。较大和重大森林火灾随着天气、地形、森林植被条件等变化的着火环境，水源、各地段道路、阻隔等差异的扑救条件，以及不断发展的火场态势，形成了情况复杂、火线特点各异的火场。为了安全、快速、有效地控制火势，应用森林立体灭火系统，选择合适的灭火方式进行灭火，如风力灭火、开设阻隔带、以水灭火、人工扑打、航空灭火（直升机吊桶洒水与地面配合灭火）等，从而形成优化的森林火灾灭火方案。森林立体灭火系统优化配置见表 8-5。

表 8-5 森林立体灭火系统优化配置

灭火技术	装　备	适用火情特点
人工扑打	二号工具	地势较低，地形比较平缓，且坡度小于 35°，平均植被高度小于 1m 时，地表火强度低；火场飞火的初发低强度地表火
风力灭火	风力灭火机	坡度小于 35°，地表火为中低强度，距离最近的水源 3km 以上，林区中没有道路；火场飞火的初发火点

（续）

灭火技术	装备	适用火情特点
以水灭火	1）森林消防水车灭火系统； 2）便携式轻型消防水泵灭火系统、远程森林消防系统； 3）小型柱塞泵灭火系统	1）有林区道路，火线距公路300m以内下山火或侧坡火； 2）附近有足够的水源，火线与水源之间的距离在2km以内，供水高度差在200m以内。有一定的出口通道，坡度小于35°； 3）附近有小水源，火线与水源之间的距离在3km以内，或者距离防火线最远的距离在3km以内，供水高度差在500m以内，坡度小于45°，中低强度森林火灾
以火灭火	1）长柄镰刀、点火器等； 2）长柄镰刀、割灌机、点火器、油锯、风力灭火机	1）地形陡峭，山火所在坡度大于45°，或者火线较长的下坡； 2）深山、高山大面积地表火和林冠火的混合火，高强度的地表火
隔离带阻隔	油锯、长柄镰刀、割灌机、锄、铲等	需要重点保护的地段
直升机吊桶洒水灭火，地面配合灭火	直升机；地面配合的装备	地形危险性大，火线火势高，火速快；道路数量少，距水源3km以上，距火场20km。它有大面积的水源

人工灭火的工具主要是二号工具和三号工具。二号工具（图8-8）是将旧轮胎切割成长80～100cm、宽2～3cm的条状，数量为20～30根，由铆钉或钢丝及木棍制成的消防工具，其长度约1.5m，厚约3cm。

风力灭火是一种通过风力灭火机灭火的方法。风力灭火机（图8-9）既是扑灭森林火灾的有效工具，又是以火灭火的有效工具。在确保操作人员安全情况下，灭火器操作员在火线外侧进行灭火。风力灭火机机口距离火的距离越近，灭火能力越强，灭火效果越好。

图8-8 灭火二号工具

图8-9 风力灭火机

水灭火主要有森林消防水车及车载输水系统、便携式水泵及小型柱塞泵输水系统和远程输水系统等方式。

在距离水源近、交通便利的地方主要选择森林消防水车；在距离水源远、交通不便的地方主要采用水车与水泵接合的方式；对于地形高、距离长的地区常采用小型柱塞泵输水系统，可扑灭高度在200m以上、距离在3000m以上的火灾。在有道路、河流和防火带等阻隔条件的区域可采用以火灭火的方式，这是一种点燃迎火面、用火灭火的林火扑灭方式，其隔离带开设需满足一定的条件，如开口位置应选择在迎火头的山坡背面，长度一般大于

10m 等。

隔离带阻隔的目的是在没有可燃材料的地区切割连续可燃物，阻止森林火灾的蔓延，从而扑灭蔓延到隔离带的森林火灾。

直升机吊桶洒水灭火法是利用直升机将水直接洒在火头和火线上进行灭火的方法，同时地面可以用风力灭火法、直接扑打灭火法、以水灭火法配合，从而及时扑灭余火，有效降低林火造成的损失。

8.3.4　森林与草原火灾监测

目前，森林与草原火灾监测方式主要有人工巡护、卫星监测、航空巡护，以及视频监控等方法，但是各种监测方式都存在一定程度的不足，上述各种方法的优点和缺点描述如下。

1. 人工巡护

人工巡护就是指在防火期间派遣一定数量的护林员进入林区昼夜巡查，或利用瞭望塔观察的传统方式。虽然人工巡护方式操作简单，但不确定因素多，安全隐患较多，工作人员难以全面工作到位，此外还需投入大量的财力、物力和人力，存在无法实时监测的缺点。

2. 卫星监测

卫星监测是指通过气象卫星遥感技术来获取地区的气象信息，并从中提取与火情相关的信息，并进行分析和处理，可实时进行火场定位、探测火场面积、预测火势发展方向和判断火势大小等，可为相关的防火部门提供重要参考。但是卫星监测系统的使用范围具有局限性，且其准确性容易受到图像像素、扫描周期、环境因素等的影响，从而导致错过林火发现及最佳扑灭时间。

3. 航空巡护

在正常情况下，航空巡逻是使用固定翼飞机或直升机在偏远和复杂的森林地区沿某条航线巡逻森林地区。如果发生火灾，及时向预防控制中心报告，以便进一步处理。航空巡护受物力、资金限制且无法实行全天候实时监测，不能确保及时发现早期火情。2011 年 4 月 9 日，广东省首次使用 EC135 飞行器来监测森林和草原火灾。

4. 视频监控

指由林区监控点和监控管理中心组成的森林与草原火灾视频监控系统，采用无线网桥传输数据。

在运用森林与草原火灾视频监控系统时，整个区域合理位置部署安装摄像机，尽可能实现监控全面覆盖，监控中心全天候监视，在林区产生异常情况时立即预警，能够及时防范火灾，此外可及时发现森林与草原资源的破坏行为。视频监控的弊端是监控室需要一直有人观察屏幕，并且烟雾与白云、雾气、火光与夕阳等相似现象难以识别，会影响监测效果。

目前，森林和草原火灾的监测方法不甚有效。监测受到一些特殊因素的制约，要做到准确监测较为困难。因此，有必要发现新的及时的森林草原火灾监测方法，这对实现森林和草原火灾的空中和地面立体监测具有重要意义。2006 年四川甘孜州在全州所有县级森林与草原防火点部署了防火观察点，实现了森林火灾的视频监控。

8.3.5 森林消防救援系统

森林消防救援系统是由多个中心组成的工作组织，主要负责预测和评价森林风险、事故应急培训和演习、制订应急计划、开展应急救援行动、事故现场善后等工作。

如图8-10所示，森林消防救援系统主要包括媒体中心、支持保障中心、紧急运转中心、事故指挥中心、信息管理中心五个运作中心。系统中的每个中心都有其自身的功能和结构特征。虽然每个中心是相对独立的工作机构，但在实际行动中，它们相互联系，相互配合，协调一致，运转良好。

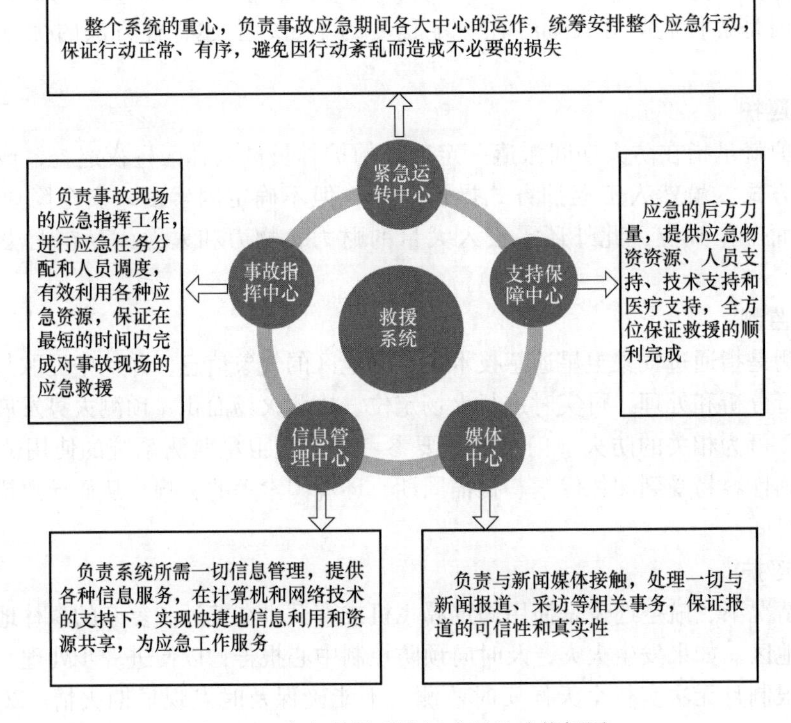

图8-10 应急救援系统组成以及功能框图

8.4 森林与草原消防设计的特点

8.4.1 森林与草原消防规划

1. 规划目的

为了进一步遏制水土流失，加快造林工作进程，保护我国森林资源，促进经济健康发展，将现代信息化技术手段运用到森林火灾预防与扑救工作中，是地区、城市乃至国家科学化、现代化发展的必然要求。特别是森林消防指挥网络化、预测预报智能化、设施装备现代化、扑火工具机械化，已经成为消防信息化、现代化的重要特征。随着我国经济的快速发展，加快森林消防指挥网络系统建设的步伐，提升森林消防指挥建设现代化水平，势在必行。科技强警、科技消防，运用科技手段创造平安消防，及时监控自然灾害、准确识别火险隐患、迅速抢险救援等成为现代消防发展要努力实现的目标。

2. 规划原则

1）坚持“预防为主，积极消除灭火，实行综合治理”的原则。

2）坚持“因地制宜，根据实际灾害情况突出重点”的原则。

3）坚持“以人为本，依法治火，社会监督”的原则。

4）坚持“科学预防，科学扑救”的原则。

5）坚持“保护生态环境，生态、社会、经济效益相结合”的原则。

3. 规划依据

森林与草原消防规划的依据《中华人民共和国森林法》《森林防火条例》以及《森林防火工程技术标准》（LY J127—1991）等。

8.4.2 主动防火设计

主动防火设计主要有计划烧除。计划烧除是指在一定环境条件下，通过人工处理，将火灾限制在预定的区域内，但同时产生一定的放热强度或必要的传播速度。在可燃物领域使用火灾来实现资源管理目标。19 世纪 90 年代，为了减少森林可燃物美国人提出了计划烧除的方法。20 世纪前页，“计划火烧”概念被第一次提出，后又有人提出用控制火烧的方法来管理森林的下层杂木。20 世纪中叶，美国进行了大量的关于计划火烧的研究，其研究成果被得到广泛运用。20 世纪 70 年代中期，美国广泛接受计划烧除，并将其作为一种有效的森林和生态管理手段。

此外，1925 年，加拿大已经有采用计划烧除来进行森林防火的报道，在 20 世纪 30～40 年代加拿大也进行了计划烧除的实践和研究，但是，直到 20 世纪 70 年代，计划烧除才大规模地被应用于生产中。

1. 计划烧除的优点

1）可有效减少林地可燃物的数量。计划烧除是预防森林火灾的重要技术手段之一，它可有效减少可燃物的积累量。我国的各级森林防火部门都有组织开展计划烧除。东北林区、西南林区、南方林区等，每年都要烧除适量面积的森林，从而有效降低森林火灾风险等级、减轻防火压力，现阶段已经取得了良好的效果。此外，有许多林区根据本省情况采取相关措施，制定开展计划烧除的林业政策与火烧规程，用于指导本省的计划烧除工作，如内蒙古自治区、云南省等。图 8-11 为草甸计划烧除现场。

2）实生苗床与造林准备。在世界许多国家或地区，火仍然是造林之前种植作物、改良牧场和平整地面的主要工具。用火烧整地的好处有很多，火烧后植被释放出的养料具有较大的经济价值，可以被随后出现的、正处于快速生长期且需要营养的植被所吸收。

3）抑制竞争性植被。计划烧除的另一个作用就是用于控制竞争性植被，可达到促进主要树种更新的效果。例如，在针叶树种主导的用材林中，当主要森林层被封闭时，小森林环境中的湿度、热量和光照等条件发生变化，使得针叶树幼苗不能适应森林环境，只有耐荫的木材种苗可以生长，如果这种情况不受控制，这些阔叶树将与目标树种竞争资源，不利于针叶树的天然更新。此外，由于硬杂木的高度与目标树种不一致，树木抗火性也各有差异，硬杂木、针叶树的抗火性优于林下植被等，故利用计划烧除可以消除下层植被，从而消除竞争树种。火烧后，竞争树种数目减少，光照充足，保存下来的树木会得到充分的生长，而大大地改善森林的更新条件。

4）对某些森林病害、虫害、鼠害有一定的防治作用。冬季有大量的病原菌在落叶中越冬；害虫可以幼龄幼虫或成虫、蛹等形态成功在枯枝落叶层下过冬；害鼠同样生活在枯枝落叶层内。火能烧死林内害虫、病原体以及害鼠，同时可以去除大多数病态木材。火烧后的环境更有利于树木生长。图 8-12 为草甸计划烧除后的场景。

图 8-11　草甸计划烧除

图 8-12　草甸计划烧除后

5）合理用火维持生物群落和生态环境。火是维持森林生态平衡重要的力量。大量研究表明，每种生态系统都存在火烧历史，每种生态系统的现状都与其火烧历史有关联。所以，要让火充分发挥作用来维持生态系统。

2. 计划烧除存在的问题

我国地域辽阔，各地地理、气候环境各具特色。目前东北林区是开展计划烧除的主要区域，但对于南方林区，因山地环境复杂、森林结构多样性等因素，开展计划烧除还存在很多问题，主要表现在以下几个方面：

（1）研究存在缺陷　我国森林状况复杂多样，以致实施计划烧除技术很难制作统一的技术规范。虽然各个地区的森林防火部门也在开展计划烧除的相关研究，但普遍存在研究水平不高，研究不够深入等问题，从而难以形成有效的应用技术手段。

（2）对计划烧除缺乏科学的认识　计划烧除是对火的良性使用，但在实施过程中由于技术等问题易引发森林火灾，从而使得一些地区对此持观望甚至消极的态度，极大制约计划烧除的发展。

（3）未建立计划烧除的生态经济分析评价体系　计划烧除是减少林地可燃物，确保林地安全的有效手段。但目前我国对计划烧除的生态、经济、社会效益特别是其造成的负面生态影响还未进行深入的探讨，未能形成引导计划烧除开展的可靠科学理论。

8.4.3　被动防火设计

生物防火是指利用生物的抗火性能、阻火性能、燃烧性能的差异，通过调节森林的生物结构组成，改善生态环境，增加林分的抗火能力，阻止林火的蔓延，最终达到防火的目的。生物防火林带符合森林防火网络系统的总体规划。生物防火林带中的林地由防火、耐火树种组成，分布密集，林带林分相同，阻碍森林火灾的蔓延。一些发达国家森林被动防火设计研究如图 8-13 所示。

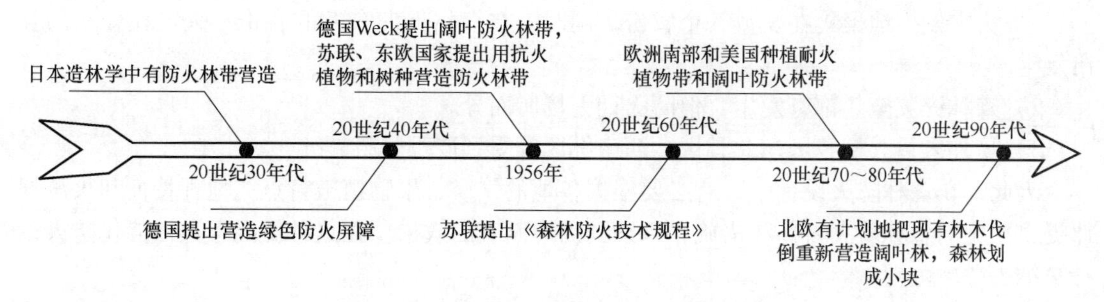

图 8-13　国外森林被动防火设计研究进展

虽然我国的生物防火工作起步较晚，但发展迅速。20 世纪 50 年代初，华南一些国有林场开始建设防火林带，取得良好效果。生物防火应用逐步加强，国内森林被动防火设计研究进展如图 8-14 所示。

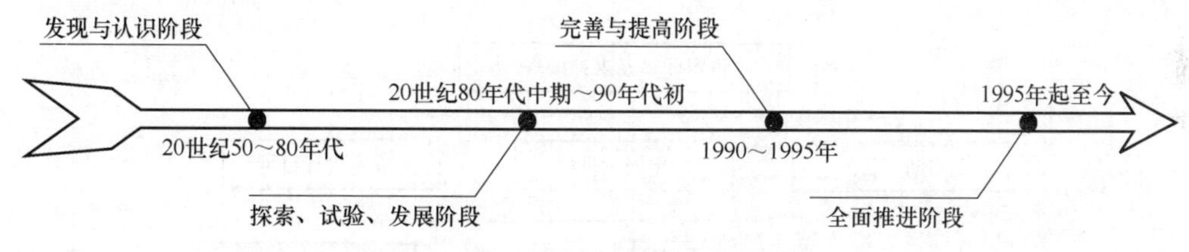

图 8-14　国内森林被动防火设计研究进展

（1）第一阶段：发现与认识阶段　20 世纪 50 ~ 80 年代，华南地区国有林场开始尝试建设防火林带。与林业相关的人员开始在边界上种植阔叶林，选择山脊进行相关防火林试验，从而逐步认识防火林带的防火效果和人工营造防火林带的可能性。

（2）第二阶段：探索、试验、发展阶段　20 世纪 80 ~ 90 年代，南方一些区县（如福建尤溪县等）逐步开始建设防火林带。

（3）第三阶段：完善与提高阶段　20 世纪 90 年代，我国开始研究防火林带的“封闭圈”结构和支撑技术，大力推进生物防火工程网络系统的建设。

（4）第四阶段：全面推进阶段　1995 年起至今，各地重点建设森林消防，根据实际大胆创新，全面推进生物防火的研究工作，加大资金投入，实现森林防火变被动为主动。

《全国森林防火规划（2016—2025 年）》中显示，目前，我国工程阻隔带 33.7 万 km，密度 1.8m/hm，生物隔离带 36.4 万 km，密度 1.9m/hm，这个数据表明我国林火阻隔系统建设存在严重滞后的问题，因此需秉持“因险设防、重点突出、全面规划、分步实施”的原则，充分利用自然隔离带，并统筹规划阻隔系统，重点是加强资源价值高、重点保护区域等部位的阻隔系统的建设，构建自然隔离带、工程阻隔带和生物阻隔带一体的、密度为 4.7m/hm 的系统。各个区域应按照《林火阻隔系统建设标准》，根据防火区域的环境因素、火行为、交通条件和经济管理水平等因素建设合理、安全、经济、适用的林火阻隔系统。南方林区适用生物阻隔带，北方适用工程阻隔带和生物阻隔带。依据我国现状和规划目标，全国还需建设 31.0 万 km 林火阻隔系统，其中，工程阻隔带 14.3 万 km，生物阻隔带 16.7 万 km。

8.4.4　性能化防火设计

我国森林火灾的特点如下。

1）火灾发生地聚集在少数几个省份。同时，在森林火灾多发的省份，火灾在较小的县市发生。

2）森林火灾全年都有发生，但防火期因场所而异。

3）境外入侵火使我国东北林区、西南林区等受到严重威胁。

因此，在森林防火设计中，有必要根据各地的气候、生物植被特点、地理特征和火源规律提出相应的森林防火目标和措施，以达到因地制宜的效果。在这种情况下，性能化防火设计被纳入考虑范围。

森林防火性能设计是综合运用防火工程、森林防火原理、森林火灾生态学、森林火灾预测方法等，针对森林可燃性条件、地形条件、气候特征等进行综合应用，预测复杂情况下发生的林火行为，进而制定一种或多种设计方案，利用森林火灾行为模拟方法测试评价设计的可行性，选择出最优方案，最终为森林提供最合理的防火保护措施。森林火灾性能化防火设计流程如图 8-15 所示。

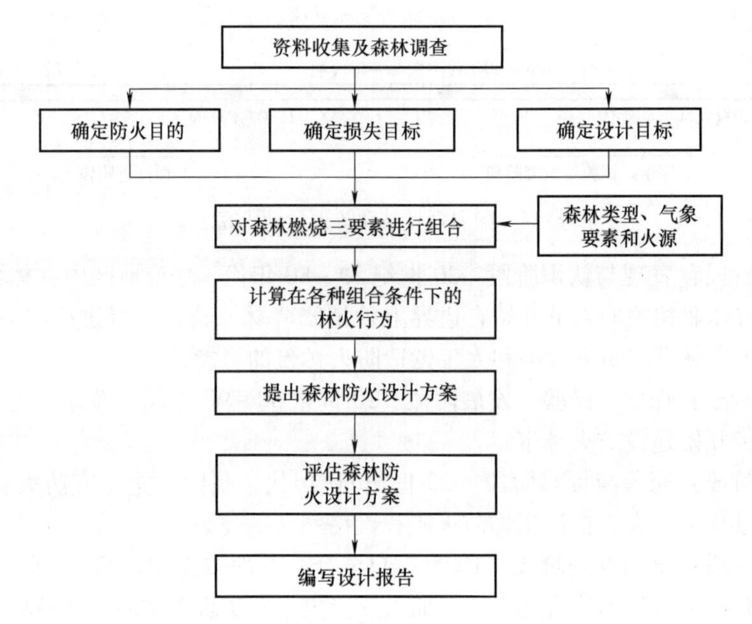

图 8-15　森林火灾性能化防火设计流程

（1）资料收集及森林调查　需要收集的资料包括森林资源分布图、林相图、土地利用图、交通图、行政区划图、火灾历史资料、地形图、有关规程或国家标准；需要调查的内容主要包括森林消防基础设施建设情况、森林和可燃物类型及分布情况、土壤状况、重点保护对象、林火管理水平、林区居民点和企事业单位分布情况、气候条件、林区水源条件、林区交通条件、群众防火意识、火源规律、林区阻隔带情况、林火控制能力、火险等级及其分布等。

（2）确定及量化防火目的、损失目标和设计目标　森林防火目的包括三个方面：保障人员安全、保护森林资源和财产、限制消防和消防作业对环境的影响。损失目标是指森林经理、政府、保险公司和公众希望通过防火措施达到并愿意支付的安全程度。设计目标是损失目标的概念化性能标准，也是针对特定森林防火措施的技术指标和设计指标，应用这些防火设计相关标准进行设计参数使用，同时也是评估待选方案的性能基准。

（3）林火行为计算　林火行为计算是在不同气象要素和火源联合作用下计算主要森林火灾行为。首先要对森林燃烧三要素（即森林类型、气象要素和火源）进行组合，然后选择合适的计算分析方法，对不同组合下的森林火灾行为进行计算分析。特别要对森林火灾的发生、发展和熄灭过程进行研究，通过模拟和分析得出火焰高度、蔓延速度、林火强度和过火面积等火行为值。利用合理的火灾计算和分析方法可定量评估森林火灾危险性，如各种经典计算公式、各种物理模型和仿真模型等。地形条件是影响森林火灾的一个重要因素，因此进行林火计算和模拟相关研究时，利用地理信息系统技术是比较重要的。

（4）提出和评估设计方案　森林防火设计方案包括阻隔网的建设和维护、扑火队伍建设及管理、可燃物和火源管理、重点保护对象防火、生物防火和计划烧除的应用、监测网和通信网的建设和维护、烟雾控制、设备需求及管理、灭火预案等。进行消防设计应充分考虑程序的可行性、经济性和易维护性。例如，如果林火行为的模拟表明火灾过火面积超过控制目标，为将过火面积控制在目标范围内，可以选择的补救措施有：在该林区驻扎扑火队、开设生物阻隔带或建设生物防火林带、健全监测网和通信网等，选择措施时要充分考虑森林的保护价值、林区的道路状况、风俗习惯、森林的燃烧性、林区的森林防火基础设施现状、与专业或半专业扑火队驻地的距离等因素。

（5）编写设计报告　确定最后的设计方案后，还需要编写性能设计报告。设计报告应包括以下几个方面内容：①了解和分析参与者的情况；②林区的防火状况；③目标的计算方法及结果；④设计方案评估方法和设计图；⑤其他材料。

性能化设计方法是一种可供选择的防火设计方法，它的发展代表了国际消防安全工作的最新动向。我国林区防火领域的防火设计研究及应用还相对较少。森林防火设计应将性能化的设计思想融入建设中，有利于降低林火灾害的损失，进而提高我国的林火管理水平。

第3篇

消 防 管 理

第9章 消防安全管理

消防安全管理是一项为了达到预期消防安全目标而进行的管理活动，是安全管理领域的重要组成部分，通常运用现代安全管理原理和方法，结合科学合理的消防技术手段，分析研究所有可能存在的消防隐患，采取计划、组织、控制等有针对性的措施，防止事故的发生及减少事故造成的损失。消防安全管理遵循国民经济发展的客观规律，具有保障社会安全的作用。

9.1 消防安全管理的特点及依据

9.1.1 消防安全管理的特点

人类正常的生产生活活动离不开火，火的使用加快了人类的进化历程，扩大了人类的活动范围。但同时火的不恰当使用，也带来了很多灾难。火本身具有普遍性、不确定性、广泛性等特点，因此，消防安全管理具有空间广泛性、不间断性、全过程性、全员性、强制性的特点，如图9-1所示。

图9-1 消防管理工作的特点

（1）空间广泛性 火的用途十分广泛，人类日常的生产生活活动均离不开火，即使在极简的用火场所条件下，也能形成燃烧所需的必备条件，从而可能引发火灾。

（2）不间断性 人类生产生活活动的不确定性和多样性，使得火灾的发生也具备一定的随机性，这就要求消防安全管理活动也应该是持续不间断的。

（3）全过程性 系统活动是一个完整运行的生命周期，在整个系统运行过程中都要保证系统每个部分任意时刻的消防安全，有必要对系统运行的整个周期进行有效的消防安全管理。

（4）全员性　消防安全管理的主体是整个社会生产生活活动中的所有人员。

（5）强制性　火灾一旦发生，将给生产生活带来不可逆转的严重破坏，因此必须实施强制且严格的用火管理，如果涉嫌人员纵火等犯罪行为，应依法从严处理。

9.1.2　消防安全管理的依据

科学性和合理性是实施消防安全管理工作的重要前提，也是开展消防安全管理工作必不可少的因素。2009 年 5 月，《中华人民共和国消防法》正式施行，是我国消防法制建设的重要里程碑；2017 年 10 月，国务院办公厅印发了《消防安全责任制实施办法》，进一步强调了消防管理工作法律政策依据的重要性、明确了各层次消防责任对象的职能与义务，充分体现了党中央、国务院对消防安全管理工作的高度重视。2019 年 4 月 23 日，第十三届全国人民代表大会第十次会议通过《关于修改〈中华人民共和国建筑法〉等八部法律的决定》，对《消防法》进行了修正。此次修订将建设工程的消防设计审查及消防验收的审批部门由公安机关消防机构改为国务院住房和城乡建设主管部门。目前我国消防安全管理工作主要依据法律政策和规章制度。

1. 消防安全管理工作的法律政策依据

消防安全管理工作中的各种法律、法规、规章等相关规范性文件是消防安全管理的法律政策依据，即消防法规。消防法规中明确规定了消防安全管理活动的权责分配、方式方法、基本原则，消防队伍建设和管理、权利与义务以及法律责任等。消防法规是全国消防安全管理工作应遵从的根本依据，具备科学性、社会性、广泛性和稳定性的特点。

如果在消防安全管理工作中，以上消防法规之间存在抵触，则根据“小法服从大法”的基本原则进行初步处理，并及时向上级汇报说明情况，由上级相关部门最终决断；如果出现某消防技术领域目前没有可以遵循的相关国家标准，则暂时以部门标准（或行业标准）作为消防安全管理工作依据。

2. 消防安全管理工作的规章制度依据

消防安全管理工作的规章制度依据是为了保障消防安全而制定的一系列管理条文，主要针对火灾风险，指导和约束人们在日常的生产生活活动中涉及消防安全方面的行为，即整个社会对象根据本部门、本单位的生产工作特点而制定的适用于本单位、本部门的消防安全管理规范性文件。目前现有的消防安全管理工作的规章制度依据尚不够全面和系统，相关社会单位应根据自身实际状况制定符合本单位必要的消防安全管理制度，保证单位消防安全。

工业企业相关单位一般应该制定的消防安全管理制度如图 9-2 所示。

工业企业单位消防安全管理规章制度
- 消防宣传教育制度
- 火源管理制度
- 电气防火管理制度
- 易燃易爆危险物品防火管理制度
- 防火安全检查制度
- 消防设施和器材管理制度
- 火灾事故调查处理制度
- 消防安全工作奖惩制度
- 单位内各重点部位的防火管理制度
- 单位内各重点工种的防火管理制度

图 9-2　工业企业单位消防安全管理规章制度

9.2 消防安全管理的主体与职责

9.2.1 消防安全管理的主体

我国《消防法》中明确规定，不同消防安全管理主体被赋予不同的消防安全管理职责。为了更好地履行各消防安全管理主体职责，必须确立消防安全管理活动的各级主体，我国消防安全管理工作的主体分为四级，如图 9-3 所示。

政府统一领导，指政府从总体上统筹把控全国和各地区的消防安全管理工作。部门依法监管，指政府相关部门在职责范围内加大执法力度，严格监管生产工作中可能导致火灾的行为。单位全面负责，指各相关单位全面落实消防安全生产责任制。公民积极参与，指在火灾隐患排查和扑救中，应广泛发动和依靠群众，组织群众力量。

消防安全管理的主体体现了“谁管理，谁负责”的原则，而具体的消防安全管理工作内容则根据消防安全管理工作的对象确定。消防安全管理工作的对象，也称作消防安全管理工作的资源，涉及参与消防安全管理工作的对象、消防设施、工作安排和组织文件数据、活动经费、安全任务和职责等各个方面。

9.2.2 消防安全管理的职责

1. 国务院消防安全管理职责

国务院统筹领导全国的消防安全管理工作，指导消防安全管理工作与国民经济和社会发展相结合，使经济社会发展与消防工作相适应，遵循消防工作的客观发展规律，落实“预防为主、防消结合”的方针，全面构建“公民积极参与、单位全面负责、部门依法监管、政府统一领导”的消防安全工作格局，积极推行消防安全责任制，大力治理各种火灾隐患；同时，如果特大火灾一旦发生，由国务院全权统筹对特大火灾事故的救援及事后调查工作。

2. 地方政府消防安全管理职责

地方各级人民政府全面领导并负责本行政区域内的消防安全管理工作，地方政府的主要负责人为第一消防责任人，分管负责人为主要消防责任人，根据本行政区域的特点对消防工作做出整体规划，切实落实消防安全责任制，保证本行政区域的消防安全管理工作认真执行，确保行政区域的消防安全。一般，地方政府的主要消防安全职责包括八点，如图 9-4 所示。

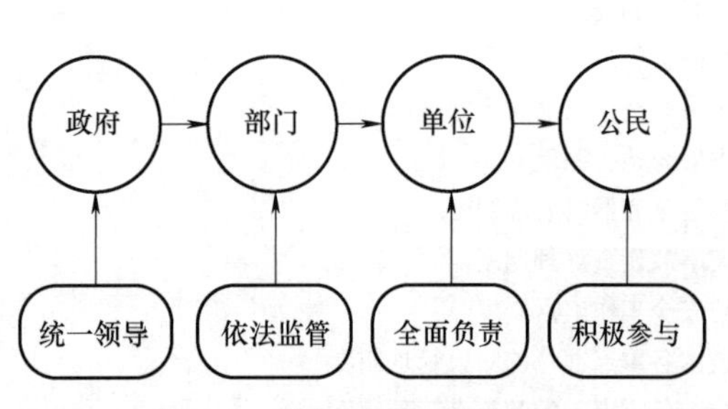

图 9-3　消防安全管理的主体

地方政府的消防安全职责：
- 领导本行政区域内的消防工作
- 进行消防宣传教育
- 制定、组织、实施消防规划
- 建立消防组织和消防队
- 补偿其他消防队耗材
- 制定应急预案并提供保障
- 领导应急救援工作
- 领导检查农村消防工作

图 9-4　地方政府的消防安全职责

3. 国务院应急管理部门监管职责

全国的消防安全管理工作应根据《消防法》的规定由国务院应急管理部门进行监督管理。县级以上人民政府的消防救援机构对本区域内的相关消防工作实施监督管理，其他有关部门在各自职责范围内依法依规做好本行业、本系统消防安全管理工作。应急管理部门及消防救援机构的监管职责主要由五个方面构成，如图 9-5 所示。

应急管理部门和消防救援机构的监管职责：
- 加强消防宣传，并督促、指导、协助相关单位做好消防宣传教育工作
- 确定消防安全重点单位，进行相关的执法工作
- 承担以抢救人员生命为主的应急救援工作
- 组织实施专业技能训练，验收、指导专职消防队、志愿消防队等

图 9-5　消防相关部门的监管职责

2018 年 3 月，中共中央印发了《深化党和国家机构改革方案》，提出公安消防部队划归并入应急管理部。原公安部消防机构的职能转入应急管理部消防救援机构，一系列消防相关的法律及规范的出台及机构的改革，有利于调动各相关部门和社会单位的消防工作积极性、主动性，强有力地推动了新时代中国特色社会主义建设中消防工作的快速高效发展。

2019 年 5 月，中共中央办公厅、国务院办公厅印发了《关于深化消防执法改革的意见》，该意见对当前的消防执法工作进行了深度分析并进行了改革。其中几个重大举措为：取消消防技术服务机构资质许可，取消消防设施维护保养检测、消防安全评估机构资质许可制度；简化公众聚集场所投入使用、营业前消防安全检查，实行告知承诺管理；放宽消防产品市场准入限制，将强制性产品认证目录中的 13 类消防产品调整出目录，改为自愿性认证，同时向社会开放消防产品认证、检验市场。此次改革有利于增强全社会火灾防控能力，有利于确保消防安全形势持续稳定向好，为经济社会高质量发展提供了安全保障。

4. 社会单位基本消防安全管理职责

确保单位消防安全、预防火灾发生是社会各消防单位的共同责任，在当地人民政府的整体领导下，应当积极组织开展本单位的消防安全管理工作，重视对本单位员工的消防安全教育，提高消防安全意识水平，保证单位整体的消防安全。社会单位基本消防安全职责如图 9-6 所示。

社会单位基本消防安全职责：
- 落实消防安全责任制，制定本单位的消防安全制度和应急预案
- 按照标准配置消防设施，定期组织检验、维修，确保完好有效
- 消防设施每年至少进行一次全面检测，确保完好有效，记录备案
- 保障疏散通道、安全出口、防火间距等符合消防技术标准
- 定期组织防火检查，及时消防火灾隐患
- 定期组织有针对性的消防演练
- 法律法律规定的其他消防安全职责

图 9-6　社会单位基本消防安全职责

5. 消防安全重点单位消防安全管理职责

消防安全重点单位是指火灾隐患较大、火灾发生可能性较大以及可能造成重大人员伤亡或财产损失的消防单位。《机关、团体、企业、事业单位消防安全管理规定》中明确规定，档案馆、大型商场、国家机关办公楼、医院、公共图书馆等，均属于消防安全重点管理单位。鉴于消防安全重点单位的重要性及可能发生火灾后果的严重性，消防安全重点单位相较于其他一般的消防单位具有更为严格的消防安全管理要求，除履行社会的基本职责外，还应

履行消防安全重点单位特有的消防安全管理职责，如图 9-7 所示。

消防安全重点单位的消防安全职责
- 确定消防安全管理人，统筹消防工作
- 建立消防档案，确定消防安全重点部位
- 实行每日防火巡查并建立巡查记录
- 组织岗前消防安全培训和消防演习

图 9-7　消防安全重点单位的消防安全职责

9.3 施工现场消防安全管理

9.3.1　施工现场消防安全组织

随着现代建筑业规模的不断扩大，施工现场的火灾发生频率和火灾造成的经济损失越来越高，施工现场的消防安全问题逐渐成为社会关注的焦点之一。施工现场的复杂性及外界火灾因素的流动性是造成火灾事故的主要原因（图 9-8）。施工现场存在大量的临时建筑物，这些临时建筑物布局不合理、耐火等级低，另外，施工现场可燃易燃材料多，用火用电设备多，导致施工现场的火灾隐患多，大大增加了火灾发生的概率。如 2009 年 2 月 9 日，在建的中央电视台电视文化中心发生特大火灾，造成 1 人遇难，损失达 1.6 亿元。2014 年 10 月 29 日，在建的汝郴高速赤石特大桥因焊割失火，导致大桥 9 根斜拉索断裂，断索侧桥面下沉，直接经济损失达 1000 多万元。

图 9-8　施工现场发生火灾

为保证施工现场的消防安全，必须成立相应的施工现场消防安全管理工作组织，施工现场消防安全组织在明确各自消防安全职责的前提下，切实开展消防安全管理工作。

1）成立消防安全领导小组，统筹领导施工现场的消防安全管理工作，制定并落实消防安全操作规程、消防安全制度，重视施工人员的消防安全培训教育，建立消防安全管理档案等。

2）建立消防安全工作小组，主要负责执行施工现场的消防安全管理工作，包括日常消防安全巡查、初期火灾扑救和消防器材维护等。

3）明确项目经理为施工现场消防安全责任人，在施工周期内对施工现场的消防安全管理工作全面负责；明确消防安全管理主管和责任人，主要负责施工现场的相关消防安全监督管理工作。

9.3.2　施工单位消防安全职责

在施工周期内，建筑工程施工现场的相关消防安全管理工作需要施工单位全面负责，施工单位的消防安全管理职责，如图 9-9 所示。

施工单位的消防安全职责：
- 制定并落实消防安全制度、消防安全操作规程
- 对施工现场操作人员进行消防安全教育和培训
- 制定并落实消防安全检查制度和火灾隐患整改制度
- 制定易燃易爆危险物品使用与储存的防火、灭火制度
- 按照有关规定配置消防器材
- 建立并落实消防器材的定期检查、维修、保养制度
- 建立消防安全管理档案，对重点位置需进行严格管理

图 9-9 施工单位的消防安全职责

9.3.3 施工现场消防安全管理制度

在施工现场搭建的临时建筑通常具有分布密集、易燃可燃材料多、耐火等级低、用电用火多等特点，一旦发生火灾，火势会快速蔓延到整个施工范围，造成极大的损失。因此，为了减少施工现场的火灾隐患及发生火灾的可能性，必须重视施工现场的相关消防安全管理工作，认真执行施工现场的消防安全管理制度，保障施工现场的消防安全。

施工单位应依据《消防法》的相关规定，结合施工现场的实际消防特点，制定科学可行、适合于施工现场的消防安全管理制度。施工现场消防安全管理制度如图 9-10 所示。

施工现场消防安全管理制度：
- 消防安全教育、培训制度
- 防火巡查、检查制度
- 安全疏散设施管理制度
- 消防控制中心管理制度
- 消防设施、器材维护管理制度
- 火灾隐患整改制度
- 用火、用电安全管理制度
- 易燃易爆危险物品和场所防火防爆制度
- 机电设备的检查和管理制度
- 消防安全工作考评和奖惩制度

图 9-10 施工现场消防安全管理制度

9.4 建筑工程消防监督管理

建筑工程的消防监督管理，是指国务院住房和城乡建设主管部门依据相关规范，对各类建筑进行的消防设计审查和消防检测验收以及监督检查等相关工作，目的是使建筑工程达到消防规范的要求。国务院住房和城乡建设主管部门是建筑工程消防监督管理工作的主体，全面负责建筑工程消防工作的设计审核和验收。

9.4.1 建筑工程消防设计审核内容

国务院住房和城乡建设主管部门规定的特殊建设工程，建设单位应当将消防设计文件报送住房和城乡建设主管部门审查；规定以外的其他建设工程，建设单位申请领取施工许可证或者申请批准开工报告时，应当提供满足施工需要的消防设计图及技术资料。消防设计审核

的主要内容如图 9-11 所示。

消防设计审核的主要内容：
- 总平面布局和平面布置中的消防车道、消防水源等
- 建筑的火灾危险性类别和耐火等级
- 建筑防火防烟分区和建筑构造
- 安全疏散和消防电梯
- 消防给水和自动灭火系统
- 防烟、排烟和通风、空调系统的防火设计
- 消防电源及配电
- 火灾应急照明、应急广播和疏散指示标志
- 火灾自动报警系统和消防控制室
- 建筑内部装修的防火设计
- 建筑灭火器配置
- 有爆炸危险的甲、乙类厂房的防爆设计等

图 9-11　建筑工程消防设计审核内容

9.4.2　建筑工程消防设计审核依据

1. 一般情况下消防设计审核依据

建筑工程消防设计审核常用的消防技术标准如图 9-12 所示。

建筑工程消防设计审核工作中常用的消防技术标准：
- 《建筑设计防火规范》（GB 50016）
- 《农村防火规范》（GB 50039）
- 《人民防空工程设计防火规范》（GB 50098）
- 《建筑内部装修设计防火规范》（GB 50222）
- 《建筑灭火器配置设计规范》（GB 50140）
- 《水喷雾灭火系统技术规范》（GB 50219）
- 《火灾自动报警系统设计规范》（GB 50116）
- 《火灾自动报警系统施工及验收规范》（GB 50166）
- 《低压配电设计规范》（GB 50054）
- 《城市消防站建设标准》（建标 152—2017）
- 《邮电建筑防火设计标准》（YD 5002）

图 9-12　建筑工程消防设计审核工作中常用的消防技术标准

2. 特殊情况下消防设计审核的科学论证依据

对于一些特殊建筑工程的消防设计的审核，目前我国消防技术标准还不能给出明确规定，如超高层建筑、应用新材料新技术的大型建筑等，这种情况下应根据相关规定由消防职能部门共同组织设计、施工等部门的研究人员进行科学论证，提出可行意见，作为消防设计审核的依据。

9.4.3　建筑工程消防检测验收

建筑工程消防检测验收是保证建筑工程消防安全符合规范要求的重要环节，意义重大，我国建筑工程消防验收工作流程如图 9-13 所示。

申请验收 — 验收受理 — 现场检查 — 现场验收 — 结论评定 — 工程移交

图 9-13　我国建筑工程消防验收工作流程

国务院住房和城乡建设主管部门规定应当申请消防验收的建设工程竣工，建设单位应当向住房和城乡建设主管部门申请消防验收；规定以外的其他建设工程，建设单位在验收后应当报住房和城乡建设主管部门备案，住房和城乡建设部门应当进行抽查。

9.5 消防社会化管理

我国过往的消防管理工作存在“重处罚、轻服务，重监督、轻指导”的现象，导致社会单位消防工作自主能力较差，过于依赖消防执法部门，而消防管理部门人员配置有限，无法解决社会单位消防工作的主要问题。

针对这一消防管理工作现状，2011 年 12 月国务院印发《关于加强和改进消防工作的意见》(国发〔2011〕46 号)，提出充分发挥社会自我组织和市场内部调节机制的作用，全面推动消防工作的快速发展。当前，我国消防工作主要在国务院领导下，各级人民负责，按照“政府统一领导、部门依法监督、公民积极参与、单位全面负责”的原则，推行消防安全责任制，建立健全社会化的消防工作网络。

9.5.1 消防工作社会化定义

消防工作社会化是指有关部门、单位、社会团体、中介机构、公民等在政府统一领导下的参与。依据相关法律法规、规范标准，全员参与消防工作，为整个社会提供完善的公共消防服务，同时要运用法律手段、遵循符合社会消防工作客观发展规律的管理方法及增加消防工作的经济投入等，提高社会预防和控制火灾的能力，减少火灾危险性，维护公共消防安全。

消防工作社会化的主要内容包括三个方面，如图 9-14 所示。

消防工作社会化内容
- 责任主体多元化
- 工作任务多元化
- 工作性质多元化

图 9-14 消防工作社会化的主要内容

(1) 责任主体多元化　消防责任的主体涵盖地方各级人民政府和企业、团体、机关、事业单位的法人代表和非法人单位的主要负责人等。

(2) 工作任务多元化　消防工作社会化任务除了包括常见的防火灭火工作外，还包括消防安全宣传、消防安全评估、消防监督等方面的内容。

(3) 工作性质多元化　消防工作社会化的工作性质除了有政府的行政性，还涉及社会的公益性和市场的服务性等。

9.5.2 消防工作社会化必要性

消防工作服务于社会所有单位，消防安全是整个社会经济快速发展的重要保障之一。消防部门作为负责消防工作的执法监督部门，其职责范围涵盖了消防工作的全部内容，在消防部门人员配置一定的情况下，容易造成消防主体工作内容不明确，难以兼顾各项工作，指导消防管理工作效率低下等问题。为了促进消防工作快速高效的发展，使社会消防安全整体水平得到提高，必须积极推进消防工作的全面改革，发动社会和各界群众的力量，推进消防工作社会化建设。

2019 年修正的《中华人民共和国消防法》提出“预防为主、防消结合”的工作方针，按照“政府统一领导、部门依法监管、单位全面负责、公民积极参与”的基本原则，实行消防安全责任制，建立健全社会化的消防工作网络。公民、政府、部门、单位均为消防工作主体，共同推进消防工作社会化进程。

9.5.3 消防工作社会化管理模式

1. 政府统一领导

政府作为消防安全管理工作的决策者和协调者，在消防管理工作中扮演着非常重要的角色。政府的宏观调控作用必须借鉴消防工作的社会化管理模式，通过建立科学完整的消防法律法规体系，贯彻落实消防安全责任制度，加强相关部门的联动机制，整体促进消防社会化管理工作的进程。

2. 单位全面负责

推进消防工作社会化的关键在于贯彻落实以企业为主体的社会单位主体责任制。机关、团体、企业、事业等单位是组成社会的基本单元，也是社会化消防安全责任的主体。通过消防安全标准化管理，提高企业、事业等单位的消防管理思想和企业火灾隐患危险源的辨识能力，同时成立消防工作自查管理制度，提倡各单位开展消防安全文化建设，逐渐提高单位员工的消防安全意识。

3. 消防职能机构发挥纽带作用

消防职能机构承担专业的防火灭火工作，是连接相关消防监管部门与消防中介的重要纽带，能够推动各职能部门间的相互监督，提高消防部门机构执法的规范性。此外，准确定位消防中介组织和明确其职责与制度，将大大提高消防工作社会化管理的水平。

4. 公民积极参与

建设“网格化”的消防管理平台，充分发挥社会、村、镇公民的消防管理自治工作意识，使消防管理工作逐级分工，消防安全责任制度逐级落实。同时提高政府的消防奖励制度和透明度，发展多种方式的消防安全宣传教育，提高公民参与消防管理工作的热情，开展消防安全巡逻队和消防志愿者等活动，进一步完善公民全员参与的社会消防机制，形成全民参与消防安全管理工作的氛围。

第10章 消防科技与经济

10.1 消防科技

消防科技一直是我国消防安全工作的重要组成部分之一，在防灭火方面发挥着非常重要的作用。随着消防领域的现代化建设不断发展，消防科技在整体消防工作中的地位也越来越高，依靠消防科技推动消防事业快速发展的思想逐渐得到社会广泛的认可。

10.1.1 消防科技的现状

经济社会的快速发展推动着科学技术水平的不断提高，为火灾科学和消防技术领域的科技进步打下了坚实的基础。

20世纪初，电气控制技术与水力学得到全面发展，由此自动喷水灭火系统和灭火控制技术被应用到消防技术中；40年代以后，控制燃烧系统预测技术的显著进展，为消防工程工具的发展提供了技术基础；60~70年代，高层建筑逐渐增多，一系列灾难性的高层建筑火灾，推动众多学者对高层建筑烟气的运动规律开展研究；80年代后期，消防科技的研究重点逐渐转移到新型材料和消防性能化设计方面；90年代，考虑到环境的可持续发展，绿色消防技术的概念被提出，哈龙灭火技术逐渐被替代，以降低对环境的影响程度；21世纪初期，为减少火场救援人员的伤亡及考虑到某些消防人员无法进入的特殊火场的情况，开始研究和发展消防机器人代替消防救援人员进入火场进行灭火救援。消防科技发展历程如图10-1所示。

10.1.2 消防科技的发展

随着我国消防科学技术的快速发展，过去消防科研落后、大量引进国外技术推动消防事业发展的局面已经得到了大幅改观。我国自主研发的消防科技成果已在火灾预防、灭火救援等领域得到了广泛的应用，我国消防工作整体水平取得了长足进步。消防科学技术是消防事业发展的强大动力，我国消防科技发展体现在如图10-2所示的几个方面。

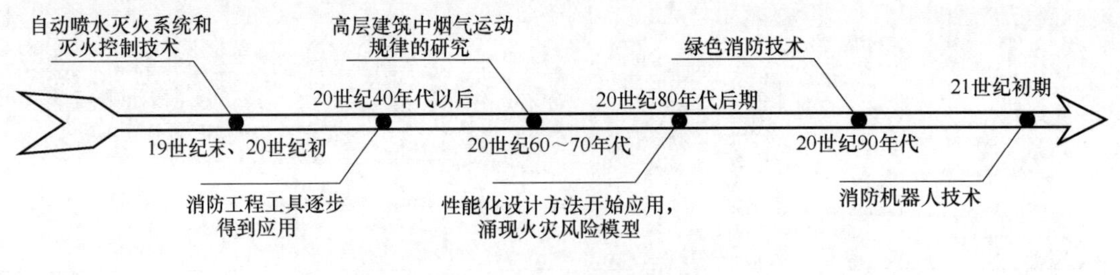

图 10-1　消防科技发展历程

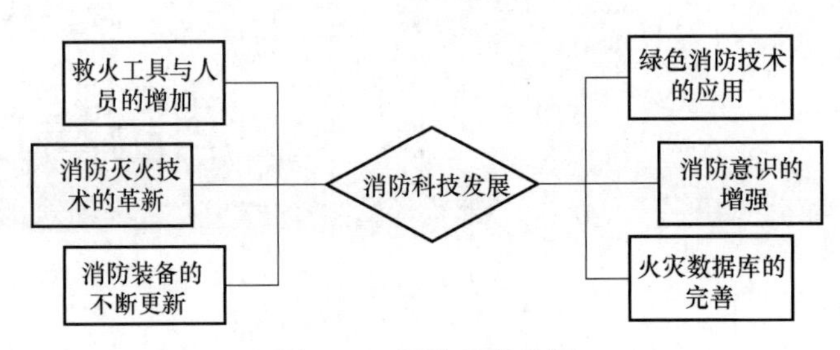

图 10-2　消防科技发展

10.1.3　消防科学技术现阶段发展的问题与展望

1. 消防科学技术现阶段发展的问题

现阶段我国消防科学技术已取得了很大的进步，但还存在不少未解决的问题，部分生产企业只重视经济收入而不追求产品科技含量的提高和技术创新，使科研工作处于被动局面。科研与转化力量薄弱，消防科研成果的转化率较低，许多科研成果研发成功之后缺乏必要的有效推广，未能运用到实际消防工作中去。鉴于这样的局面，为了有效地改变消防科研领域缺乏创新性以及科研转化率低的问题，我国正在大力推进消防科技产业群的建设，以解决目前存在的问题，以期推动消防科学技术快速发展。

2. 消防科学技术展望

总结多年的消防工作实践经验，消防科学技术是全人类抵抗火灾的关键手段之一，是消防工作水平快速发展的力量源泉。消防科学技术展望如图 10-3 所示。

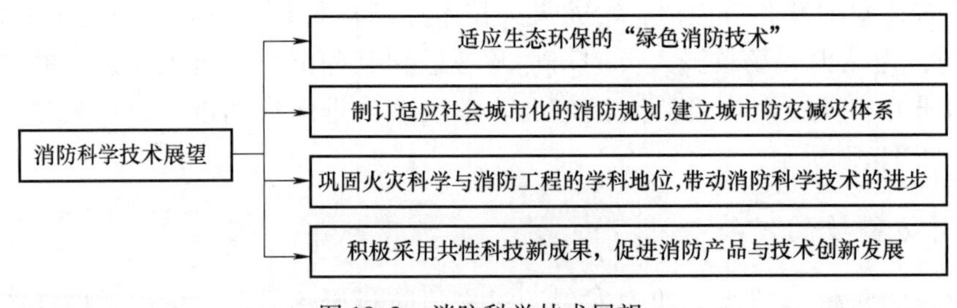

图 10-3　消防科学技术展望

10.2　消防经济

随着社会经济的快速发展，我国在消防安全领域的经济投入总额明显上升，但缺乏对消防工作中经济问题科学系统的研究。

10.2.1　火灾经济损失

随着经济的不断发展，火灾造成的经济损失也在不断地增加，图 10-4 列举出了 2004 ~ 2018 年国内火灾造成的直接经济损失情况。图中可见，在这 16 年间，火灾直接经济损失整体上呈现增长态势，年平均直接经济损失达到 25.4 亿元。尤其是 2013 年，火灾造成的直接经济损失较上年增长了接近 1.2 倍。这期间也是我国经济快速发展的时期，火灾损失增加与社会经济发展水平之间是相互联系、相互影响的。国家或地区的经济快速发展，必然会提高人们物质生活水平和社会经济活动频率，这从本质上增加了社会生产活动的致灾因素，进而提高了火灾发生概率。与此同时，社会经济的高速发展，也会在一定程度上扩大火灾损失的波及范围，也是造成火灾直接经济损失迅速增加的原因之一。

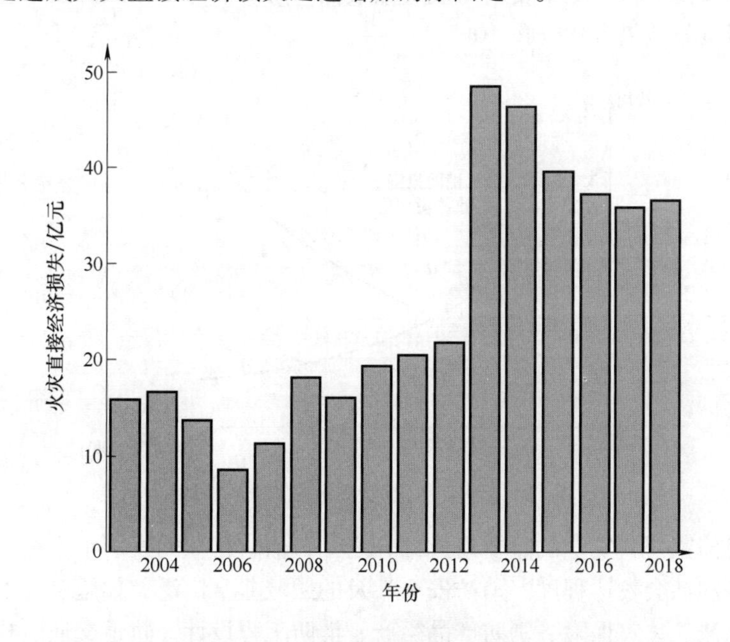

图 10-4　2004 ~ 2018 年国内火灾直接经济损失

因此，通过合理有效的配比消防经济投入来预防和控制火灾的发生以及避免重大的人员伤亡和经济财产损失显得尤为重要。

10.2.2　消防经济投入与消防效益产出

（1）消防经济投入

消防经济投入主要有消防工程、灭火救援和火灾保险方面的投资，消防工程投资用于消防设施设备的建设，以消防项目设计规划、建筑防火结构建造、消防系统安装维护为主，灭火救援投资主要用于灭火过程中的损耗；火灾保险费用发生在火灾发生前，通过购买保险转移一部分火灾损失的风险。

消防经济投入问题与我国社会经济的发展密切相关。消防经济投入能够降低火灾发生的可能性，减小火灾损失，为社会经济的稳定发展提供保障。同时，社会经济快速发展是消防经济投入的前提，在消防方面的经济投入也反映了国家经济发展的水平。

（2）消防经济效益产出

消防投入的经济效益可以从宏观（国家）和微观（项目）的角度体现。从宏观上讲，是指消防经济投入带来的国民经济发展方面的实际利益，重点在消防经济投入与社会整体经济发展的协调和消防经济投入对社会经济的促进等问题。从微观上讲，是指聚焦于某个工程项目消防投入的经济性问题。同时消防经济效益也还可以区分为减损效益和增值效益，对于不同的消防决策者，消防经济投入的效益产出也是不相同的，通常有以下消防决策者：国家或当地政府、消防队或其他消防部门、保险公司、消防设备厂商和消防设备安装商。

（3）消防经济投资效益最大化

消防经济投入本质上属于非生产性的投资，属于经济上“损失”的一种，因此在满足消防安全要求的前提下，应尽量使消防投资额最低。力求消防工作经济投入达到最佳的安全效果，即消防投资效益最大化（图 10-5）。

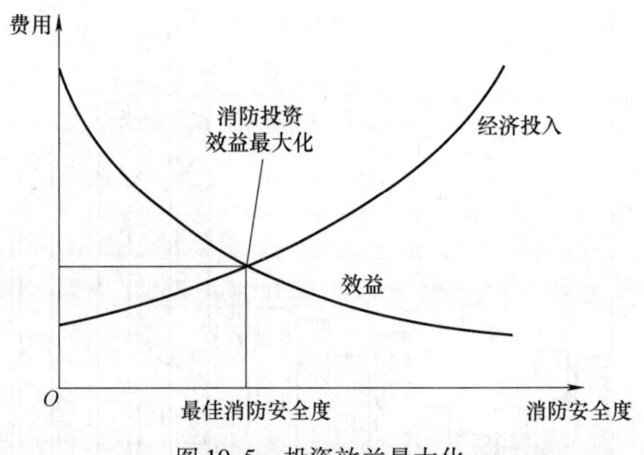

图 10-5　投资效益最大化

消防安全是国家公共安全的重要组成部分之一，消防行业的发展水平在一定程度上反映了国民经济水平和社会发达程度。消防安全涉及的领域非常广泛，如施工评估检测、消防行政管理、消防执法、火灾保险、消防产品生产、消防工程设计、轨道交通、核电、建筑地产等，这些都为消防人才提供了大量的就业空间。

第11章 消防文化与教育

11.1 消防文化

11.1.1 消防文化的内涵

文化既是一个民族多年传承和沉淀的精神文明，也是象征一个国家综合国力的重要标志。消防文化代表了现阶段我国消防工程行业的发展情况，是衡量我国消防事业发展进步的重要标志。随着中华民族文化几千年的发展与进步，我国消防文化也日益成熟，涵盖了以消防为核心的多种生活方式和行为方式，如日常生活中的用火常识、消防安全意识、火场中逃生与规避伤害的经验、消防器具的使用等。相比于其他行业文化，消防文化具有更强的特殊性和专业性，它是无数人火灾经历的总结，包含着前人从惨痛的火灾案例中总结的经验教训。

11.1.2 消防文化的作用

消防文化是我国消防事业健康发展的重要推动力。消防文化具有丰富的内容和多样的表达形式，各种以消防文化为主题的科教节目不仅能够潜移默化地提升消防人员专业素养，还有助于舒缓他们忙碌紧张的心情，提高消防工作效率。丰富多彩的消防文化宣传活动，不仅能够吸引越来越多的群众关注消防，提升社会的整体安全度，还能够通过消防人员和普通群众之间的互动，加深群众对消防知识的认知和理解，拉近彼此的关系，加强社会对消防安全的重视度和凝聚力，推动全民消防的发展进程。

11.1.3 消防文化的建设

1. 校园消防文化建设

校园是传播知识的重要阵地，也是容易发生火灾和引起大量人员伤亡、形成重大影响的地方。加强校园消防安全文化的建设，提升学生的消防安全意识，是加强消防文化建设的重要内容与途径。现阶段，校园火灾的原因主要有以下几个方面：首先，学校实行集中住宿制，人员密度大，如果发生火灾，极易造成群死群伤，后果极其严重；其次，校园宿舍中可能出现的火源多，消防隐患多且不易控制和管理，例如存在较多使用大功率电器、床上吸烟等不规范行为，并且宿舍可燃物多、空间狭小，相较于普通住宅更易形成火灾；最后，学生的防火意识、自我保护意识、火场心理素质、火场逃生经验等较弱，在突发火灾过程中容易慌乱，导致严重的后果。

因此，重视校园消防安全问题非常有必要。要减少校园火灾事件的发生，首要必须提升学生的消防安全意识，将消防文化观念纳入学校日常安全管理中，从日常生活的点点滴滴中培养学生的消防安全意识。学校可以举办以消防安全文化为主题的文化节、设立与消防安全文化有关的课程、建立消防文化学生社团、定期进行疏散演练等，提高学生的消防安全意识。通过学生亲身参与消防建设，加深学生对消防安全的认识，提高对消防安全的重视程度，营造一个安全的校园环境。

2. 居民社区消防文化建设

近年来，社区火灾发生频率逐年上升，造成了大量财产损失和人员伤亡，居民社区也是火灾频发的场所之一。大部分社区火灾是由于居民用电不当造成的，如电路过载、短路等；而社区易燃可燃物众多、人员密集，一旦发生火灾，火势蔓延迅速，损失惨重。因此，居民社区消防安全文化建设刻不容缓，提高居民消防安全意识，有利于提升居民区的整体消防安全水平。进行居民社区的消防安全文化建设，可以通过设立消防安全文化专栏；邀请消防专业人员进行消防教育与培训；集体参观消防站，了解消防设施使用方法；定期开展火灾疏散演习等方式，提高居民对消防安全认识和了解程度，促进居民掌握基础消防技能，积累火场逃生的经验。

3. 企业消防文化建设

企业是火灾的高发场所之一，作为社会经济活动的主要场所，一旦发生火灾后果不堪设想。我国企业单位在消防安全方面还存在不少问题，如消防安全的重视力度不够、消防主动性低、消防投资比较少等。加强企业消防文化建设，需根据企业自身实际情况，建立适合企业发展的消防安全文化，将消防安全作为企业安全的关键环节，将消防安全管理纳入企业正常运营管理之中，加强企业消防安全资金投入和对企业员工的消防安全教育，加深企业员工对消防安全的认识和理解，提升企业员工的消防安全意识，养成注重消防安全的习惯，从根本上减少火灾的发生。

11.2 消防教育

消防教育是顺利开展消防工作的重要前提和基础，也是全面提高国民消防安全素质的根本途径，更是构筑社会消防安全“防火墙”的重要基石。只有加强全民消防教育建设，才能更有效地提升全民的消防安全素质，进一步从整体上提高社会的消防安全度。

11.2.1 消防教育的体系、内容和形式

1. 消防教育体系

目前我国消防教育体系框架如图 11-1 所示。

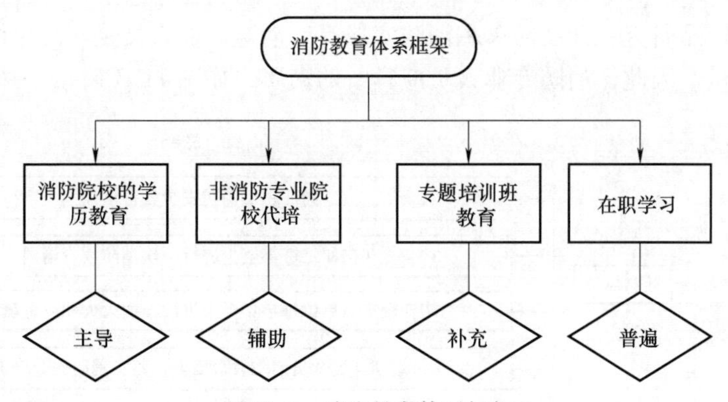

图 11-1 消防教育体系框架

可以看出，我国消防教育体系框架分为四部分，其中消防院校的学历教育是我国消防教育体系的主导部分，主要培养中、高级消防专业人才。消防院校的学历教育主要分为专科学历、本科学历、硕士研究生学历和博士研究生学历四个层次，截至 2020 年 6 月，开设了消防工程技术专业的专科院校有厦门安防科技职业技术学院、武汉职业技术学院、重庆安全技术职业学院等；开设了消防工程专业的本科院校约有 20 所，包括中国人民警察大学、中南大学、中国矿业大学、中国消防救援学院、中国矿业大学（北京）、西南交通大学、西安科技大学、内蒙古农业大学、沈阳航空航天大学、南京工业大学、华北水利水电大学、河南理工大学、西南林业大学、重庆科技学院、中国民用航空飞行学院、常州大学、安徽理工大学、新疆工程学院、河北建筑工程学院等；设有消防工程专业硕士点的院校有中南大学和西南交通大学；设有消防工程专业博士点的院校有中南大学，此外中国科学技术大学、中国矿业大学、南京工业大学、西安科技大学、中国矿业大学（北京）等院校的安全科学与工程专业硕士与博士点专业设置中，消防工程也是其中的一个重要方向。这些院校为我国消防专业人才的培养做出了突出贡献。从现阶段院校消防教育实际情况来看，消防院校教育不仅是专门的消防职业教育，还属于基本学历教育体系，而国外大多数院校的消防教育只隶属于职业教育，因此同国外相比，我国接受消防教育的人群基数有一定的限制。非消防院校代培是消防教育的一种辅助性教育方式，适于消防人员匮乏、消防经费投入有限的地区，能够快速有效地培养出可从事消防一线工作的专业人才，是消防教育体系重要的组成部分之一。专题培训班教育能有效补充消防院校教育和非消防院校代培的不足，其具有短周期性，可就急需解决的消防课题进行短期的集中研讨和组训。在职学习在我国现阶段的消防教育中是一种普遍的教育方式，鼓励在职消防人员利用业余时间，有选择地通过函授、成人教育等方式进行学习，提高他们的专业素养和消防能力。

2. 消防教育及培训的一般内容和形式

如图 11-2 所示，针对社会单位、学校和社区三种不同的对象，消防教育及培训的主要内容和形式也有所不同。

11.2.2 消防专业人员发展情况

1. 消防专业人员的素质要求

消防专业人员是指从事消防相关工作的人员。消防工作范围广泛，包括消防理论研究、教学活动、消防产品研究、开展防火和消防实战等。消防专业人员是实际生活中组织开展消防工作的主要力量。因此，消防专业人员应具备的素质，如图 11-3 所示。

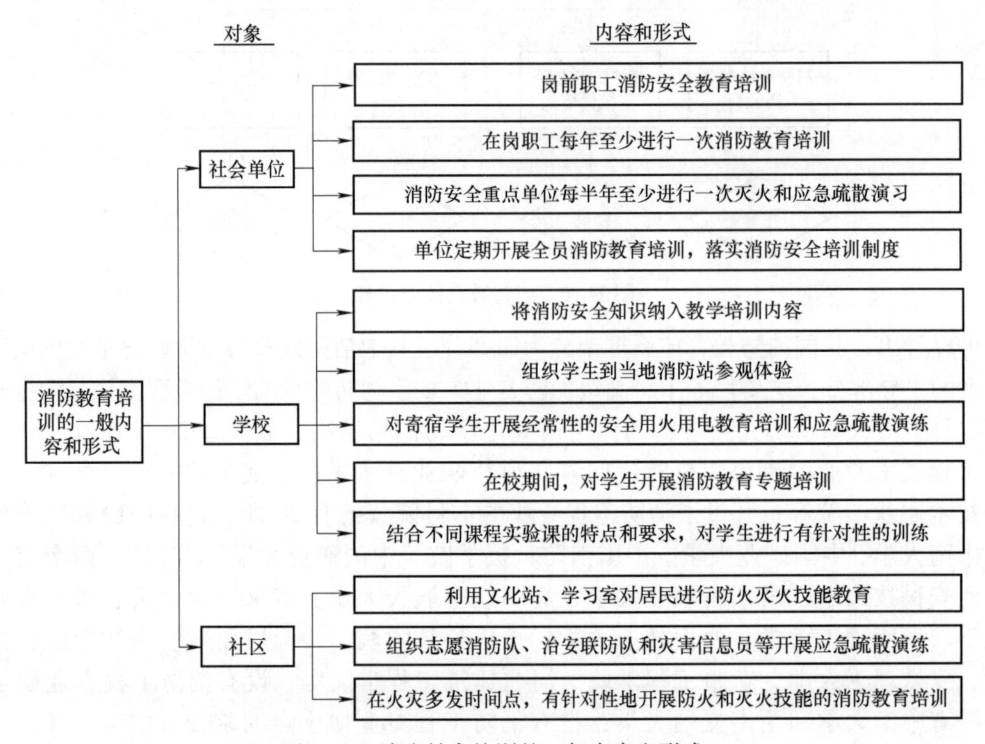

图 11-2　消防教育培训的一般内容和形式

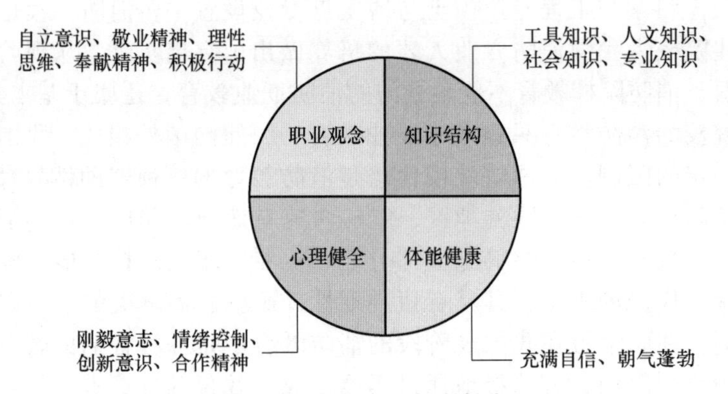

图 11-3　消防专业人才素质

2. 消防专业人才匮乏的问题

现阶段我国在消防专业人才的培养、储备及应用方面还存在一定的问题，最为突出的就是综合素质人才和创新型人才比较匮乏。消防工作本身具有综合性，因此消防工作人员必须具有一定的综合素质，不仅要全方位地了解消防领域及交叉领域的相关理论知识，还必须具有处理消防实际问题的能力。因此具备高级素养的综合型消防专业人才是消防事业发展所必需的。创新型消防工程人才则是指具有创新能力的专业人才。创新是引领发展的第一动力，只有不断革新消防技术，才能不断推动我国消防事业快速发展，因此培养创新型消防专业人才尤为重要。鉴于现阶段我国消防领域这两种专业人才的相对匮乏，应在消防教育体系中更加重视综合型和创新型消防专业人才的培养。

3. 消防专业毕业生的发展方向

目前，消防专业毕业生有两个主要发展方向：

1）继续学习深造，从事消防领域的科研活动。

2）选择就业，消防专业毕业生在就业选择比较广泛，比如，可以从事消防监督、指挥工作；可以进入施工单位从事消防水电的安装、管理工作；可以进入建设单位从事消防工程项目管理的工作；可以进入大型企业从事消防设备管理、维保工作；可以进入建筑设计院从事消防设计、评估、检测工作等。消防工程专业本身具有专业性强的特点，具有一定消防专业知识和技能的消防毕业生难以被替代，且我国目前对消防工程专业人才的需求量日益增大，消防工程专业毕业生的就业前景相当好。

11.2.3　注册消防工程师

1. 注册消防工程师考试简介

注册消防工程师是指通过相应级别的考试，取得资格证书并依法注册后，从事消防安全相关工作的专业技术人员。我国于 2013 年 1 月 1 日开始实行注册消防工程师制度，以考核的方式来确保消防专业技术人员具有相应的消防能力与素质，加强消防专业技术人员队伍的素质建设，保证消防安全技术服务与管理质量。目前我国注册消防工程师分为两个级别：一级注册消防工程师和二级注册消防工程师。不同级别有不同的报名条件、不同的考试内容和不同的执业范围。以一级注册消防工程师为例，其考试内容涵盖“消防安全技术综合能力”“消防安全案例分析”“消防安全技术实务”三个部分，其执业范围为消防技术咨询与消防安全评估、消防安全管理与技术培训、消防设施检测与维护、消防安全监测与检查、火灾事故技术分析。2018 年 8 月 29 日应急管理部印发了《消防技术服务机构从业条件》，明确规定了注册消防工程师是消防技术服务机构从业应当具备的条件之一。

推行注册消防工程师制度，不仅可以推动我国在消防工程领域与国际接轨，还能促进国内消防工程领域的规范化和标准化，极大地推动我国消防事业的进一步发展。

2. 注册消防工程师行业需求

有关部门的统计资料显示，目前我国消防专业领域从业人员约为 20 万，随着消防社会化的推进，未来三到五年，我国还需要几十万的注册消防工程师。建筑消防设施检测机构、电气防火检测机构、建筑消防设施维修保养机构对注册消防工程师需求量都很大，这些机构目前情况如下：

1）建筑消防设施检测机构。全国范围内共有 700 多家，机构员工约有 8000 多人。

2）电气防火检测机构。全国范围内共有近 600 家，机构员工约有 6000 人。

3）建筑消防设施维修保养机构。建筑消防设施维修保养有三种形式，即建筑消防设施施工企业负责、建筑消防设施产品生产厂家售后服务负责和单位或物业管理单位自行负责。全国范围内消防设施工程施工单位共有 5000 多家，机构员工约有 20 万人，其中大多数从业人员从事建筑消防设施维护保养工作。

11.3 消防基本知识的宣传与普及

11.3.1 灭火器基本使用方法

在日常生活中，灭火器是各类公共场所和其他可能发生火灾的场所中最为常见的防火灭火设施，其灭火原理是应用内部的化学物品来隔绝可燃物与空气，进而达到灭火的目的。不同的火灾类型和灭火需求，对应不同类型的灭火器。使用者可以根据不同的场所及灭火需求，按照常见灭火器表面标明的适用灭火类型和灭火等级，挑选合适的灭火器。A 类和 B 类火灾通常可选用泡沫灭火器进行灭火；电气类火灾首先要切断电源，随后也可选用泡沫灭火器进行灭火；B 类和 C 类火灾通常可选用干粉灭火器和二氧化碳灭火器进行灭火；D 类金属火灾通常可选用干粉灭火器进行灭火；各类易燃液体、带电电器设备和精密仪器以及机房的火灾通常可选用七氟丙烷、IG541 等灭火系统进行灭火。

灭火器是发现火情后较为常用的灭火设备，要确保其能够随时使用，必须定期进行检查以保障灭火的有效性。对灭火器进行检查（图 11-4）可通过以下几个步骤进行：①检查灭火器的铅封是否完好；②检查压力表是否处于绿色区域，压力表位于不同颜色区域表明不同情况，绿色区域表示压力正常，红色区域表示压力过低，必须重新充装，黄色区域表示压力过高，虽不影响使用时喷出干粉，但存在发生爆炸的危险；③检查灭火器的喷嘴是否完好无损，若存在破损必须及时更换；④检查灭火器的软管是否老化，若存在老化必须及时更换；⑤检查灭火器是否在有效期内，若已过有效期必须及时更换。

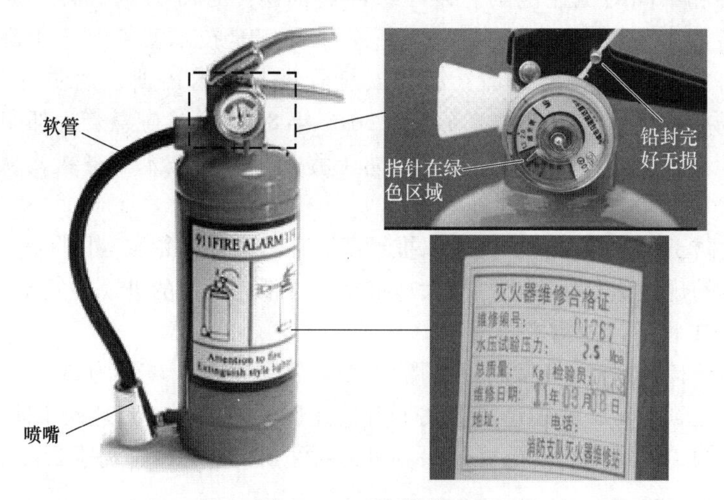

图 11-4 灭火器检查

虽然灭火器存在不同的类型，但不同类型灭火器的使用步骤基本类似，如图 11-5 所示。以干粉灭火器为例，第一步，使用前应提起灭火器，将其瓶体来回颠倒多次，促使筒内干粉松动，方便干粉顺利喷出；第二步，揭除灭火器的铅封后，迅速拔掉保险销；第三步，以左手拿住喷管、右手提起压把的姿势将灭火器拿到距离火焰 2m 左右的上风位置，右手用力压下手柄；第四步，左手拿着喷管左右摇摆，瞄准火源根部进行扫射，直到干粉基本完全覆盖燃烧区把火扑灭为止。

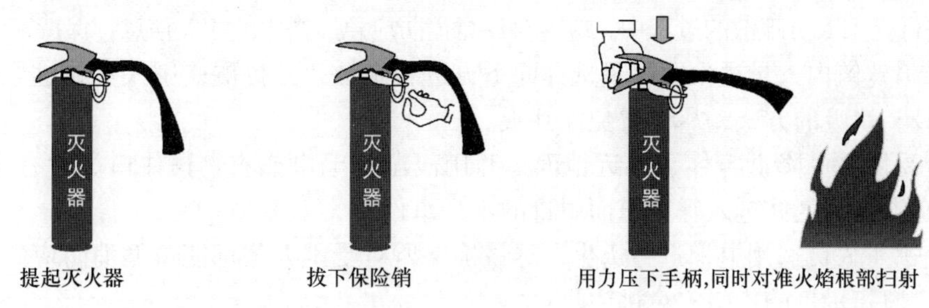

图 11-5 灭火器使用方法

11.3.2 消火栓基本使用方法

消火栓是日常生活中各类公共场所和其他可能发生火灾的场所中常见的防火灭火设备之一，与灭火器不用的是，消火栓是一种固定式的消防设施，主要通过喷水来达到控制可燃物、隔绝助燃物、消除着火源的目的。根据消火栓所处的位置不同，可将其分为室内消火栓、室外消火栓、地上消火栓、地下消火栓等多种不同类型。图 11-6 展示了消火栓的具体使用方法，以室内消火栓为例，打开消火栓箱门后，首先要迅速按下内部火警按钮，第一时间通知当地的消防控制中心，确保能及时获取专业人士的救助；随后需两人分工合作来起动消防水泵，在一人接好消防水枪和水带跑向起火点的同时，另一人必须接好水带和阀门口，采取逆时针方式打开阀门口，即可进行喷水扑救。需要注意的是，使用水灭火前必须先判断是否为电气火灾，若是电气火灾，首先应切断电源，然后选择合适的灭火方式。

图 11-6 消火栓使用方法

11.3.3 人员疏导疏散基本常识

据有关数据统计，火灾过程中大部分的人员伤亡是由于吸入火灾烟气而导致的中毒或者窒息，因此在火灾救援过程中快速有效地引导受困人员有序脱困至关重要。为快速有效地进行人员安全疏散，应该提前制定相应的应急预案，当发生火灾后，根据应急预案迅速进行人员疏散，并及时在各个区域安排安全疏散引导员或义务消防员，减缓受困人员的心理恐慌，使其能遵循引导员或义务消防员的指引，进行有序快速的安全疏散。引导员或义务消防员在指引人员疏散的过程中应注意以下几点：

1）在进行受困人员疏散的过程中，应随时注意消防应急广播中的相关信息，保持密切联络。

2）在指引建筑内人员逃生时尽量选择向下方进行疏散，并提醒受困人员在逃生疏散过程中保持浅吸、快吸的方式，尽量避免深呼吸。

3）提醒受困人员降低身体、靠近地面，并用浸湿的毛巾或衣物捂住口鼻后有序撤离，避免发生因有毒有害气体进入呼吸道而中毒的不良事件。

4）阻止逃生人员选用电梯进行逃生，尽量确保所有受困人员都能遵循消防应急广播的提示和安全出口指示灯的指引安全逃生。

5）引导人员在指导室内受困人员逃生时，应选择靠近门、窗等的位置进行指挥，确保疏散完成后，引导人员自身能迅速安全地撤离火场。

6）引导人员在指导室外受困人员逃生时，切忌顺风行进，应选择已经过火或地势平坦、可燃物少的路线，逆风进行安全疏散。

11.3.4 火灾报警基本常识

火灾报警是火灾发现者的首要选择，火灾报警一般是指公众通过手机、电话等多种手段及时向专业消防队或单位、村镇、街道的领导和群众及附近的企业专职消防队、义务消防队发出火灾信息的行动。在火灾报警过程中要保持镇定，并完整表述火灾相关信息，确保消防队能获取准确有效的信息，赶在最佳灭火救援时机内到达火场。

日常生活中要牢记火警电话号码“119”，在火灾报警过程中，应保持镇定，应语言清楚地告诉对方失火单位的名称、地址，起火原因、火势大小及着火范围等完整信息，还应注意保持语速和清醒，在告诉对方基础信息的同时，还要注意正确回答对方提出的问题。此外，报警人的电话号码和姓名都要及时告诉对方，以便消防员到达现场附近后及时联系；若位置较偏的，还应提前到约定的交叉路口等候消防车的到来，以便引导消防车及时到达火场，如图 11-8 所示。若在等候过程中，着火区域火情突发新的情况，必须要及时报告消防队，以便其能及时调整人员重新部署灭火战术。在等待过程中，报警人还应及时组织周边人员迅速疏通消防车道以便消防车能顺畅进入最佳位置，及时展开灭火救援。

除了通过电话、手机进行火灾报警，在一些没有消防队的农村或偏远地区，常采用敲锣、吹哨、喊话等方式来警醒周边群众，组织周边人员进行灭火。随着我国消防体系的逐步成熟，当下许多人员密集的公共建筑的安全疏散通道上都装有手动报警按钮，当发现火灾时，无须应用电话、手机，可直接击碎手动报警按钮的玻璃或者直接按下报警按钮，启动火灾警报装置进行报警。

11.3.5 火灾自救逃生基本常识

在火灾初期，及时引导建筑内所有被困人员安全撤离建筑物到达安全地点的过程被称为安全疏散。要想顺利实现安全疏散，必须尽可能利用一切条件进行自我保护与自救，以最大限度地保护生命财产安全。影响顺利实施安全疏散的因素有多种，如建筑结构布局、消防疏散指示系统、人员自身安全意识等。就被困人员自身来说，在发生火灾后可采取如图 11-7 所示的火灾自救基本常识进行自救。

1）当火灾发生后，应及时采取措施。正确的做法是听从专业人士的指导，在听到火灾警报或消防人员呼喊后，要毫不迟疑地听从专业人士的指挥，一般疏散步骤是关闭房间所有

图 11-7　火灾自救基本常识

电源后，关好门后通过楼梯进行逃生，通常是往下层进行疏散。若有消防应急广播在播报，则需要认真听清楚广播中的疏散路线和注意事项，并按提示进行疏散。若没有广播或人员指引，逃生人员在自行逃生时，不要选择电梯，而应选择距离近且直通楼外地面的安全通道，向下方逃到着火建筑物的外面。

2）当火灾发生在除自己房间外的建筑物其他地方时，需先打开房门了解火情，若发现走廊或楼梯间有大量烟气，必须用淋湿的衣服或毛巾捂住口鼻后方可走出房间进行逃生。选择淋湿的衣服或毛巾是为了防止高温有毒气体进入呼吸道造成灼伤或中毒，在寻找安全通道时最好采用蹲姿靠墙边进行。在无法抵达正常的安全疏散通道时，可以选择一层或二层的门、窗、阳台等地方作为紧急的安全出口，但尽可能不要从高层跳下。

3）当发现烟气已经在楼梯口或下行安全通道全面扩散时，在选择逃生通道时必须先查看烟气的蔓延程度，预估到达安全疏散所需的最短距离，如果到达安全通道的距离相对较短且火势较弱，逃生人员可用淋湿的衣服或毛巾捂住口鼻、遮挡身体，快速通过着火区域。在通过着火区域的过程中，最好选择不易燃烧的物品遮挡身体，而不要选择塑料或化纤等易燃物品，如可披着湿的床单快速通过着火区域，也可采用楼内消火栓等灭火设施，以喷射水流掩护人员迅速通过。

4）疏散过程中，当建筑内所有被困人员必须使用同一个安全疏散通道时，必须让困在着火层上部各层的人员优先疏散，然后再疏散着火层以下各层的受困人员，因为烟气是向上部蔓延的，且其速度极快，故而着火层上部的受困人员最先受到火势的威胁。

5）当没有办法顺利进行安全疏散时，要保持冷静，及时选择合适的避难场所进行避难，如进入避难层、避难间、防烟室、防烟楼梯间、撤退至楼顶平台的上风处，进入未着火的防火分区或防烟分区之内等，确保获得救助前自己的人身安全。可采用大声呼救、挥动布条、敲击金属物品、投掷软物品等方式告知救援人员自己的位置，此外，若是在夜间，还可以采用手电筒、应急灯等能发光的物品吸引救援人员的注意，谨慎选择跳楼逃生。

6）为确认走廊情况，可采用用手摸房门的方式查看走廊是否已被烟火封死。若房门温度较高，则表明门外火情达到相当大的程度，不应选择离开房间逃生，而应待在房间等待救援或选择其他逃生方式。还应该用淋湿的衣物、床单等堵在房门的空隙处，以减少烟气进入房间。随后应尽量选择待在阳台，还可用滑竿、安全绳、缓降器或由撕成条状的窗帘、床单、被单等制成的绳索拴住窗框或者其他固定的东西，通过绳索沿墙滑下逃生。在下滑的时候最好怀抱枕头或靠垫之类物品保护自己，以便减少冲击。当位于较高的楼层时，逃生时不必滑行至地面，可选择滑行至起火层以下的阳台或窗口，随后再通过安全通道逃至地面。

7）若建筑外面本身就有落水管、电线杆、避雷针引线等竖直管线时，不必花费时间准备其他绳索，可直接借助其滑行逃生，但需要注意的是，由于无法确定其强度，故在选用落水管等管线下滑逃生过程中不宜一次性人数过多，防止因载荷过大而导致落水管等管线损坏，造成伤亡。

8）当无法进行安全疏散时，在等待救援的过程中，应选择相对安全的卫生间、厨房等空间小、有水源及新鲜空气的地方躲避。为防止烟气过多造成人员伤亡，可选用淋湿的毛巾等棉织物阻隔通过门缝扩散进入的烟气，还可采用大量泼水、淋湿周边物品等方式来进行降温处理。当救援人员到达之后，可根据救援人员的指示乘坐消防云梯、救生直升机或利用救生气垫安全逃生。

附　　录

录 A　工程建设消防技术规范目录

序号	规范编号	规范名称	发布日期	实施日期	情况说明
1	GB 50183—2015	石油天然气工程设计防火规范	2015 年 7 月 27 日	暂缓	1993 年 7 月 16 日《原油和天然气工程设计防火规范》（GB 50183—1993）批准发布，自 1994 年 2 月 1 日实施； 2004 年 11 月 4 日《石油天然气工程设计防火规范》（GB 50183—2004）批准发布，自 2005 年 3 月 1 日实施，该规范是对 GB 50183—1993 的全面修订； 2015 年 7 月 27 日《石油天然气工程设计防火规范》（GB 50183—2015）批准发布，2016 年 7 月 26 日确定暂缓实施
2	GB 51054—2014	城市消防站设计规范	2014 年 12 月 2 日	2015 年 8 月 1 日	1998 年 11 月 2 日《城市消防站建设标准》批准发布，自 1999 年 1 月 1 日实施； 2006 年 2 月 27 日《城市消防站建设标准》批准发布，建标〔2006〕42 号通知，2006 年 5 月 1 日实施，该标准是对原标准的局部修订，2010 年批准发布新标准； 2014 年 12 月 2 日《城市消防站设计规范》（GB 51054—2014）批准发布，第 588 号文件，自 2015 年 8 月 1 日施行
3	GB 50067—2014	汽车库、修车库、停车场设计防火规范	2014 年 12 月 2 日	2015 年 8 月 1 日	1984 年 5 月 15 日《汽车库设计防火规范》（GBJ 67—1984）批准发布，自 1985 年 1 月 1 日实施； 1997 年 10 月 5 日《汽车库设计防火规范》（GB 50067—1997）批准发布，自 1998 年 5 月 1 日实施，该规范是对 GBJ 67—1984 的全面修订； 2014 年 12 月 2 日《汽车库、修车库、停车场设计防火规范》（GB 50067—2014）批准发布，自 2015 年 8 月 1 日实施

（续）

序号	规范编号	规范名称	发布日期	实施日期	情况说明
4	GB 50219—2014	水喷雾灭火系统设计规范	2014年10月9日	2015年8月1日	1995年1月14日《水喷雾灭火系统设计规范》（GB 50219—1995）批准发布，自1995年9月1日实施； 2014年10月9日《水喷雾灭火系统设计规范》（GB 50219—2014）批准发布，自2015年8月1日实施
5	GB 50016—2014	建筑设计防火规范	2014年8月27日	2015年5月1日	1974年10月18日《建筑设计防火规范》（TJ 16—1974）由原国家基本建设委员会、公安部、燃料化学工业部联合批准发布，自1975年3月1日实施； 1987年8月26日《建筑设计防火规范》（GBJ 16—1987）由原国家计划委员会批准发布，自1988年5月1日实施。该规范是对TJ 16—1974的全面修订； 1995年8月21日GBJ 16—1987第一次局部修订，自1995年11月1日实施； 1997年6月24日GBJ 16—1987第二次局部修订，自1997年9月1日实施； 2001年4月24日GBJ 16—1987第三次局部修订，自2001年5月1日实施； 2006年7月12日《建筑设计防火规范》（GB 50016—2006）批准发布，自2006年12月1日实施，该规范是对GBJ 116—1987的全面修订； 1982年12月8日《高层民用建筑设计防火规范》（GBJ 45—1982）由原国家经济委员会和公安部联合批准发布，自1983年6月1日实施； 1995年5月3日《高层民用建筑设计防火规范》（GB 50045—1995）批准发布，自1995年11月1日实施，该规范是对GBJ 45—1982的全面修订； 1997年6月24日GB 50045—1995第一次局部修订，自1997年9月1日实施； 1999年3月8日GB 50045—1995第二次局部修订，自1999年5月1日实施； 2001年4月24日GB 50045—1995第三次局部修订，自2001年5月1日实施； 2005年7月15日GB 50045—1995第四次局部修订，自2005年10月1日实施； 2014年8月27日《建筑设计防火规范》（GB 50016—2014）批准发布，自2015年5月1日实施，原《建筑设计防火规范》（GB 50016—2006）和《高层民用建筑设计防火规范》（GB 50045—1995）同时废止； 2018年3月30日由中华人民共和国住房和城乡建设部修订，自2018年10月1日实施

（续）

序号	规范编号	规范名称	发布日期	实施日期	情况说明
6	GB 50116—2013	火灾自动报警系统设计规范	2013年9月6日	2014年5月1日	1988年2月23日《火灾自动报警系统设计规范》（GBJ 116—1988）批准发布，自1988年11月1日实施； 1998年12月7日《火灾自动报警系统设计规范》（GB 50116—1998）批准发布，自1999年6月1日实施。该规范是对GB J116—1988的全面修订； 2013年9月6日《火灾自动报警系统设计规范》（GB 50116—2013）批准发布，自2014年5月1日实施，GB 50116—1998同时废止
7	GB 50898—2013	细水雾灭火系统技术规范	2013年6月8日	2013年12月1日	2013年6月8日《细水雾灭火系统技术规范》（GB 50898—2013）批准发布，自2013年12月1日实施
8	GB 50313—2013	消防通信指挥系统设计规范	2013年3月14日	2013年10月1日	2000年2月22日《消防通信指挥系统设计规范》（GB 50313—2000）批准发布，自2000年8月1日实施； 2013年3月14日《消防通信指挥系统设计规范》（GB 50313—2013）批准发布，自2013年10月1日实施。GB 50313—2000同时废止
9	GB 50694—2011	酒厂设计防火规范	2011年7月26日	2012年6月1日	2011年7月26日《酒厂设计防火规范》（GB 50694—2011）批准发布，自2012年6月1日起实施
10	GB 50720—2011	建设工程施工现场消防安全技术规范	2011年6月6日	2011年8月1日	2011年6月6日《建设工程施工现场消防安全技术规范》（GB 50720—2011）批准发布，自2011年8月1日实施
11	GB 50039—2010	农村防火规范	2010年8月18日	2011年6月1日	2010年8月18日《农村防火规范》（GB 50039—2010）批准发布，自2011年6月1日实施。《村镇建筑设计防火规范》（GBJ 39—1990）废止
12	GB 50151—2010	泡沫灭火系统设计规范	2010年8月18日	2011年6月1日	2010年8月18日《泡沫灭火系统设计规范》（GB 50151—2010）批准发布，自2011年6月1日实施。《低倍数泡沫灭火系统设计规范》（GB 50151—1992）、《高倍数、中倍数泡沫灭火系统设计规范》（GB 50196—1993）同时废止
13	GB 50565—2010	纺织工程设计防火规范	2010年5月31日	2010年12月1日	2010年5月31日《纺织工程设计防火规范》（GB 50565—2010）批准发布，自2010年12月1日实施

（续）

序号	规范编号	规范名称	发布日期	实施日期	情况说明
14	GB 50098—2009	人民防空工程设计防火规范	2009年5月13日	2009年10月1日	1987年2月9日《人民防空工程设计防火规范》（GB J 98—1987）批准发布，自1987年10月1日实施； 1998年12月7日《人民防空工程设计防火规范》（GB 50098—1998）批准发布，自1999年5月1日实施，该规范是对GBJ 98—1987的全面修订； 2001年4月24日GB 50098—1998局部修订，自2001年5月1日实施； 2009年5月13日《人民防空工程设计防火规范》（GB 50098—2009）批准发布，自2009年10月1日实施，该规范是对原规范GB 50098—1998的全面修订
15	GB 50498—2009	固定消防炮灭火系统施工及验收规范	2009年5月13日	2009年10月1日	2009年5月13日《固定消防炮灭火系统施工及验收规范》（GB 50498—2009）批准发布，自2009年10月1日起实施
16	GB 50284—2008	飞机库设计防火规范	2008年11月12日	2009年7月1日	1998年9月30日《飞机库设计防火规范》（GB 50284—1998）批准发布，自1999年4月1日实施； 2008年11月12日《飞机库设计防火规范》（GB 50284—2008）批准发布，自2009年7月1日起实施，该规范是对GB 50284—1998的全面修订
17	GB 50444—2008	建筑灭火器配置验收及检查规范	2008年8月13日	2008年11月1日	2008年8月13日住房和城乡建设部2008年第97号公告批准发布了《建筑灭火器配置验收及检查规范》，于2008年11月1日起实施
18	GB 50440—2007	城市消防远程监控系统技术规范	2007年10月23日	2008年1月1日	2007年10月23日《城市消防远程监控系统技术规范》（GB 50440 —2007）批准发布，自2008年1月1日实施
19	GB 50016—2019	火灾自动报警系统施工及验收标准	2019年11月22日	2020年3月1日	1992年11月5日《火灾自动报警系统施工及验收规范》（GB 50166—1992）批准发布，自1993年7月1日实施； 2007年10月23日《火灾自动报警系统施工及验收规范》（GB 50166—2007）批准发布，自2008年3月1日实施，该规范是对原规范（GB 50166—1992）的全面修订 2019年11月22日《火灾自动报警系统施工及验收标准》（GB 50016—2019）批准发布，自2020年3月1日实施。原《火灾自动报警系统施工及验收规范》（GB 50016—2007）同时废止
20	GB 50414—2018	钢铁冶金企业设计防火标准	2018年11月1日	2019年4月1日	2007年4月13日《钢铁冶金企业设计防火规范》（GB 50414—2007）批准发布，自2008年1月1日实施 2018年11月1日《钢铁冶金企业设计防火标准》（GB 50414—2018）批准发布，自2019年4月1日实施。原《钢铁冶金企业设计防火规范》（GB 50414—2007）同时废止

（续）

序号	规范编号	规范名称	发布日期	实施日期	情况说明
21	GB 50401—2007	消防通信指挥系统施工及验收规范	2007年2月27日	2007年7月1日	2007年2月27日《消防通信指挥系统施工及验收规范》（GB 50401—2007）批准发布，自2007年7月1日实施
22	GB 50263—2007	气体灭火系统施工及验收规范	2007年1月24日	2007年7月1日	1997年2月24日《气体灭火系统施工及验收规范》（GB 50263—1997）批准发布，自1997年8月1日实施； 2007年1月24日《气体灭火系统施工及验收规范》（GB 50263—2007）批准发布，自2007年7月1日实施，该规范是对GB 50263—1997的全面修订
23	GB 50229—2019	火力发电厂与变电站设计防火标准	2019年2月13日	2019年8月1日	1996年7月22日《火力发电厂与变电所设计防火规范》（GB 50229—1996）批准发布，自1997年1月1实施； 2006年9月16《火力发电厂与变电站设计防火规范》（GB 50229—2006）批准发布，自2007年4月1实施，该规范是对原《火力发电厂与变电所设计防火规范》（GB 50229—1996）的全面修订 2019年2月13日《火力发电厂与变电站设计防火规范》（GB 50229—2019）批准发布，自2019年8月1日实施。原《火力发电厂与变电站设计防火规范》（GB 50229—2006）同时废止
24	GB 50281—2006	泡沫灭火系统施工及验收规范	2006年6月19日	2006年11月1日	1998年9月30日《泡沫灭火系统施工及验收规范》（GB 50281—1998）批准发布，自1999年4月1日实施； 2006年6月19日《泡沫灭火系统施工及验收规范》（GB 50281—2006）批准发布，自2006年11月1日实施，该规范是对GB 50281—1998的全面修订
25	GB 50370—2005	气体灭火系统设计规范	2006年3月2日	2006年5月1日	2006年3月2日《气体灭火系统设计规范》（GB 50370—2005）批准发布，自2006年5月1日实施
26	GB 50140—2005	建筑灭火器配置设计规范	2005年7月15日	2005年10月1日	1990年12月20日《建筑灭火器配置设计规范》（GBJ 140—1990）批准发布，自1991年8月1日实施； 1997年6月24日GBJ 140—1990局部修订，自1997年9月1日实施； 2005年7月15日《建筑灭火器配置设计规范》（GB 50140—2005）批准发布，自2005年10月1日实施，该规范是对GB J 140—1990的全面修订

（续）

序号	规范编号	规范名称	发布日期	实施日期	情况说明
27	GB 50261—2017	自动喷水灭火系统施工及验收规范	2017年5月27日	2018年1月1日	1996年9月2日《自动喷水灭火系统施工及验收规范》（GB 50261—1996）批准发布，自1997年3月1实施； 2005年5月16日《自动喷水灭火系统施工及验收规范》（GB 50261—2005）批准发布，自2005年7月1日实施。该规范是对GB 50261—1996的全面修订； 2017年5月27日《自动喷水灭火系统施工及验收规范》（GB 50261—2017）批准发布，自2018年1月1日实施
28	GB 50354—2005	建筑内部装修防火施工及验收规范	2005年4月15日	2005年8月1日	2005年4月15日《建筑内部装修防火施工及验收规范》（GB 50354—2005）批准发布，自2005年8月1日实施
29	GB 50347—2004	干粉灭火系统设计规范	2004年9月2日	2004年11月1日	2004年9月2日《干粉灭火系统设计规范》（GB 50347—2004）批准发布，自2004年11月1日实施
30	GB 50338—2003	固定消防炮灭火系统设计规范	2003年4月15日	2003年8月1日	2003年4月15日《固定消防炮灭火系统设计规范》（GB 50338—2003）批准发布，自2003年8月1日实施
31	GB 50084—2017	自动喷水灭火系统设计规范	2017年5月27日	2018年1月1日	1985年12月6日《自动喷水灭火系统设计规范》（GBJ 84—1985）批准发布，自1986年7月1日实施； 2001年4月5日《自动喷水灭火系统设计规范》（GB 50084—2001）批准发布，自2001年7月1日实施。该规范是对GB J 84—1985的全面修订； 2005年7月15日GB 50084—2001局部修订，自2005年10月1日实施； 2017年5月27日《自动喷水灭火系统设计规范》（GB 50084—2017）批准发布，自2018年1月1日实施
32	GB 50222—2017	建筑内部装修设计防火规范	2017年7月31日	2018年4月1日	1995年3月29日《建筑内部装修设计防火规范》（GB 50222—1995）批准发布，自1995年10月1日实施； 1999年4月13日 GB 50222—1995 第一次局部修订，自1999年6月1日实施； 2001年4月24日 GB 50222—1995 第二次局部修订，自2001年5月1日实施； 2017年7月31日《建筑内部装修设计防火规范》（GB 50222—2017）批准发布，自2018年4月1日实施

（续）

序号	规范编号	规范名称	发布日期	实施日期	情况说明
33	GB 50193—1993（2010年版）	二氧化碳灭火系统设计规范	2010年4月17日	2010年8月1日	1993年12月1日《二氧化碳灭火系统设计规范》（GB 50193—1993）批准发布，自1994年8月1日实施； 1999年11月17日GB 50193—1993局部修订，自2000年3月1日实施。2010年4月17日中华人民共和国住房和城乡建设部第559号公告批准《二氧化碳灭火系统设计规范》GB 50193—1993（2010年版）局部修订条文，自2010年8月1日实施
34	GB 50163—1992	卤代烷1301灭火系统设计规范	1992年9月29日	1993年5月1日	1992年9月29日《卤代烷1301灭火系统设计规范》（GB 50163—1992）批准发布，自1993年5月1日实施
35	GB J 110—1987	卤代烷1211灭火系统设计规范	1987年9月16日	1988年5月1日	1987年9月16日《卤代烷1211灭火系统设计规范》（GBJ 110—1987）批准发布，自1988年5月1日实施

录B 消防工程国家标准目录[㊀]

序号	标准标号	标准名称	发布部门	实施日期
1	GB 32459—2015	消防应急救援装备 手动破拆工具通用技术条件	国家质量监督检验检疫总局、国家标准化管理委员会	2016年7月1日
2	GB 16806—2006/XG1—2016	《消防联动控制系统》国家标准第1号修改单	国家质量监督检验检疫总局、国家标准化管理委员会	2016年5月1日
3	GB/T 5169.15—2015	电工电子产品着火危险试验 第15部分：试验火焰500W火焰 装置和确认试验方法	国家质量监督检验检疫总局、国家标准化管理委员会	2016年5月1日
4	GB/T 5169.22—2015	电工电子产品着火危险试验 第22部分：试验火焰50W火焰 装置和确认试验方法	国家质量监督检验检疫总局、国家标准化管理委员会	2016年5月1日
5	GB/T 5169.39—2015	电工电子产品着火危险试验 第39部分：燃烧流的毒性 试验结果的使用和说明	国家质量监督检验检疫总局、国家标准化管理委员会	2016年5月1日

㊀ 此表所列标准的实施日期截至2017年6月。

（续）

序号	标准标号	标准名称	发布部门	实施日期
6	GB/T 5169.40—2015	电工电子产品着火危险试验 第40部分：燃烧流的毒性 毒效评定 装置和试验方法	国家质量监督检验检疫总局、国家标准化管理委员会	2016年5月1日
7	GB/T 5169.41—2015	电工电子产品着火危险试验 第41部分：燃烧流的毒性 毒效评定 试验结果的计算和说明	国家质量监督检验检疫总局、国家标准化管理委员会	2016年5月1日
8	GB/T 5169.36—2015	电工电子产品着火危险试验 第36部分：燃烧流的腐蚀危害 试验方法概要和相关性	国家质量监督检验检疫总局、国家标准化管理委员会	2016年5月1日
9	GB/T 26875.7—2015	城市消防远程监控系统 第7部分：消防设施维护管理软件功能要求	国家质量监督检验检疫总局、国家标准化管理委员会	2016年2月1日
10	GB/T 26875.8—2015	城市消防远程监控系统 第8部分：监控中心对外数据交换协议	国家质量监督检验检疫总局、国家标准化管理委员会	2016年2月1日
11	GB 32157—2015	消防车用功率输出装置	国家质量监督检验检疫总局、国家标准化管理委员会	2016年1月1日
12	GB 7956.12—2015	消防车 第12部分：举高消防车	国家质量监督检验检疫总局、国家标准化管理委员会	2016年1月1日
13	GB 7956.14—2015	消防车 第14部分：抢险救援消防车	国家质量监督检验检疫总局、国家标准化管理委员会	2016年1月1日
14	GB 7956.6—2015	消防车 第6部分：压缩空气泡沫消防车	国家质量监督检验检疫总局、国家标准化管理委员会	2016年1月1日
15	GB 31252—2014	防火监控报警插座与开关	国家质量监督检验检疫总局、国家标准化管理委员会	2015年10月16日
16	GB 31247—2014	电缆及光缆燃烧性能分级	国家质量监督检验检疫总局、国家标准化管理委员会	2015年9月1日
17	GB 13495.1—2015	消防安全标志 第1部分：标志	国家质量监督检验检疫总局、国家标准化管理委员会	2015年8月1日

（续）

序号	标准标号	标准名称	发布部门	实施日期
18	GB/T 31540.1—2015	消防安全工程指南 第1部分：性能化在设计中的应用	国家质量监督检验检疫总局、国家标准化管理委员会	2015年8月1日
19	GB/T 31540.2—2015	消防安全工程指南 第2部分：火灾发生、发展及烟气的生成	国家质量监督检验检疫总局、国家标准化管理委员会	2015年8月1日
20	GB/T 31540.3—2015	消防安全工程指南 第3部分：结构响应和室内火灾的对外蔓延	国家质量监督检验检疫总局、国家标准化管理委员会	2015年8月1日
21	GB/T 31592—2015	消防安全工程 总则	国家质量监督检验检疫总局、国家标准化管理委员会	2015年8月1日
22	GB/T 31593.1—2015	消防安全工程 第1部分：计算方法的评估、验证和确认	国家质量监督检验检疫总局、国家标准化管理委员会	2015年8月1日
23	GB/T 31593.2—2015	消防安全工程 第2部分：所需数据类型与信息	国家质量监督检验检疫总局、国家标准化管理委员会	2015年8月1日
24	GB/T 31593.3—2015	消防安全工程 第3部分：火灾风险评估指南	国家质量监督检验检疫总局、国家标准化管理委员会	2015年8月1日
25	GB/T 31593.4—2015	消防安全工程 第4部分：设定火灾场景和设定火灾的选择	国家质量监督检验检疫总局、国家标准化管理委员会	2015年8月1日
26	GB/T 31593.5—2015	消防安全工程 第5部分：火羽流的计算要求	国家质量监督检验检疫总局、国家标准化管理委员会	2015年8月1日
27	GB/T 31593.6—2015	消防安全工程 第6部分：烟气层的计算要求	国家质量监督检验检疫总局、国家标准化管理委员会	2015年8月1日
28	GB/T 31593.7—2015	消防安全工程 第7部分：顶棚射流的计算要求	国家质量监督检验检疫总局、国家标准化管理委员会	2015年8月1日
29	GB/T 31593.8—2015	消防安全工程 第8部分：开口气流的计算要求	国家质量监督检验检疫总局、国家标准化管理委员会	2015年8月1日

（续）

序号	标准标号	标准名称	发布部门	实施日期
30	GB/T 31593. 9—2015	消防安全工程 第9部分：人员疏散评估指南	国家质量监督检验检疫总局、国家标准化管理委员会	2015年8月1日
31	GB/T 5907. 2—2015	消防词汇 第2部分：火灾预防	国家质量监督检验检疫总局、国家标准化管理委员会	2015年8月1日
32	GB/T 5907. 3—2015	消防词汇 第3部分：灭火救援	国家质量监督检验检疫总局、国家标准化管理委员会	2015年8月1日
33	GB/T 5907. 4—2015	消防词汇 第4部分：火灾调查	国家质量监督检验检疫总局、国家标准化管理委员会	2015年8月1日
34	GB/T 5907. 5—2015	消防词汇 第5部分：消防产品	国家质量监督检验检疫总局、国家标准化管理委员会	2015年8月1日
35	GB 7956. 1—2014	消防车 第1部分：通用技术条件	国家质量监督检验检疫总局、国家标准化管理委员会	2015年7月1日
36	GB 7956. 2—2014	消防车 第2部分：水罐消防车	国家质量监督检验检疫总局、国家标准化管理委员会	2015年7月1日
37	GB 7956. 3—2014	消防车 第3部分：泡沫消防车	国家质量监督检验检疫总局、国家标准化管理委员会	2015年7月1日
38	GB/T 31431—2015	灭火系统A类火试验用标准燃烧物	国家质量监督检验检疫总局、国家标准化管理委员会	2015年6月1日
39	GB 14287. 1—2014	电气火灾监控系统 第1部分：电气火灾监控设备	国家质量监督检验检疫总局、国家标准化管理委员会	2015年6月1日
40	GB 14287. 2—2014	电气火灾监控系统 第2部分：剩余电流式电气火灾监控探测器	国家质量监督检验检疫总局、国家标准化管理委员会	2015年6月1日
41	GB 14287. 3—2014	电气火灾监控系统 第3部分：测温式电气火灾监控探测器	国家质量监督检验检疫总局、国家标准化管理委员会	2015年6月1日

（续）

序号	标准标号	标准名称	发布部门	实施日期
42	GB 14287.4—2014	电气火灾监控系统 第4部分：故障电弧探测器	国家质量监督检验检疫总局、国家标准化管理委员会	2015年6月1日
43	GB 16280—2014	线型感温火灾探测器	国家质量监督检验检疫总局、国家标准化管理委员会	2015年6月1日
44	GB/T 31248—2014	电缆或光缆在受火条件下火焰蔓延、热释放和产烟特性的试验方法	国家质量监督检验检疫总局、国家标准化管理委员会	2015年4月1日
45	GB/Z 5169.33—2014	电工电子产品着火危险试验 第33部分：着火危险评定导则 起燃性 总则	国家质量监督检验检疫总局、国家标准化管理委员会	2015年4月1日
46	GB/Z 5169.34—2014	电工电子产品着火危险试验 第34部分：着火危险评定导则 起燃性 试验方法概要和相关性	国家质量监督检验检疫总局、国家标准化管理委员会	2015年4月1日
47	GB/T 5169.38—2014	电工电子产品着火危险试验 第38部分：燃烧流的毒性 试验方法概要和相关性	国家质量监督检验检疫总局、国家标准化管理委员会	2015年4月1日
48	GB/T 30369—2013	船舶和海上技术 螺旋桨轴转数指示器 电气型和电子型	国家质量监督检验检疫总局、国家标准化管理委员会	2015年3月1日
49	GB 30122—2013	独立式感温火灾探测报警器	国家质量监督检验检疫总局、国家标准化管理委员会	2014年12月14日
50	GB/T 5907.1—2014	消防词汇 第1部分：通用术语	国家质量监督检验检疫总局、国家标准化管理委员会	2014年12月1日
51	GB 30051—2013	推闩式逃生门锁通用技术要求	国家质量监督检验检疫总局、国家标准化管理委员会	2014年11月1日
52	GB/T 14403—2014	建筑材料燃烧释放热量试验方法	国家质量监督检验检疫总局、国家标准化管理委员会	2014年10月1日
53	GB/T 25206.1—2014	复合夹芯板建筑体燃烧性能试验 第1部分：小室法	国家质量监督检验检疫总局、国家标准化管理委员会	2014年10月1日

（续）

序号	标准标号	标准名称	发布部门	实施日期
54	GB 29837—2013	火灾探测报警产品的维修保养与报废	国家质量监督检验检疫总局、国家标准化管理委员会	2014年8月7日
55	GB 19572—2013	低压二氧化碳灭火系统及部件	国家质量监督检验检疫总局、国家标准化管理委员会	2014年8月1日
56	GB 3446—2013	消防水泵接合器	国家质量监督检验检疫总局、国家标准化管理委员会	2014年8月1日
57	GB 29415—2013	耐火电缆槽盒	国家质量监督检验检疫总局、国家标准化管理委员会	2014年8月1日
58	GB/T 5169.18—2013	电工电子产品着火危险试验 第18部分：燃烧流的毒性 总则	国家质量监督检验检疫总局、国家标准化管理委员会	2014年7月13日
59	GB/T 5169.2—2013	电工电子产品着火危险试验 第2部分：着火危险评定导则 总则	国家质量监督检验检疫总局、国家标准化管理委员会	2014年7月13日
60	GB/T 5169.20—2013	电工电子产品着火危险试验 第20部分：火焰表面蔓延 试验方法概要和相关性	国家质量监督检验检疫总局、国家标准化管理委员会	2014年7月13日
61	GB/T 5169.9—2013	电工电子产品着火危险试验 第9部分：着火危险评定导则 预选试验程序 总则	国家质量监督检验检疫总局、国家标准化管理委员会	2014年7月13日
62	GB/T 24572.5—2013	火灾现场易燃液体残留物实验室提取方法 第5部分：吹扫捕集法	国家质量监督检验检疫总局、国家标准化管理委员会	2014年5月1日
63	GB/T 5169.12—2013	电工电子产品着火危险试验 第12部分：灼热丝/热丝基本试验方法 材料的灼热丝可燃性指数（GWFI）试验方法	国家质量监督检验检疫总局、国家标准化管理委员会	2014年4月9日
64	GB/T 5169.13—2013	电工电子产品着火危险试验 第13部分：灼热丝/热丝基本试验方法 材料的灼热丝起燃温度（GWIT）试验方法	国家质量监督检验检疫总局、国家标准化管理委员会	2014年4月9日

（续）

序号	标准标号	标准名称	发布部门	实施日期
65	GB/Z 5169.32—2013	电工电子产品着火危险试验 第32部分：热释放 绝缘液体的热释放	国家质量监督检验检疫总局、国家标准化管理委员会	2014年4月9日
66	GB/Z 5169.42—2013	电工电子产品着火危险试验 第42部分：试验火焰 确认试验导则	国家质量监督检验检疫总局、国家标准化管理委员会	2014年4月9日
67	GB/T 5169.44—2013	电工电子产品着火危险试验 第44部分：着火危险评定导则 着火危险评定	国家质量监督检验检疫总局、国家标准化管理委员会	2014年4月9日
68	GB/T 18294.1—2013	火灾技术鉴定方法 第1部分：紫外光谱法	国家质量监督检验检疫总局、国家标准化管理委员会	2014年3月1日
69	GB/T 29174—2012	物质恒温稳定性的热分析试验方法	国家质量监督检验检疫总局、国家标准化管理委员会	2013年10月1日
70	GB 18614—2012	七氟丙烷（HFC227ea）灭火剂	国家质量监督检验检疫总局、国家标准化管理委员会	2013年10月1日
71	GB/T 29175—2012	消防应急救援 技术训练指南	国家质量监督检验检疫总局、国家标准化管理委员会	2013年10月1日
72	GB/T 29176—2012	消防应急救援 通则	国家质量监督检验检疫总局、国家标准化管理委员会	2013年10月1日
73	GB/T 29177—2012	消防应急救援 训练设施要求	国家质量监督检验检疫总局、国家标准化管理委员会	2013年10月1日
74	GB/T 29178—2012	消防应急救援 装备配备指南	国家质量监督检验检疫总局、国家标准化管理委员会	2013年10月1日
75	GB/T 29179—2012	消防应急救援 作业规程	国家质量监督检验检疫总局、国家标准化管理委员会	2013年10月1日
76	GB/T 16840.5—2012	电气火灾痕迹物证技术鉴定方法 第5部分：电气火灾物证识别和提取方法	国家质量监督检验检疫总局、国家标准化管理委员会	2013年10月1日

（续）

序号	标准标号	标准名称	发布部门	实施日期
77	GB/T 16840.6—2012	电气火灾痕迹物证技术鉴定方法 第6部分：SEM微观形貌分析法	国家质量监督检验检疫总局、国家标准化管理委员会	2013年10月1日
78	GB/T 29180.2—2012	电气火灾勘验方法和程序 第2部分：物证的溶解分离提取方法	国家质量监督检验检疫总局、国家标准化管理委员会	2013年10月1日
79	GB/T 29416—2012	建筑外墙外保温系统的防火性能试验方法	国家质量监督检验检疫总局、国家标准化管理委员会	2013年10月1日
80	GB 8624—2012	建筑材料及制品燃烧性能分级	国家质量监督检验检疫总局、国家标准化管理委员会	2013年10月1日
81	GB 29364—2012	防火门监控器	国家质量监督检验检疫总局、国家标准化管理委员会	2013年7月1日
82	GB 21976.2—2012	建筑火灾逃生避难器材 第2部分：逃生缓降器	国家质量监督检验检疫总局、国家标准化管理委员会	2013年6月1日
83	GB 21976.3—2012	建筑火灾逃生避难器材 第3部分：逃生梯	国家质量监督检验检疫总局、国家标准化管理委员会	2013年6月1日
84	GB 21976.6—2012	建筑火灾逃生避难器材 第6部分：逃生绳	国家质量监督检验检疫总局、国家标准化管理委员会	2013年6月1日
85	GB 21976.7—2012	建筑火灾逃生避难器材 第7部分：过滤式消防自救呼吸器	国家质量监督检验检疫总局、国家标准化管理委员会	2013年6月1日
86	GB 28735—2012	消防用开门器	国家质量监督检验检疫总局、国家标准化管理委员会	2013年6月1日
87	GB/T 18294.6—2012	火灾技术鉴定方法 第6部分：红外光谱法	国家质量监督检验检疫总局、国家标准化管理委员会	2013年6月1日
88	GB/T 28440—2012	消防话音通信组网管理平台	国家质量监督检验检疫总局、国家标准化管理委员会	2013年4月1日

（续）

序号	标准标号	标准名称	发布部门	实施日期
89	GB 23864—2009/XG1—2012	《防火封堵材料》国家标准第1号修改单	公安部	2013年2月1日
90	GB/T 28752—2012	火焰在垂直表面的横向蔓延试验方法	国家质量监督检验检疫总局、国家标准化管理委员会	2013年1月1日
91	GB 21976.4—2012	建筑火灾逃生避难器材 第4部分：逃生滑道	国家质量监督检验检疫总局、国家标准化管理委员会	2012年12月1日
92	GB 21976.5—2012	建筑火灾逃生避难器材 第5部分：应急逃生器	国家质量监督检验检疫总局、国家标准化管理委员会	2012年12月1日
93	GB 28374—2012	电缆防火涂料	国家质量监督检验检疫总局、国家标准化管理委员会	2012年9月1日
94	GB 28375—2012	混凝土结构防火涂料	国家质量监督检验检疫总局、国家标准化管理委员会	2012年9月1日
95	GB 28376—2012	隧道防火保护板	国家质量监督检验检疫总局、国家标准化管理委员会	2012年9月1日
96	GB 28184—2011	消防设备电源监控系统	国家质量监督检验检疫总局、国家标准化管理委员会	2012年8月1日
97	GB 27898.1—2011	固定消防给水设备 第1部分：消防气压给水设备	国家质量监督检验检疫总局、国家标准化管理委员会	2012年6月1日
98	GB 27898.2—2011	固定消防给水设备 第2部分：消防自动恒压给水设备	国家质量监督检验检疫总局、国家标准化管理委员会	2012年6月1日
99	GB 27898.3—2011	固定消防给水设备 第3部分：消防增压稳压给水设备	国家质量监督检验检疫总局、国家标准化管理委员会	2012年6月1日
100	GB 27898.4—2011	固定消防给水设备 第4部分：消防气体顶压给水设备	国家质量监督检验检疫总局、国家标准化管理委员会	2012年6月1日

（续）

序号	标准标号	标准名称	发布部门	实施日期
101	GB 27898.5—2011	固定消防给水设备 第5部分：消防双动力给水设备	国家质量监督检验检疫总局、国家标准化管理委员会	2012年6月1日
102	GB 27899—2011	消防员方位灯	国家质量监督检验检疫总局、国家标准化管理委员会	2012年6月1日
103	GB 27900—2011	消防员呼救器	国家质量监督检验检疫总局、国家标准化管理委员会	2012年6月1日
104	GB 27901—2011	移动式消防排烟机	国家质量监督检验检疫总局、国家标准化管理委员会	2012年6月1日
105	GB 4452—2011	室外消火栓	国家质量监督检验检疫总局、国家标准化管理委员会	2012年6月1日
106	GB 5135.21—2011	自动喷水灭火系统 第21部分：末端试水装置	国家质量监督检验检疫总局、国家标准化管理委员会	2012年6月1日
107	GB 6246—2011	消防水带	国家质量监督检验检疫总局、国家标准化管理委员会	2012年6月1日
108	GB/T 27902—2011	电气火灾模拟试验技术规程	国家质量监督检验检疫总局、国家标准化管理委员会	2012年6月1日
109	GB/T 27905.2—2011	火灾物证痕迹检查方法 第2部分：普通平板玻璃	国家质量监督检验检疫总局、国家标准化管理委员会	2012年6月1日
110	GB/T 27905.3—2011	火灾物证痕迹检查方法 第3部分：黑色金属制品	国家质量监督检验检疫总局、国家标准化管理委员会	2012年6月1日
111	GB/T 27905.4—2011	火灾物证痕迹检查方法 第4部分：电气线路	国家质量监督检验检疫总局、国家标准化管理委员会	2012年6月1日
112	GB/T 27905.5—2011	火灾物证痕迹检查方法 第5部分：小功率异步电动机	国家质量监督检验检疫总局、国家标准化管理委员会	2012年6月1日

（续）

序号	标准标号	标准名称	发布部门	实施日期
113	GB 5135.14—2011	自动喷水灭火系统 第14部分：预作用装置	国家质量监督检验检疫总局、国家标准化管理委员会	2012年5月1日
114	GB 26875.1—2011	城市消防远程监控系统 第1部分：用户信息传输装置	国家质量监督检验检疫总局、国家标准化管理委员会	2012年5月1日
115	GB/T 26875.2—2011	城市消防远程监控系统 第2部分：通信服务器软件功能要求	国家质量监督检验检疫总局、国家标准化管理委员会	2012年5月1日
116	GB/T 26875.5—2011	城市消防远程监控系统 第5部分：受理软件功能要求	国家质量监督检验检疫总局、国家标准化管理委员会	2012年5月1日
117	GB/T 26875.6—2011	城市消防远程监控系统 第6部分：信息管理软件功能要求	国家质量监督检验检疫总局、国家标准化管理委员会	2012年5月1日
118	GB/T 27906—2011	救生抛投器	国家质量监督检验检疫总局、国家标准化管理委员会	2012年4月1日
119	GB/T 27903—2011	电梯层门耐火试验 完整性、隔热性和热通量测定法	国家质量监督检验检疫总局、国家标准化管理委员会	2012年4月1日
120	GB 27897—2011	A类泡沫灭火剂	国家质量监督检验检疫总局、国家标准化管理委员会	2012年3月1日
121	GB 17429—2011	火灾显示盘	国家质量监督检验检疫总局、国家标准化管理委员会	2012年1月1日
122	GB 26851—2011	火灾声和/或光警报器	国家质量监督检验检疫总局、国家标准化管理委员会	2012年1月1日
123	GB/T 17802—2011	热不稳定物质动力学常数的热分析试验方法	国家质量监督检验检疫总局、国家标准化管理委员会	2011年11月1日
124	GB 26755—2011	消防移动式照明装置	国家质量监督检验检疫总局、国家标准化管理委员会	2011年11月1日

（续）

序号	标准标号	标准名称	发布部门	实施日期
125	GB 26783—2011	消防救生照明线	国家质量监督检验检疫总局、国家标准化管理委员会	2011年11月1日
126	GB/T 26785—2011	细水雾灭火系统及部件通用技术条件	国家质量监督检验检疫总局、国家标准化管理委员会	2011年11月1日
127	GB/T 26875.3—2011	城市消防远程监控系统 第3部分：报警传输网络通信协议	国家质量监督检验检疫总局、国家标准化管理委员会	2011年11月1日
128	GB/T 26875.4—2011	城市消防远程监控系统 第4部分：基本数据项	国家质量监督检验检疫总局、国家标准化管理委员会	2011年11月1日
129	GB 5135.17—2011	自动喷水灭火系统 第17部分：减压阀	国家质量监督检验检疫总局、国家标准化管理委员会	2011年11月1日
130	GB/T 26784—2011	建筑构件耐火试验 可供选择和附加的试验程序	国家质量监督检验检疫总局、国家标准化管理委员会	2011年11月1日
131	GB 25506—2010	消防控制室通用技术要求	国家质量监督检验检疫总局、国家标准化管理委员会	2011年7月1日
132	GB/T 18294.2—2010	火灾技术鉴定方法　第2部分：薄层色谱法	国家质量监督检验检疫总局、国家标准化管理委员会	2011年6月1日
133	GB/T 18294.5—2010	火灾技术鉴定方法　第5部分：气相色谱—质谱法	国家质量监督检验检疫总局、国家标准化管理委员会	2011年6月1日
134	GB 18428—2010	自动灭火系统用玻璃球	国家质量监督检验检疫总局、国家标准化管理委员会	2011年6月1日
135	GB 25971—2010	六氟丙烷（HFC236fa）灭火剂	国家质量监督检验检疫总局、国家标准化管理委员会	2011年6月1日
136	GB 25972—2010	气体灭火系统及部件	国家质量监督检验检疫总局、国家标准化管理委员会	2011年6月1日

（续）

序号	标准标号	标准名称	发布部门	实施日期
137	GB/T 26129—2010	消防员接触式送受话器	国家质量监督检验检疫总局、国家标准化管理委员会	2011年6月1日
138	GB/T 13347—2010	石油气体管道阻火器	国家质量监督检验检疫总局、国家标准化管理委员会	2011年6月1日
139	GB/T 5135.18—2010	自动喷水灭火系统　第18部分：消防管道支吊架	国家质量监督检验检疫总局、国家标准化管理委员会	2011年6月1日
140	GB/T 25970—2010	不燃无机复合板	国家质量监督检验检疫总局、国家标准化管理委员会	2011年6月1日
141	GB 16281—2010	火警受理系统	国家质量监督检验检疫总局、国家标准化管理委员会	2011年5月1日
142	GB/T 25113—2010	移动消防指挥中心通用技术要求	国家质量监督检验检疫总局、国家标准化管理委员会	2011年5月1日
143	GB 17945—2010	消防应急照明和疏散指示系统	国家质量监督检验检疫总局、国家标准化管理委员会	2011年5月1日
144	GB 16668—2010	干粉灭火系统及部件通用技术条件	国家质量监督检验检疫总局、国家标准化管理委员会	2011年3月1日
145	GB 16669—2010	二氧化碳灭火系统及部件通用技术条件	国家质量监督检验检疫总局、国家标准化管理委员会	2011年3月1日
146	GB 25200—2010	干粉枪	国家质量监督检验检疫总局、国家标准化管理委员会	2011年3月1日
147	GB 25202—2010	泡沫枪	国家质量监督检验检疫总局、国家标准化管理委员会	2011年3月1日
148	GB 25204—2010	自动跟踪定位射流灭火系统	国家质量监督检验检疫总局、国家标准化管理委员会	2011年3月1日

（续）

序号	标准标号	标准名称	发布部门	实施日期
149	GB 25201—2010	建筑消防设施的维护管理	国家质量监督检验检疫总局、国家标准化管理委员会	2011年3月1日
150	GB/T 25203—2010	消防监督技术装备配备	国家质量监督检验检疫总局、国家标准化管理委员会	2011年3月1日
151	GB/T 25208—2010	固定灭火系统产品环境试验方法	国家质量监督检验检疫总局、国家标准化管理委员会	2011年2月1日
152	GB/T 5135.19—2010	自动喷水灭火系统 第19部分：塑料管道及管件	国家质量监督检验检疫总局、国家标准化管理委员会	2011年2月1日
153	GB/T 5135.20—2010	自动喷水灭火系统 第20部分：涂覆钢管	国家质量监督检验检疫总局、国家标准化管理委员会	2011年2月1日
154	GB/T 25205—2010	雨淋喷头	国家质量监督检验检疫总局、国家标准化管理委员会	2011年2月1日
155	GB/T 25206.2—2010	复合夹芯板建筑体燃烧性能试验 第2部分：大室法	国家质量监督检验检疫总局、国家标准化管理委员会	2011年2月1日
156	GB/T 25207—2010	火灾试验　表面制品的实体房间火试验方法	国家质量监督检验检疫总局、国家标准化管理委员会	2011年2月1日
157	GB/T 5464—2010	建筑材料不燃性试验方法	国家质量监督检验检疫总局、国家标准化管理委员会	2011年2月1日
158	GB/Z 24978—2010	火灾自动报警系统性能评价	国家质量监督检验检疫总局、国家标准化管理委员会	2010年12月1日
159	GB/Z 24979—2010	点型感烟/感温火灾探测器性能评价	国家质量监督检验检疫总局、国家标准化管理委员会	2010年12月1日
160	GB 23757—2009	消防电子产品防护要求	国家质量监督检验检疫总局、国家标准化管理委员会	2010年5月1日

（续）

序号	标准标号	标准名称	发布部门	实施日期
161	GB/T 24572.1—2009	火灾现场易燃液体残留物实验室提取方法 第1部分：溶剂提取法	国家质量监督检验检疫总局、国家标准化管理委员会	2010年4月1日
162	GB/T 24572.2—2009	火灾现场易燃液体残留物实验室提取方法 第2部分：直接顶空进样法	国家质量监督检验检疫总局、国家标准化管理委员会	2010年4月1日
163	GB/T 24572.3—2009	火灾现场易燃液体残留物实验室提取方法 第3部分：活性炭吸附法	国家质量监督检验检疫总局、国家标准化管理委员会	2010年4月1日
164	GB/T 24572.4—2009	火灾现场易燃液体残留物实验室提取方法 第4部分：固相微萃取法	国家质量监督检验检疫总局、国家标准化管理委员会	2010年4月1日
165	GB/T 17428—2009	通风管道耐火试验方法	国家质量监督检验检疫总局、国家标准化管理委员会	2010年4月1日
166	GB/T 24573—2009	金库和档案室门耐火性能试验方法	国家质量监督检验检疫总局、国家标准化管理委员会	2010年4月1日
167	GB/T 24144—2009	消防软管 橡胶和塑料吸引软管和软管组合件	中国石油和化学工业协会	2010年2月1日
168	GB 16808—2008	可燃气体报警控制器	公安部	2010年2月1日
169	GB 22134—2008	火灾自动报警系统组件兼容性要求	国家质量监督检验检疫总局、国家标准化管理委员会	2010年2月1日
170	GB 23864—2009	防火封堵材料	公安部	2010年2月1日
171	GB/T 3685—2017	输送带 实验室规模的燃烧特性 试验方法	国家质量监督检验检疫总局、国家标准化管理委员会	2018年4月1日
172	GB/T 14656—2009	阻燃纸和纸板燃烧性能试验方法	国家质量监督检验检疫总局、国家标准化管理委员会	2009年11月1日
173	GB 16807—2009	防火膨胀密封件	公安部	2009年11月1日
174	GB/T 8323.1—2008	塑料 烟生成 第1部分：烟密度试验方法导则	国家质量监督检验检疫总局、国家标准化管理委员会	2009年8月1日

（续）

序号	标准标号	标准名称	发布部门	实施日期
175	GB/T 8323.2—2008	塑料 烟生成 第2部分：单室法测定烟密度试验方法	国家质量监督检验检疫总局、国家标准化管理委员会	2009年8月1日
176	GB/T 21976.1—2008	建筑火灾逃生避难器材 第1部分：配备指南	国家质量监督检验检疫总局、国家标准化管理委员会	2009年6月1日
177	GB 5135.15—2008	自动喷水灭火系统 第15部分：家用喷头	国家质量监督检验检疫总局、国家标准化管理委员会	2009年6月1日
178	GB 17835—2008	水系灭火剂	国家质量监督检验检疫总局、国家标准化管理委员会	2009年5月1日
179	GB/T 4327—2008	消防技术文件用消防设备图形符号	国家质量监督检验检疫总局、国家标准化管理委员会	2009年5月1日
180	GB 15631—2008	特种火灾探测器	国家质量监督检验检疫总局、国家标准化管理委员会	2009年5月1日
181	GB/T 7633—2008	门和卷帘的耐火试验方法	国家质量监督检验检疫总局、国家标准化管理委员会	2009年5月1日
182	GB/T 4968—2008	火灾分类	国家质量监督检验检疫总局、国家标准化管理委员会	2009年4月1日
183	GB/T 12474—2008	空气中可燃气体爆炸极限测定方法	国家质量监督检验检疫总局、国家标准化管理委员会	2009年3月1日
184	GB/T 13464—2008	物质热稳定性的热分析试验方法	国家质量监督检验检疫总局、国家标准化管理委员会	2009年3月1日
185	GB/T 803—2008	空气中可燃气体爆炸指数测定方法	国家质量监督检验检疫总局、国家标准化管理委员会	2009年3月1日
186	GB/T 9978.1—2008	建筑构件耐火试验方法 第1部分：通用要求	国家质量监督检验检疫总局、国家标准化管理委员会	2009年3月1日

（续）

序号	标准标号	标准名称	发布部门	实施日期
187	GB/T 9978.3—2008	建筑构件耐火试验方法 第3部分：试验方法和试验数据应用注释	国家质量监督检验检疫总局、国家标准化管理委员会	2009年3月1日
188	GB/T 9978.4—2008	建筑构件耐火试验方法 第4部分：承重垂直分隔构件的特殊要求	国家质量监督检验检疫总局、国家标准化管理委员会	2009年3月1日
189	GB/T 9978.5—2008	建筑构件耐火试验方法 第5部分：承重水平分隔构件的特殊要求	国家质量监督检验检疫总局、国家标准化管理委员会	2009年3月1日
190	GB/T 9978.6—2008	建筑构件耐火试验方法 第6部分：梁的特殊要求	国家质量监督检验检疫总局、国家标准化管理委员会	2009年3月1日
191	GB/T 9978.7—2008	建筑构件耐火试验方法 第7部分：柱的特殊要求	国家质量监督检验检疫总局、国家标准化管理委员会	2009年3月1日
192	GB/T 9978.8—2008	建筑构件耐火试验方法 第8部分：非承重垂直分隔构件的特殊要求	国家质量监督检验检疫总局、国家标准化管理委员会	2009年3月1日
193	GB/T 9978.9—2008	建筑构件耐火试验方法 第9部分：非承重吊顶构件的特殊要求	国家质量监督检验检疫总局、国家标准化管理委员会	2009年3月1日
194	GB 12955—2008	防火门	国家质量监督检验检疫总局、国家标准化管理委员会	2009年1月1日
195	GB 16809—2008	防火窗	国家质量监督检验检疫总局、国家标准化管理委员会	2009年1月1日
196	GB 50444—2008	建筑灭火器配置验收及检查规范	住房和城乡建设部	2008年11月1日
197	GB/T 13813—2008	煤矿用金属材料摩擦火花安全性试验方法和判定规则	国家质量监督检验检疫总局、国家标准化管理委员会	2008年11月1日
198	GB/T 795—2008	卤代烷灭火系统及零部件	国家质量监督检验检疫总局、国家标准化管理委员会	2008年10月1日

（续）

序号	标准标号	标准名称	发布部门	实施日期
199	GB/T 14402—2007	建筑材料及制品的燃烧性能 燃烧热值的测定	国家质量监督检验检疫总局、国家标准化管理委员会	2008年6月1日
200	GB/T 14523—2007	对火反应试验 建筑制品在辐射热源下的着火性试验方法	国家质量监督检验检疫总局、国家标准化管理委员会	2008年6月1日
201	GB/T 8626—2007	建筑材料可燃性试验方法	国家质量监督检验检疫总局、国家标准化管理委员会	2008年6月1日
202	GB/T 8627—2007	建筑材料燃烧或分解的烟密度试验方法	国家质量监督检验检疫总局、国家标准化管理委员会	2008年6月1日
203	GB/T 18294.4—2007	火灾技术鉴定方法 第4部分：高效液相色谱法	国家质量监督检验检疫总局、国家标准化管理委员会	2008年1月1日
204	GB 15930—2007	建筑通风和排烟系统用防火阀门	国家质量监督检验检疫总局、国家标准化管理委员会	2008年1月1日
205	GB/T 5169.10—2006	电工电子产品着火危险试验 第10部分：灼热丝/热丝基本试验方法 灼热丝装置和通用试验方法	国家质量监督检验检疫总局、国家标准化管理委员会	2007年9月1日
206	GB/T 5169.11—2006	电工电子产品着火危险试验 第11部分：灼热丝/热丝基本试验方法 成品的灼热丝可燃性试验方法	国家质量监督检验检疫总局、国家标准化管理委员会	2007年9月1日
207	GB 50401—2007	消防通信指挥系统施工及验收规范	建设部	2007年7月1日
208	GB 50263—2007	气体灭火系统施工及验收规范	建设部	2007年7月1日
209	GB/T 18294.3—2006	火灾技术鉴定方法 第3部分：气相色谱法	国家质量监督检验检疫总局、国家标准化管理委员会	2007年5月1日
210	GB/T 20702—2006	气体灭火剂灭火性能测试方法	国家质量监督检验检疫总局、国家标准化管理委员会	2007年5月1日

（续）

序号	标准标号	标准名称	发布部门	实施日期
211	GB 12791—2006	点型紫外火焰探测器	国家质量监督检验检疫总局、国家标准化管理委员会	2007年4月1日
212	GB 16806—2006	消防联动控制系统	国家质量监督检验检疫总局、国家标准化管理委员会	2007年4月1日
213	GB 20517—2006	独立式感烟火灾探测报警器	国家质量监督检验检疫总局、国家标准化管理委员会	2007年4月1日
214	GB 20286—2006	公共场所阻燃制品及组件燃烧性能要求和标识	国家质量监督检验检疫总局、国家标准化管理委员会	2007年3月1日
215	GB 5135.10—2006	自动喷水灭火系统 第10部分：压力开关	国家质量监督检验检疫总局、国家标准化管理委员会	2006年12月1日
216	GB 5135.11—2006	自动喷水灭火系统 第11部分：沟槽式管接件	国家质量监督检验检疫总局、国家标准化管理委员会	2006年12月1日
217	GB 5135.12—2006	自动喷水灭火系统 第12部分：扩大覆盖面积洒水喷头	国家质量监督检验检疫总局、国家标准化管理委员会	2006年12月1日
218	GB 5135.13—2006	自动喷水灭火系统 第13部分：水幕喷头	国家质量监督检验检疫总局、国家标准化管理委员会	2006年12月1日
219	GB 5135.9—2006	自动喷水灭火系统 第9部分 早期抑制快速响应（ESFR）喷头	公安部	2006年12月1日
220	GB 6245—2006	消防泵	国家质量监督检验检疫总局、国家标准化管理委员会	2006年12月1日
221	GB 50281—2006	泡沫灭火系统施工及验收规范	建设部	2006年11月1日
222	GB/T 20284—2006	建筑材料或制品的单体燃烧试验	国家质量监督检验检疫总局、国家标准化管理委员会	2006年11月1日

（续）

序号	标准标号	标准名称	发布部门	实施日期
223	GB/T 20285—2006	材料产烟毒性危险分级	国家质量监督检验检疫总局、国家标准化管理委员会	2006年11月1日
224	GB/T 12513—2006	镶玻璃构件耐火试验方法	国家质量监督检验检疫总局、国家标准化管理委员会	2006年10月1日
225	GB 20128—2006	惰性气体灭火剂	国家质量监督检验检疫总局、国家标准化管理委员会	2006年10月1日
226	GB 16670—2006	柜式气体灭火装置	国家质量监督检验检疫总局、国家标准化管理委员会	2006年10月1日
227	GB/T 16810—2006	保险柜耐火性能要求和试验方法	国家质量监督检验检疫总局、国家标准化管理委员会	2006年10月1日
228	GB/T 20162—2006	火灾技术鉴定物证提取方法	国家质量监督检验检疫总局、国家标准化管理委员会	2006年10月1日
229	GB 12514.2—2006	消防接口 第2部分：内扣式消防接口型式和基本参数	国家质量监督检验检疫总局、国家标准化管理委员会	2006年8月1日
230	GB 12514.3—2006	消防接口 第3部分：卡式消防接口型式和基本参数	国家质量监督检验检疫总局、国家标准化管理委员会	2006年8月1日
231	GB 12514.4—2006	消防接口 第4部分：螺纹式消防接口型式和基本参数	国家质量监督检验检疫总局、国家标准化管理委员会	2006年8月1日
232	GB 8410—2006	汽车内饰材料的燃烧特性	国家质量监督检验检疫总局、国家标准化管理委员会	2006年7月1日
233	GB/T 16838—2005	消防电子产品 环境试验方法及严酷等级	国家质量监督检验检疫总局、国家标准化管理委员会	2006年6月1日
234	GB 14003—2005	线型光束感烟火灾探测器	公安部	2006年6月1日
235	GB 19880—2005	手动火灾报警按钮	公安部	2006年6月1日
236	GB 4715—2005	点型感烟火灾探测器	公安部	2006年6月1日

（续）

序号	标准标号	标准名称	发布部门	实施日期
237	GB 4717—2005	火灾报警控制器	国家质量监督检验检疫总局、国家标准化管理委员会	2006年6月1日
238	GB 50370—2005	气体灭火系统设计规范	建设部 国家质量监督检验检疫总局	2006年5月1日
239	GB 12441—2018	饰面型防火涂料	国家质量监督检验检疫总局、国家标准化管理委员会	2018年9月1日
240	GB/T 20024—2005	内燃机用橡胶和塑料燃油软管 可燃性试验方法	国家质量监督检验检疫总局、国家标准化管理委员会	2006年5月1日
241	GB 3445—2018	室内消火栓	国家质量监督检验检疫总局、国家标准化管理委员会	2019年4月1日
242	GB 12514. 1—2005	消防接口 第1部分：消防接口通用技术条件	国家质量监督检验检疫总局、国家标准化管理委员会	2006年4月1日
243	GB/T 19902. 2—2005	工业自动化系统与集成 制造软件互操作性能力建规 第2部分：建规方法论	国家质量监督检验检疫总局、国家标准化管理委员会	2006年4月1日
244	GB 20031—2005	泡沫灭火系统及部件通用技术条件	国家质量监督检验检疫总局、国家标准化管理委员会	2006年4月1日
245	GB 5908—2005	石油储罐阻火器	国家质量监督检验检疫总局、国家标准化管理委员会	2006年4月1日
246	GB 6969—2005	消防吸水胶管	国家质量监督检验检疫总局、国家标准化管理委员会	2006年4月1日
247	GB 8181—2005	消防水枪	国家质量监督检验检疫总局、国家标准化管理委员会	2006年4月1日
248	GB/T 8625—2005	建筑材料难燃性试验方法	国家质量监督检验检疫总局、国家标准化管理委员会	2006年1月1日

（续）

序号	标准标号	标准名称	发布部门	实施日期
249	GB/T 12553—2005	消防船消防性能要求和试验方法	国家质量监督检验检疫总局、国家标准化管理委员会	2005年12月1日
250	GB 14102—2005	防火卷帘	国家质量监督检验检疫总局、国家标准化管理委员会	2005年12月1日
251	GB 15090—2005	消防软管卷盘	国家质量监督检验检疫总局、国家标准化管理委员会	2005年12月1日
252	GB 4351.1—2005	手提式灭火器 第1部分：性能和结构要求	国家质量监督检验检疫总局、国家标准化管理委员会	2005年12月1日
253	GB 4351.2—2005	手提式灭火器 第2部分：手提式二氧化碳灭火器钢质无缝瓶体的要求	国家质量监督检验检疫总局、国家标准化管理委员会	2005年12月1日
254	GB/T 4351.3—2005	手提式灭火器 第3部分：检验细则	国家质量监督检验检疫总局、国家标准化管理委员会	2005年12月1日
255	GB 4396—2005	二氧化碳灭火剂	国家质量监督检验检疫总局、国家标准化管理委员会	2005年12月1日
256	GB 8109—2005	推车式灭火器	国家质量监督检验检疫总局、国家标准化管理委员会	2005年12月1日
257	GB 50140—2005	建筑灭火器配置设计规范	建设部 国家质量监督检验检疫总局	2005年10月1日
258	GB 50354—2005	建筑内部装修防火施工及验收规范	建设部、国家质量监督检验检疫总局	2005年8月1日
259	GB 50261—2017	自动喷水灭火系统施工及验收规范	住房和城乡建设部	2018年1月1日
260	GB 5135.6—2018	自动喷水灭火系统 第6部分：通用阀门	国家质量监督检验检疫总局、国家标准化管理委员会	2018年9月1日

（续）

序号	标准标号	标准名称	发布部门	实施日期
261	GB 5135.8—2003	自动喷水灭火系统 第8部分：加速器	国家质量监督检验检疫总局	2004年5月1日
262	GB 12978—2003	消防电子产品检验规则	国家质量监督检验检疫总局	2004年2月1日
263	GB 15322.2—2003	可燃气体探测器 第2部分：测量范围为0～100% LEL的独立式可燃气体探测器	国家质量监督检验检疫总局	2003年12月1日
264	GB 15322.3—2003	可燃气体探测器 第3部分：测量范围为0～100% LEL的便携式可燃气体探测器	国家质量监督检验检疫总局	2003年12月1日
265	GB 15322.4—2003	可燃气体探测器 第4部分：测量人工煤气的点型可燃气体探测器	国家质量监督检验检疫总局	2003年12月1日
266	GB 15322.5—2003	可燃气体探测器 第5部分：测量人工煤气的独立式可燃气体探测器	国家质量监督检验检疫总局	2003年12月1日
267	GB 15322.6—2003	可燃气体探测器 第6部分：测量人工煤气的便携式可燃气体探测器	国家质量监督检验检疫总局	2003年12月1日
268	GB 19156—2003	消防炮通用技术条件	国家质量监督检验检疫总局	2003年9月1日
269	GB 19157—2003	远控消防炮系统通用技术条件	国家质量监督检验检疫总局	2003年9月1日
270	GB 15322.1—2003	可燃气体探测器 第1部分：测量范围为0～100% LEL的点型可燃气体探测器	国家质量监督检验检疫总局	2003年1月2日
271	GB 50084—2017	自动喷水灭火系统设计规范	住房和城乡建设部	2018年1月1日
272	GB/T 17906—1999	液压破拆工具通用技术条件	国家质量技术监督局	2000年5月1日
273	GB/T 15929—1995（已废止）	粉尘云最小点火能测试方法 双层振动筛落法（积分计算能量）	国家技术监督局	1996年6月1日
274	GB/T 15662—1995	导电、防静电塑料体积电阻率测试方法	国家技术监督局	1996年4月1日
275	GB 15630—1995	消防安全标志设置要求	国家技术监督局	1996年2月1日

（续）

序号	标准标号	标准名称	发布部门	实施日期
276	GB 50222—1995（已废止）	建筑内部装修设计防火规范	国家技术监督局、建设部	1995年10月1日
277	GB/T 2031—1994	船用消防接头	国家技术监督局	1995年4月1日
278	GB/T 2032—1993	船用法兰消防栓	国家技术监督局	1994年3月1日
279	GB 51298—2018	地铁设计防火标准	住房和城乡建设部	2018年12月1日
280	GB 51251—2017	建筑防烟排烟系统技术标准	住房和城乡建设部	2017年11月20日
281	GB 50160—2018	石油化工企业设计防火标准	住房和城乡建设部	2019年4月1日
282	GB 50974—2014	消防给水及消火栓系统技术规范	住房和城乡建设部	2014年10月1日

附录C 消防行业标准目录㊀

序号	标准标号	标准名称	发布部门	实施日期
1	GA/T 1339—2017	119接警调度工作规程	公安部	2017年3月8日
2	GA/T 1338—2016	火灾隐患举报投诉中心工作规范	公安部	2016年12月1日
3	GA/T 1340—2016	火警和应急救援分级	公安部	2016年12月1日
4	GA 1298—2016	细水雾枪	公安部	2016年10月1日
5	GA 836—2016	建设工程消防验收评定规则	公安部	2016年9月1日
6	GA 1288—2016	七氟丙烷泡沫灭火系统	公安部	2016年8月10日
7	GA/T 1300—2016	社会消防安全培训机构设置与评审	公安部	2016年8月1日
8	GA 180—2016	轻便消防水龙	公安部	2016年8月1日
9	GA 1301—2016	火灾原因认定规则	公安部	2016年8月1日
10	GA 1290—2016	建设工程消防设计审查规则	公安部	2016年7月8日
11	GA/T 1289—2016	燃烧训练室技术要求	公安部	2016年4月8日
12	GA 39—2016	消防车 消防要求和试验方法	公安部	2016年2月25日
13	GA 1283—2015	住宅物业消防安全管理	公安部	2016年2月1日
14	GA 1273—2015	消防员防护辅助装备 消防员护目镜	公安部	2016年2月1日
15	GA 1282—2015	灭火救援装备储备管理通则	公安部	2016年2月1日
16	GA 95—2015	灭火器维修	公安部	2016年2月1日
17	GA 44—2015	消防头盔	公安部	2016年1月1日
18	GA 634—2015	消防员隔热防护服	公安部	2016年1月1日
19	GA/T 1276—2015	道路交通事故被困人员解救行动指南	公安部	2015年10月22日
20	GA/T 1275—2015	石油储罐火灾扑救行动指南	公安部	2015年10月21日
21	GA 1265—2015	蓄冷型消防员降温背心	公安部	2015年10月1日
22	GA/T 1270—2015	火灾事故技术调查工作规则	公安部	2015年9月28日
23	GA 1261—2015	长管空气呼吸器	公安部	2015年9月1日
24	GA 1264—2015	公共汽车客舱固定灭火系统	公安部	2015年8月1日

㊀ 此表所列标准的实施日期截至2017年6月。

（续）

序号	标准标号	标准名称	发布部门	实施日期
25	GA/T 1245—2015	多产权建筑消防安全管理	公安部	2015年3月11日
26	GA/T 1249—2015	火灾现场照相规则	公安部	2015年3月11日
27	GA 1204—2014	移动式消防储水装置	公安部	2015年3月1日
28	GA 1205—2014	灭火毯	公安部	2015年3月1日
29	GA 1206—2014	注氮控氧防火装置	公安部	2015年3月1日
30	GA/T 720—2014	消防标准制修订工作程序	公安部	2014年11月13日
31	GA 1203—2014	气体灭火系统灭火剂充装规定	公安部	2014年11月13日
32	GA/T 1192—2014	火灾信息报告规定	公安部	2014年9月28日
33	GA/T 1190—2014	地下建筑火灾扑救行动指南	公安部	2014年9月28日
34	GA/T 1191—2014	高层建筑火灾扑救行动指南	公安部	2014年9月28日
35	GA 1167—2014	探火管式灭火装置	公安部	2014年7月1日
36	GA 1149—2014	细水雾灭火装置	公安部	2014年5月21日
37	GA 185—2014	火灾损失统计方法	公安部	2014年5月1日
38	GA 1157—2014	消防技术服务机构设备配备	公安部	2014年5月1日
39	GA/T 1150—2014	消防搜救犬队建设标准	公安部	2014年4月16日
40	GA 1151—2014	火灾报警系统无线通信功能通用要求	公安部	2014年4月16日
41	GA 10—2014	消防员灭火防护服	公安部	2014年3月1日
42	GA 602—2013	干粉灭火装置	公安部	2014年3月1日
43	GA 1131—2014	仓储场所消防安全管理通则	公安部	2014年3月1日
44	GA 1086—2013	消防员单兵通信系统通用技术要求	公安部	2013年9月1日
45	GA 124—2013	正压式消防空气呼吸器	公安部	2013年9月1日
46	GA/T 536.7—2013	易燃易爆危险品 火灾危险性分级及试验方法 第7部分：易燃气雾剂分级试验方法	公安部	2013年8月16日
47	GA/T 536.1—2013	易燃易爆危险品 火灾危险性分级及试验方法 第1部分：火灾危险性分级	公安部	2013年8月12日
48	GA/T 110—2013	建筑构件用防火保护材料通用要求	公安部	2013年4月1日
49	GA 1061—2013	消防产品一致性检查要求	公安部	2013年3月26日
50	GA 621—2013	消防员个人防护装备配备标准	公安部	2013年1月10日
51	GA 622—2013	消防特勤队（站）装备配备标准	公安部	2013年1月10日
52	GA/T 1040—2013	建筑倒塌事故救援行动规程	公安部	2013年1月5日
53	GA/T 1034—2012	火灾事故调查案卷制作	公安部	2013年1月1日
54	GA/T 1041—2012	跨区域灭火救援指挥导则	公安部	2013年1月1日
55	GA 1035—2012	消防产品工厂检查通用要求	公安部	2013年1月1日
56	GA/T 1039—2012	消防员心理训练指南	公安部	2013年1月1日
57	GA 588—2012	消防产品现场检查判定规则	公安部	2013年1月1日
58	GA 533—2012	挡烟垂壁	公安部	2012年12月1日

（续）

序号	标准标号	标准名称	发布部门	实施日期
59	GA 1025—2012	消防产品 消防安全要求	公安部	2012年11月23日
60	GA 304—2012	塑料管道阻火圈	公安部	2012年10月1日
61	GA 498—2012	厨房设备灭火装置	公安部	2012年9月1日
62	GA/T 999—2012	防排烟系统性能现场验证方法 热烟试验法	公安部	2012年8月1日
63	GA/T 998—2012	乡镇消防队标准	公安部	2012年7月1日
64	GA 982—2012	哈龙灭火系统工况评定	公安部	2012年5月1日
65	GA/T 967—2011	消防训练安全要则	公安部	2012年3月1日
66	GA/T 969—2011	火幕墙训练设施技术要求	公安部	2012年3月1日
67	GA 979—2012	D类干粉灭火剂	公安部	2012年3月1日
68	GA/T 968—2011	消防员现场紧急救护指南	公安部	2012年3月1日
69	GA/T 970—2011	危险化学品泄漏事故处置行动要则	公安部	2012年3月1日
70	GA/T 971.1—2011	消防卫星通信系统　第1部分：系统总体要求	公安部	2012年1月1日
71	GA/T 971.2—2011	消防卫星通信系统　第2部分：便携式卫星站	公安部	2012年1月1日
72	GA/T 974.4—2011	消防信息代码 第4部分：消防监督管理角色代码	公安部	2011年12月12日
73	GA 159—2011	水基型阻燃处理剂	公安部	2011年12月1日
74	GA 941—2011	化工装置火灾事故处置训练设施技术要求	公安部	2011年7月1日
75	GA 942—2011	网栅隔断式烟热训练室技术要求	公安部	2011年7月1日
76	GA 943—2011	消防员高空心理训练设施技术要求	公安部	2011年7月1日
77	GA 79—2010	消防球阀	公安部	2010年12月5日
78	GA 499.1—2010	气溶胶灭火系统 第1部分：热气溶胶灭火装置	公安部	2010年11月1日
79	GA 892.1—2010	消防机器人 第1部分：通用技术条件	公安部	2010年10月1日
80	GA 61—2010	固定灭火系统驱动、控制装置通用技术条件	公安部	2010年8月1日
81	GA 869—2010	消防员灭火防护头套	公安部	2010年8月1日
82	GA/T 875—2010	火场通信控制台	公安部	2010年8月1日
83	GA/T 536.6—2010	易燃易爆危险品火灾危险性分级及试验方法 第6部分：液体氧化性物质分级试验方法	公安部	2010年7月1日
84	GA 868—2010	分水器和集水器	公安部	2010年7月1日
85	GA 863—2010	消防用易熔合金元件通用要求	公安部	2010年4月1日
86	GA 138—2010	消防斧	公安部	2010年3月1日
87	GA 856.1—2009	合同制消防员制式服装 第1部分：命名与术语	公安部	2009年12月29日

（续）

序号	标准标号	标准名称	发布部门	实施日期
88	GA 856.2—2009	合同制消防员制式服装 第2部分：服饰	公安部	2009年12月29日
89	GA 856.3—2009	合同制消防员制式服装 第3部分：春秋制服	公安部	2009年12月29日
90	GA 856.4—2009	合同制消防员制式服装 第4部分：夏季制服	公安部	2009年12月29日
91	GA 856.5—2009	合同制消防员制式服装 第5部分：冬季制服	公安部	2009年12月29日
92	GA 856.6—2009	合同制消防员制式服装 第6部分：执勤帽	公安部	2009年12月29日
93	GA 139—2009	灭火器箱	公安部	2009年12月1日
94	GA 86—2009	简易式灭火器	公安部	2009年12月1日
95	GA 846—2009	消防产品身份信息管理	公安部	2009年10月1日
96	GA/T 847—2009	消防控制室图形显示装置软件通用技术要求	公安部	2009年10月1日
97	GA 839—2009	火灾现场勘验规则	公安部	2009年8月1日
98	GA 835—2009	油浸变压器排油注氮灭火装置	公安部	2009年7月1日
99	GA 834—2009	泡沫喷雾灭火装置	公安部	2009年7月1日
100	GA 211—2009	消防排烟风机耐高温试验方法	公安部	2009年3月1日
101	GA 817—2009	喷射无机纤维防火材料的性能要求及试验方法	公安部	2009年3月1日
102	GA/T 798—2008	排油烟气防火止回阀	公安部	2008年10月1日
103	GA/T 720—2007	消防标准制修订工作程序	公安部	2008年1月1日
104	GA 306.1—2007	阻燃及耐火电缆 塑料绝缘阻燃及耐火电缆分级和要求 第1部分：阻燃电缆	公安部	2007年12月1日
105	GA 306.2—2007	阻燃及耐火电缆 塑料绝缘阻燃及耐火电缆分级和要求 第2部分：耐火电缆	公安部	2007年12月1日
106	GA/T 714—2007	构件用防火保护材料 快速升温耐火试验方法	公安部	2007年12月1日
107	GA/T 716—2007	电缆或光缆在受火条件下的火焰传播及热释放和产烟特性的试验方法	公安部	2007年12月1日
108	GA/T 707—2007（已废止）	消防监督检查员岗位资格条件	公安部	2007年10月1日
109	GA 703—2007	住宿与生产储存经营合用场所消防安全技术要求	公安部	2007年8月1日
110	GA 137—2007	消防梯	公安部	2007年7月1日
111	GA 630—2006	消防腰斧	公安部	2007年1月1日
112	GA 631—2006	消防救生气垫	公安部	2007年1月1日

（续）

序号	标准标号	标准名称	发布部门	实施日期
113	GA 632—2006	正压式消防氧气呼吸器	公安部	2007年1月1日
114	GA/T 635—2006	消防用红外热像仪	公安部	2007年1月1日
115	GA/T 636—2006	气体灭火剂的毒性试验和评价方法	公安部	2007年1月1日
116	GA 653—2006	重大火灾隐患判定方法	公安部	2007年1月1日
117	GA 654—2006	人员密集场所消防安全管理	公安部	2007年1月1日
118	GA/T 623—2006	消防培训基地训练设施建设标准	公安部	2006年8月1日
119	GA/T 620—2006	消防职业安全与健康	公安部	2006年6月1日
120	GA 13—2006	悬挂式气体灭火装置	公安部	2006年5月1日
121	GA 603—2006	防火卷帘用卷门机	公安部	2006年5月1日
122	GA 578—2005	超细干粉灭火剂	公安部	2006年3月1日
123	GA/T 579—2005	城市轨道交通消防安全管理	公安部	2006年3月1日
124	GA/T 536.2—2005	易燃易爆危险品 火灾危险性分级及试验方法 第2部分：易燃固体分级试验方法	公安部	2005年10月1日
125	GA/T 536.3—2005	易燃易爆危险品 火灾危险性分级及试验方法 第3部分：易于自燃的物质分级试验方法	公安部	2005年10月1日
126	GA/T 536.4—2005	易燃易爆危险品 火灾危险性分级及试验方法 第4部分：遇水放出易燃气体物质分级试验方法	公安部	2005年10月1日
127	GA/T 536.5—2005	易燃易爆危险品 火灾危险性分级及试验方法 第5部分：固体氧化性物质分级试验方法	公安部	2005年10月1日
128	GA 534—2005	脉冲气压喷雾水枪通用技术条件	公安部	2005年10月1日
129	GA 545.1—2005	消防车辆动态管理装置 第1部分：消防车辆动态终端机	公安部	2005年10月1日
130	GA 545.2—2005	消防车辆动态管理装置 第2部分：消防车辆动态管理中心收发装置	公安部	2005年10月1日
131	GA 535—2005	阻燃及耐火电缆 阻燃橡皮绝缘电缆分级和要求	公安部	2005年10月1日
132	GA/T 537—2005	母线干线系统（母线槽）阻燃、防火、耐火性能的试验方法	公安部	2005年10月1日
133	GA 480.1—2004	消防安全标志通用技术条件 第1部分：通用要求和试验方法	公安部	2004年10月1日
134	GA 480.2—2004	消防安全标志通用技术条件 第2部分：常规消防安全标志	公安部	2004年10月1日
135	GA 480.3—2004	消防安全标志通用技术条件 第3部分：蓄光消防安全标志	公安部	2004年10月1日

（续）

序号	标准标号	标准名称	发布部门	实施日期
136	GA 480.4—2004	消防安全标志通用技术条件 第4部分：逆反射消防安全标志	公安部	2004年10月1日
137	GA 480.5—2004	消防安全标志通用技术条件 第5部分：荧光消防安全标志	公安部	2004年10月1日
138	GA 480.6—2004	消防安全标志通用技术条件 第6部分：搪瓷消防安全标志	公安部	2004年10月1日
139	GA 494—2004	消防用防坠装备	公安部	2004年10月1日
140	GA/T 506—2004	火灾烟气毒性危险评价方法—动物试验方法	公安部	2004年10月1日
141	GA 6—2004	消防员灭火防护靴	公安部	2004年10月1日
142	GA 7—2004	消防手套	公安部	2004年10月1日
143	GA 478—2004	电缆用阻燃包带	公安部	2004年10月1日
144	GA 479—2004（已废止）	耐火电缆槽盒	公安部	2004年10月1日
145	GA 503—2004	建筑消防设施检测技术规程	公安部	2004年10月1日
146	GA 495—2004	阻燃铺地材料性能要求和试验方法	公安部	2004年10月1日
147	GA/T 505—2004	材料的火灾场景烟气制取方法	公安部	2004年10月1日
148	GA 93—2004	防火门闭门器	公安部	2004年10月1日
149	GA 411—2003	化学氧消防自救呼吸器	公安部	2003年7月1日
150	GA 386—2002	防火卷帘控制器	公安部	2002年12月1日
151	GA 305—2001	电气安装用阻燃PVC塑料平导管通用技术条件	公安部	2002年2月1日
152	GA 303—2001	软质阻燃聚氨酯泡沫塑料	公安部	2001年12月1日
153	GA 179—1998（已废止）	阻燃玻璃纤维增强塑料燃烧性能技术条件	公安部	1998年10月1日
154	GA 1274—2015	消防员防护辅助装备 阻燃毛衣	公安部	
155	GA/T 1369—2016	人员密集场所消防安全评估导则	公安部	2017年3月1日
156		火灾高危单位消防安全评估导则（试行）	公安部消防局	2013年3月7日

参考文献

[1] 李采芹. 中国消防通史 [M]. 北京: 群众出版社, 2002.
[2] 陈长坤. 燃烧学 [M]. 北京: 机械工业出版社, 2013.
[3] 徐志胜, 姜学鹏. 防排烟工程 [M]. 北京: 机械工业出版社, 2011.
[4] 高庆敏. 电气防火技术 [M]. 北京: 机械工业出版社, 2012.
[5] 方正, 谢晓晴. 消防给水排水工程 [M]. 北京: 机械工业出版社, 2013.
[6] 霍然, 胡源, 李元洲. 建筑火灾安全工程导论 [M]. 合肥: 中国科学技术大学出版社, 2009.
[7] 戴强, 晋丽叶. 消防工程概论 [M]. 徐州: 中国矿业大学出版社, 2017.
[8] 李天荣, 龙莉莉, 陈金华. 建筑消防设备工程 [M]. 3 版. 重庆: 重庆大学出版社, 2010.
[9] 龚威. 智能建筑消防系统识图 [M]. 北京: 中国电力出版社, 2016.
[10] 张志勇. 消防设备施工技术手册 [M]. 北京: 中国建筑工业出版社, 2012.
[11] 吕显智, 张宏宇. 工业企业防火 [M]. 北京: 机械工业出版社, 2014.
[12] 张少军, 杨晓玲. 图说消防系统工程及技术 [M]. 北京: 中国电力出版社, 2017.
[13] 王德堂, 孙玉叶. 化工安全生产技术 [M]. 天津: 天津大学出版社, 2009.
[14] 张树平. 建筑防火设计 [M]. 北京: 中国建筑工业出版社, 2009.
[15] 公安部消防局. 消防安全技术实务 [M]. 北京: 机械工业出版社, 2017.
[16] 公安部消防局. 消防安全技术综合能力 [M]. 北京: 机械工业出版社, 2017.
[17] 公安部消防局. 消防安全案例分析 [M]. 北京: 机械工业出版社, 2017.
[18] 陈涛, 张国亮. 化工传递过程基础 [M]. 3 版. 北京: 化学工业出版社, 2009.
[19] 戴明月. 消防安全管理手册 [M]. 北京: 化学工业出版社, 2016.
[20] 田玉敏, 等. 消防经济学 [M]. 北京: 化学工业出版社, 2007.
[21] 袁松如. 消防经济学基本概念及消防安全度的定义与解析 [J]. 消防技术与产品信息, 2016 (8): 111-114.
[22] 李臻. 安全投入与安全效益分析 [J]. 甘肃科技, 2010, 26 (5): 127-128.
[23] 王超. 谈我国火灾保险问题 [J]. 消防技术与产品信息, 2010 (4): 24-26.
[24] 郝斯. 绿色消防技术浅议 [J]. 甘肃科技, 2010, 26 (15): 76-80.
[25] 吴翔华. 我国消防科技与检测能力的现状和发展探究 [J]. 电子制作, 2013 (7): 244.
[26] 张洪明. 传热学基本知识 [J]. 太阳能, 1999 (3): 14-15.
[27] 田玉敏, 吴立志. 对消防经济学理论与方法研究框架的探讨 [J]. 灾害学, 2006, 21 (3): 107-113.
[28] 吴松荣. 消防投入非效率现象的经济学分析 [J]. 武警学院学报, 2006, 22 (6): 71-74.
[29] 郭铁男. 我国火灾形势与消防科学技术的发展 [J]. 消防科学与技术, 2005, 24 (6): 663-673.
[30] 李苗. 消防教育现状析 [J]. 理论界, 2005 (9): 114, 224.

[31] 毕建光. 浅析中国消防教育现状及专业人才培养的构想 [J]. 消防技术与产品信息, 2002 (1): 57-61.

[32] 吴启鸿. 新世纪消防科学技术展望 [J]. 消防技术与产品信息, 2001 (3): 3-12.

[33] 王绍留. 采煤概论 [M]. 北京: 机械工业出版社, 2015.

[34] 李洪战, 霍永红. 电气运行技术问答 [M]. 北京: 中国电力出版社, 2008.

[35] 张海峰. 危险化学品安全技术全书 [M]. 北京: 化学工业出版社, 2008.

[36] 杜永胜, 王立夫. 中国森林火灾典型案例 [M]. 北京: 中国林业出版社, 2007.

[37] 徐彧, 李耀庄. 建筑防火设计 [M]. 北京: 机械工业出版社, 2015.

[38] 陈长坤. 消防工程专业本科课程体系特点及内在关联分析 [J]. 长沙铁道学院学报 (社会科学版), 2013, 14 (4): 234-235.

[39] 杨欣. 城市交通隧道防火设计探讨 [J]. 武警学院学报, 2014, 30 (8): 46-48.

[40] 于子钧, 张赛辉, 王兵. 改进危化品安全管理课程的内容设置 [J]. 天津化工: 2018, 32 (1): 52-53.

[41] 陶崧. 浅谈化工行业设计中电气与其他行业的配合 [J]. 电世界: 2018, 59 (1): 37-39.

[42] 林聘水. 福建煤矿井下避险系统建设讨论 [J]. 能源与环境, 2013 (4): 92-93.

[43] 郑莉文. 我国城市群空间发展模式及协调机制研究 [J]. 国王与自然资源研究, 2018, (1): 11-12.

[44] 蔡恩泽. 万亿 GDP 核心城市引领城市群崛起 [J]. 产权导刊, 2018 (3): 5-6.

[45] 方创琳, 王振波, 马海涛. 中国城市群形成发育规律的理论认知与地理学贡献 [J]. 地理学报, 2018, 73 (4): 651-665.

[46] 喻嵩. 对大型群众性活动场所的消防安全检查探讨 [J]. 江西化工, 2016 (4): 173-175.

[47] 沈友弟. 大型群众性活动场所的消防安全检查 [J]. 消防技术与产品信息, 2010 (7): 179-180.

[48] 赵凤君, 王明玉, 姚树人. 森林可燃物阻隔带技术研究与应用 [J]. 森林防火, 2012 (4): 42-44.

[49] 李世友, 王秋华. 森林防火性能化设计方法 [J]. 灾害学, 2006 (4): 99-102.

[50] 汪礼苗. 消防安全标准化管理体系的建立与实施 [J]. 消防技术与产品信息, 2011 (5): 65-68.

[51] 肖学锋. 当前消防科技的热门研究领域 [J]. 消防科学与技术, 2000 (3): 4-8+2.

[52] 傅智敏, 黄金印. 消防科学技术发展历程回顾及火灾科学与消防工程学科体系探讨 [J]. 中国安全科学学报, 2003, 13 (9): 5.

[53] 陈发明. 消防工程专业人才培养体系的探讨 [J]. 消防科学与技术, 2007 (04): 450-453.

[54] 柴亮, 孙永超. 键合机热台温度研究 [J]. 电子工业专用设备, 2012, 41 (6): 7-10.

[55] 曹刚, 王剑文. 消防安全重点单位监督管理现状及对策研究 [J]. 安防科技, 2011 (2): 54-56.

[56] 王起全, 王鸿鹏. 基于情景构建的危化品事故应急疏散模拟研究 [J]. 中国安全科学学报, 2017, 27 (12): 147-152.

[57] 毛益平, 郭金峰. 非煤矿山安全评价技术与实践 [J]. 金属矿山, 2003 (4): 7-10.

[58] 张国威. 建筑防排烟系统设计常见问题研究 [J]. 科学创新与应用, 2014 (18): 211.

[59] 童涛. 燃气燃油锅炉房危险区域划分浅析 [J]. 电气防爆, 2018 (1): 30-32.

[60] 魏冉冉. 石化企业的火灾隐患及对策研究 [J]. 中国建材科技, 2014 (S1): 83.

[61] 赵婧昱, 王涛. 仿真软件在消防工程教学中应用的必要性——以 FLCAS 软件为例 [J]. 西部素质教育, 2018, 4 (8): 97-98.

[62] 霍然, 袁宏永. 性能化建筑防火分析与设计 [M]. 合肥: 安徽科学技术出版社, 2003.

[63] 林正秋. 杭州历史上的火灾之五: 清代时期杭州火灾的防治 [J]. 浙江消防, 1994 (6): 35-37.

[64] 姜学鹏, 程雄鹰, 卢颖. 城市区域消防安全评估方法与实践 [M]. 武汉: 华中科技大学出版社, 2019.

[65] 秦富仓，王玉霞. 林火原理 [M]. 北京：机械工业出版社，2014.
[66] 卫草源. 全面促进草原防火事业长远发展：中央人民广播电台专访农业部草原防火办副主任宋中山 [J]. 中国畜牧业. 2017 (13)：63-66.
[67] 李小川，王振师，李兴伟，等. 广东森林消防立体灭火技术研究与应用 [J]. 广东林业科技，2013，29 (3)：13-20.
[68] 马爱丽，李小川，王振师，等. 计划烧除的作用与应用研究综述 [J]. 广东林业科技，2009，25 (6)：95-99.
[69] 郑爽英，汪鹏，张玉春. 消防工程专业本科课程体系的结构研究 [J]. 中国安全科学学报，2008 (9)：60-66.
[70] 时彦民，张志如，王立韬，等. 我国草原火灾防控工作成效及对策措施 [J]. 中国畜牧业，2018 (9)：55-57.
[71] 卫草源. 草原防火知识明白册 [J]. 中国畜牧业，2015 (21)：62-63.
[72] 白古拉. 论森林草原消防的发展策略 [J]. 内蒙古林业，2003 (4)：26.
[73] 赵凤君，任玉卯，舒立福，等. 城乡结合部森林火灾特点及预防扑救对策 [J]. 森林防火，2007 (4)：26-27.
[74] 郭霞. 高层综合体建筑消防电气设计方法及应用 [D]. 长沙：湖南大学，2016.
[75] 黄光华. 基于无线传感器网络的森林火灾监测系统的设计与研究 [D]. 南昌：江西理工大学，2012.
[76] CHEN H, PITTMAN W C, HATANAKA L C, etc. Integration of process safety engineering and fire protection engineering for better safety performance [J]. Journal of Loss Prevention in the Process Industries, 2015, 37: 74-81.
[77] VAN COILE R, JOMAAS G, BISBY L. Defining ALARP for fire safety engineering design via the life quality index [J]. Fire Safety Journal, 2019, 107: 1-14.